강군의 꿈

KODEF
안보총서
107

강군의 꿈

국방혁신을 위한 여정

| 정홍용 지음 |

인류 사회는 끊임없는 학문 탐구와 치열한 논쟁, 그리고 때에 따라서는 전쟁이라고 하는 극단적인 충돌 과정을 겪으면서 발전해왔다. 우리 사회도 근현대에 들어서면서 급격한 발전을 거듭하는 과정을 거쳐오면서 많은 갈등과 해결해야 할 과제를 안고 있으며, 건전한 논의 과정을 통해 이를 해소할 필요가 있다. 인간은 생활 주변에서 일어나는 현상이나 문제에 대해 자기중심적인 시각으로 바라보고 판단하는 주관적 성향이 매우 강하다. 그러나 우리는 어떤 문제를 이해하고 판단하며 결정하는 과정에서 '아는 것만큼 보이고 보이는 것만큼 느낄 수밖에 없는 인간적 한계'를 가지고 있다. 달리 표현하면, 우리 주변에서 일어나는 현상이나 특정 과제에 대한 해결책을 모색하는 과정에서 제대로 알지 못하면 문제점을 찾아내기 어렵고, 문제점을 찾아내지 못하면 올바른 해결 방안을 모색할 수가 없다는 것이다.

하나의 문제를 해결해나가는 과정에서, 논의의 깊이는 참여자들의 지식 수준과 경험, 문제 식별 능력, 문제에 접근하고 해결하는 방식 등에 따라 다르며, 그 결과 또한 확연히 차이가 날 수밖에 없다. 우리는 평소 우리가 접하고 있는 다양한 사회적 현상이나 문제 해결기법에 관한 지적 자산을 꾸준히 쌓아나가야 하며, 이를 바탕으로 문제점을 발굴하고 올바른 해법을 찾아나가면서 지속적인 발전을 추구해야 한다. 조직이든, 개인이든, 문제를 해결해나감에 있어, 정확한 문제인식과 리더십 등이 결핍된 상태에서 막연한 느낌이나 추정 또는 희망적인 기대만으로 성급하게 문제를 해결하려 하는 경향이 있다. 이럴 경우, 수많은 시행착오를 겪을 수밖에 없으며, 식별된 문제 또한 효과적인 방법을 모색하면서 바람직한 방향으로 개선해나갈 수 없게 된다.

필자는 1993년 합동참모본부에서 818계획의 후속 조치가 이루어지는 과정을 지켜볼 수 있었고, 1995년에는 합동참모본부의 실무자로서 한국국방연구원에서 주도한 왕건계획에 비상근 요원으로 참여한 경험이 있다. 1996년에는 군구조담당관의 임무를 수행하면서 1960년대 말에 검토되었던 초기의 국방개혁 관련 문서들을 열람할 수 있었다. 또한, 2005년 노무현정부의 국방개혁 계획 수립 당시, 합동참모본부 실무차장으로서 계획 수립에 참여했으며, 2012년까지 국방개혁 관련 업무에 직접 참여하면서 변화의 과정을 지켜볼 수 있었다. 이러한 경험들은 우리의 국방개혁에 대한 흐름을 파악할 수 있는 좋은 기회가 되었다.

필자는 2019년 11월 OO기관에서 실시한 국방개혁 2.0 관련 공개 토론회의 논의 과정을 지켜보면서 이에 대한 정리의 필요성을 인식하게 되었고, 집필을 주저하다가 주변의 권고로 뒤늦게 이 책을 쓰기 시작했다. 당시 토론회를 지켜보면서 그동안 논란을 거듭해왔던 '어떻게 싸울 것인가'How to Fight'에 대해 가장 먼저 정리가 필요하다고 느꼈다. 왜 나하면, '어떻게 싸울 것인가'에 대해 정확히 이해해야만 '어떻게 준비할 것인가How to Prepare'에 대해 논할 수 있기 때문이다. 그런데 '어떻게 싸울 것인가'는 국방개혁의 전체 흐름에 영향을 주는 중요한 요소로서 많은 논란이 있었지만, 지금까지 제대로 검토된 적이 없었다. 따라서 '어떻게 싸울 것인가'에 대한 면밀한 검토와 더불어, 그동안 국방개혁의 수립과 추진 과정에서 어떠한 요소들이 소홀히 다루어져왔는지를 되짚어볼 필요가 있다.

미국은 베트남전 이후 누적된 문제점을 걷어내고 능력 있는 육군을 재건하기 위해 뼈를 깎는 노력을 쏟아부었으며, 특히 1970년대 중반부터 교리, 편성, 무기체계 개발 등 다양한 분야에서 혁신을 추진했다. 그 결과는 공지전투空地戰鬪, Air-Land Battle 개념의 도입과 '86Army Division 편성, M1 에이브럼스Abrams 전차, M2/3 브래들리Bradley 전투차량, M109 팔라딘Paladin 자주포, M270 MLRS, AH64 아파치Apache 공격헬기 등 5종의 새로운 무기체계의 전력화로 나타났다. 일각에서는 여기에 A-10 항공기를 포함하기도 하는데, A-10 항공기는 베트남전의 교훈에 따라 지상군에 대한 근접항공지원 요구를 전담하기 위해 1972년에 개발 완료 후 양산에 돌입했다(1984년까지 생산). A-10 항공기는 1975년에 최초 전력화된 이후, 여러 차례에 걸쳐 개량·발전되었다. 공지전투 개념은 1976년 적극방어active defence 개념으로부터 발전되어 1982년부터 정식 교리로 적용되기 시작했다. 미군은 공지전투 교리를 기반으로 1991년 걸프전, 일명 사막의 폭풍 작전Operation Desert Storm을 수행했다. 그 후, 2년 정도의 평가와 검토 과정을 거쳐 1994년부터 군사 전 분야에 걸친 군사혁신RMA, Revolution in Military Affair을 추진하여 2001년 아프간전, 2003년 이라크 자유 작전Operation Iraq Freedom 등 실전을 거치면서 세계 최강의 육군을 건설했다. 이러한 성공은 군을 이끌어가는 간부 계층의 자각自覺과 장군단의 탁월한 리더십, 각 분야의 우수한 전문가들의 참여와 실증적 검증을 위한 전투실험Warfighting Experiment과 시뮬레이션 기법의 도입 등 다양한 지적 자산을 활용하여 꾸준히 추진한 결과로 완성된 것이다.

구舊소련에서는 1983년 당시 총참모장인 니콜라이 오가르코프Nikolai Ogarkov 대장이 논문을 통해 나토NATO의 전술핵무기 운용과 미국의 공지전투 개념에 대응하기 위해 작전기동단Operaional Maneuver Group이라는 새로운 운용 개념을 제안했다. 이 개념은 1943년 민스크Minsk 지역 작전에서 적용되었던 기동단Mobile Group을 현대적으로 발전시킨 것이다. 오가르코프 대장은 대량집중으로 종심돌파縱深突破를 추구하는 전통적인 양적 우위의 군사력 운용 개념에서 벗어나, 새로운 군사기술을 접목하여 소련식 탐지 및 정밀타격sensor-to-shooter 개념의 '정찰–타격 복합체계RSC, Reconnaissance-Strike Complex'로 재편할 것을 주장했다. 이러한 제의는 '군사기술혁명MTR, Military Technical Revolution'으로 서방측에 알려졌으며, 미국이 걸프전의 교훈을 반영하여 1994년부터 추진한 군사혁신RMA에도 영감靈感을 주었다고 알려져 있다.

러시아는 소련이 해체된 이후에도 새로운 무기체계의 개발은 물론, 광대한 영토를 방위하고 냉전 시대의 영광을 재현하고자 전략적 기동성을 향상하기 위한 노력을 꾸준히 추진했다. 특히, 푸틴Vladimir Putin 대통령의 두 번째 임기인 2004~2008년 사이에 국방개혁에 관한 실질적 논의가 이루어졌으며, 군 현대화, 직업군인제도의 도입, 군 복지 개선 등을 중점적으로 추진했다. 그후, 2009년에는 23개 사단을 해체하고 85개 여단 체제로 변경했으며, 2010년에는 5개 군구를 4개 통합전투사령부로 개편했다. 그 결과, 주요 지역을 담당하는 사령부의 개편, 전투부대의 제병협동 단위를 여단급 부대로 변경, 지휘체제의 개선 등 많은 분야에서 변화와 혁신이 이루어졌다.

　나토를 중심으로 하는 유럽 각국은 소련의 붕괴로 냉전이 종식되자 현실적인 군사적 위협이 사라졌다고 판단하고, 국방태세를 재편하기 위한 다양한 노력을 시도했다. 그러한 움직임은 국방예산을 대폭 줄이고 군의 규모를 축소하려는 흐름으로 나타났으며, 이를 실현하기 위해 유럽 각국은 경쟁적으로 국방개혁을 추진했다. 그 대표적인 사례가 영국, 프랑스, 독일 등의 국방개혁이다. 이 국가들은 군의 규모를 대폭 축소하면서 군의 현대화를 동시에 추구했으며, 특히 영국은 접적接敵 지역에서 전투 임무를 수행하는 부대의 전투력 강화에 중점을 둔 'Front Line First'라는 계획을 추진했다. 또한, 프랑스는 국외에서의 이익 보호를 위한 전략적 기동성 강화에 중점을 두고 국방개혁을 추진했다. 이와 달리, 독일은 통일 이후 동독군의 흡수를 포함한 군사력 개편을 통해 군사력의 효율화와 군사력의 대폭적인 감축을 동시에 추진했다. 이외에도 터키 등 많은 국가들이 군사력을 재편하기 위한 계획을 수립하여 추진했고, 우리의 주변국인 일본과 중국도 그 대열에 참가하고 있다.

　우리도 오랫동안 수차례에 걸쳐 국방태세를 혁신하고자 노력해왔다. 선진국의 국방 시스템을 벤치마킹하기 위해 다수의 장교를 파견하여 선진국의 군사제도와 운용 개념을 연구하고, 군사교육을 받기도 했다.

그뿐만 아니라, 새로운 정부가 들어서면 예외 없이 안보를 중요한 의제로 선정했고, 국방의 주체가 되는 군을 쇄신하기 위한 계획을 경쟁적으로 추진했다. 그러나 그동안의 국방태세 혁신을 위한 노력이 의미 있는 결과를 얻어냈다고 평가할 수 있는 경우는 찾아보기가 쉽지 않다. 우리 군이 여러 차례에 걸쳐 혁신적 변화를 추구해왔음에도 불구하고, 의미 있는 성과를 거둔 사례를 찾아보기 어려운 것은 왜일까? 무슨 이유에서 여러 차례의 개혁 시도에도 불구하고 선진 강군으로 변모하는 알찬 성과를 거두지 못했던 것일까?

　국방개혁은 국방에 관한 깊은 이해를 바탕으로 부실이나 비효율을 걷어낼 수 있어야 하며, 올바른 현실 인식과 개념 정립이 선행되어야만 올바른 방향으로 추진할 수 있다. 그러려면 먼저 설득력 있는 논리적 구성, 중점 추진 분야의 선정, 핵심과제 식별, 우선순위의 설정, 실효성 있는 추진 방안 등을 결합한 목표지향적인 계획을 수립해야 한다. 그뿐만 아니라, 국방개혁은 관련 계층의 공감대 형성과 능동적 참여를 끌어낼 수 있어야 하며, 지도층의 리더십과 전문성에 기반한 추진 동력이 뒷받침되어야 비로소 성공에 도달할 수 있다. 만약 각 집단에서 기존의 문서체계나 계획에 반영하지 못한 요구를 끼워넣거나 특정 집단의 이익을 반영하기 위한 시도로 인해 전체 계획이 흐트러지고 방향성을 상실하게 되면 국방개혁은 성공할 수 없다. 국방개혁은 정확한 현실 인식과 개념 정립으로부터 시작되어야 하며, 목표지향적으로 수립된 계획이 추진되어야 한다. 우리가 집단이기주의, 편향된 사고와 막연한 기대, 섣부른 아마추어리즘 등에 매몰(埋沒)되고 군 지도층이 리더십과 전문성을 발휘하지 못한다면, 국방개혁은 목표하는 성과를 달성하지 못하고 실패하게 될 것이다.

현재, 국방개혁은 성공적 추진을 위해 주기적으로 검토·보완하도록 법으로 규정하고 있는데, 과연 얼마나 충실하게 실행하고 있는지에 대해 되짚어볼 필요가 있다. 또한, 마지막 보고서를 작성하는 데만 관심이 있고 깊이 연구해야 할 사안에 대해서는 정작 소홀히 하거나 방기放棄하고 있는 것은 아닌가에 대해서도 살펴볼 필요가 있다. 모든 업무는 계획 수립보다는 실행이 훨씬 더 어렵다. 계획의 수립과 수정, 보완은 목표지향적이어야 하고 실행 가능해야 하며, 계획의 실행은 설정한 목표의 달성과 성과 확대에 초점이 맞춰져야 한다.

우리 군은 지난 1960년대 말부터 여러 차례에 걸쳐 군구조 개혁을 시도했다. 우리 군은 1960년대 말 박정희 대통령의 지시로 군특명검열단에서 '군구조 개혁(안)'을 최초로 연구했으며, 1980년대 초 국방대학원 안보문제연구소를 중심으로 구성된 국방태세연구위원회의 군제 연구, 1984년 '백두산계획', 1988년 노태우 정부의 '장기 국방태세 발전방향 연구'(일명 '818계획'), 1990년대 중반의 '왕건계획'과 '21세기위원회 연구', 1990년대 말 김대중 정부의 '국방개혁 5개년 계획', 노무현 정부의 '국방개혁 2020', 이명박 정부의 '국방개혁기본계획 2009~2020', '국방개혁 2011~2030'(일명 '307계획'), '국방개혁 2012~2030', 박근혜 정부의 '국방개혁기본계획 2014~2030' 등을 거쳐 문재인 정부의 '국방개혁 2.0'에 이르기까지 실로 여러 차례에 걸쳐 다양한 시도가 있었다.

그동안 많은 노력과 여러 차례에 걸친 시도에도 불구하고 818계획 이외에는 결실은커녕, 계획 자체로 그친 것이 대부분이다. 군구조 개편 노력은 정부와 국방부 차원에서 시도된 것이 대부분이지만, 육군 차원에서도 1970년대 초 베트남에서 철수하면서 시작된 '기계화부대 개편', 전방 방어력 강화를 위한 1980년대 4각 편제와 전차대대 증편 등 '보병사단의 편제 보강', '웅비사단 편성 연구', 1990년대 중반의 '차기 보병사단 개편' 등 부대구조를 발전시키려는 노력을 다양하게 추진해왔다. 육군의 부대구조 개편은 분명한 목표를 지향하는 실행계획이었으므로, 국방부 차원에서 시도되었던 여러 가지 계획보다 그 목표가 명확했으며, 나름의 성과를 거두었다. 그럼에도 일부는 개념이 불분명하거나 의도하지 않은 왜곡으로 인해 오히려 혼돈을 불러일으키기도 했다.

지금까지 국방을 쇄신하고자 시도했던 계획 중에서 그나마 노태우 정부에서 추진했던 '장기 국방태세 발전방향 연구'를 통해 한국 상황에 부합하는 합동군 체제를 구축한 것은 가장 의미 있는 성과가 아닐까? 그처럼 많은 시도를 해왔음에도 공감할 수 있는 성과를 거두지 못한 이유는 무엇일까? 우리는 이 화두에 관해 많은 고민과 검토, 그리고 성찰이 필요하다. 왜냐하면, 그동안 국방태세를 혁신하고자 했던 다양한 시도가 의도했던 것만큼 성과를 이루지 못한 이유를 정확히 파악하지 않고서는 유사한 과오가 되풀이될 것이기 때문이다. 이 문제에 대해 고민하면서 나름대로 내린 결론은 누구의 책임이라기보다는 우리 모두가 몇 가지 잘못된 인식의 틀에 빠져 있었고, 여러 가지 오류를 반복적으로 되풀이해왔기 때문이 아닌가 생각한다. 그런 인식의 오류와 계획의 오류를 열거하면 다음과 같다.

- **인식의 오류 1 :** 정치지도자 자신의 안보의식은 확고하며, 국가안보와 군사 문제에 관해 필요한 만큼 충분히 이해하고 있다.

- **인식의 오류 2 :** 정치지도자는 군사지도자에게 국방개혁에 관한 임무를 부여하여 보고받은 후, 결심하고 예산을 지원하면 된다.

- **인식의 오류 3 :** 군인은 계급이 높을수록 국가안보와 군사 문제에 관한 전문성이 탁월하다.

- **인식의 오류 4 :** 국방개혁은 몇 가지 지침을 부여한 후에 실무 집단이 제안하는 방안을 검토하고 적절한 논의와 취사선택의 과정을 거쳐 작성된 계획을 승인하고 추진하면 된다.

- **인식의 오류 5 :** 군의 감축과 정예화는 첨단 무기체계를 도입하여 보완할 수 있으며, 첨단 무기체계의 도입만으로도 국방태세를 현저히 개선할 수 있다.

- **인식의 오류 6 :** 국방태세의 발전과 합동성 발휘가 특정 군의 독점으로 인해 제대로 이루어지지 않고 있으며, 육·해·공 3군을 산술적으로 균형 있게 안배함으로써 3군 균형 발전을 달성하고, 합동성을 강화할 수 있다.

- **인식의 오류 7 :** 국방개혁의 추진을 위한 예산은 관련 부서가 협의해서 알아서 추진하면 된다.

- **계획의 오류 :** 지금까지 시도되었던 국방개혁은 군의 효율성을 개선하기 위해 군 전반의 문제를 다루기보다는 특정 목적에 의해 계획되거나 구조, 무기체계 등 다루기 쉬운 일부 과제에 편중되었다.

이러한 인식의 오류와 계획의 오류가 국방개혁의 달성을 어렵게 했던 것은 아닐까?

따라서 이 책에서는 우리가 추진해왔던 국방개혁에 대해 되짚어보고 '향후 국방개혁을 어떻게 추진하는 것이 바람직할 것인가?'에 대해 논의해보고자 한다. 물론, 이외에도 다른 관점에서 문제나 의견을 제시할 수도 있을 것이며, 제시된 오류에 대해 이의를 제기할 수도 있을 것이다. 그러나 표현의 차이는 있을지언정, 앞서 기술한 범주 안에 그 원인이 대부분 포함되어 있다고 생각한다.

모든 문제의 해결은 문제점을 정확히 파악하고 이해하는 것에서부터 시작해야 한다. 문제점을 정확히 파악하고 이해하지 못하면 올바른 해법을 찾을 수 없기 때문이다. 그동안의 국방개혁이 기대했던 성과를 거두지 못한 것은 국가 차원의 부족함도 있었고, 군 내부의 문제, 리더십의 결핍과 전문성의 부족 등 다양한 문제들이 얽혀 있었기 때문이기도 하다. 우리가 국방개혁을 성공적으로 이루어내기 위해서는 무엇이 잘못되었는지를 알아야만 유사한 실패를 반복하지 않을 수 있다.

이 책의 구성

지금까지 국방개혁 또는 군사혁신에 관한 연구는 제한적 관점에서 군사 문제를 다룬 것이 대부분이다. 이 책의 목적은 과거 국방태세를 쇄신하기 위한 우리의 노력과 주요 선진국이 추진한 국방개혁 사례를 살펴봄으로써 교훈을 도출하고, 향후 국방개혁을 어떻게 추진해야 할 것인가를 되짚어봄으로써 사고의 지평을 넓히기 위한 것이다. 과거, 국방개혁을 논의하면서 논란이 많았던 부분 중의 하나가 상부 지휘구조임을 고려할 때, 상부 지휘구조도 정치와 국가안보, 군사력 운용체계와 함께 살펴볼 필요가 있다.

　따라서 제1장에서는 그동안 추진해왔던 국방개혁을 위한 우리의 노력과 타국의 사례에 대해 살펴볼 것이다. 제2장에서는 군사력의 구성과 운용체계에 대해 이해를 돕기 위해 기초적인 사항에 관해 서술하고자 한다. 이 부분은 정치와 국가안보의 상호 관계와 더불어, 군사력 구성의 논리적 근거가 되는 군구조와 군사력 운용체제계 등 군사력에 관한 최소한의 이해에 도움을 줄 것이다. 주요 내용은 오랫동안 추진해왔던 국방개혁의 흐름과 문제점, 교훈 분석 등을 통해 국방개혁에 관한 이해의 폭을 넓히고 국방개혁이 나아가야 할 방향을 모색하기 위한 것이다. 이러한 주제들을 논하는 이유는 국방개혁에 대해 살펴보기 위해서는 먼저 군사력의 구성과 운용에 관한 기초 지식을 갖추고 있어야 하기 때문이다. 제3장에서는 군사력 구성과 운용의 기초 논리로서 다양한 의견이 존재하는 '어떻게 싸울 것인가'에 대해 정리해보고자 한다. '어떻게 싸울 것인가'는 군사력 구성과 운용의 논리적 기반임에도 불구하고, 그동안 많은 논쟁과 혼란을 거듭해왔다. 그렇기 때문에 '어떻게 싸울 것인가'가 무엇인지, 그리고 그것이 왜 중요한지, 군사 분야의 다른 요소들과 어떻게 연관되는지, 어떻게 적용해야 하는지 등에 대해서 정리할 필요가 있다. 제4장에서는 향후 우리가 추진해야 할 국방개혁에 대한 필자의 견해와 앞으로 나아가야 할 방향에 대해 제시하고자 한다. 제5장에서는 국방개혁의 범주에 포함되기도 하지만, 우리가 간과해서는 안 될 주요 소주제들을 함께 살펴볼 것이다. 끝으로, 제6장에서는 이것들을 종합 정리해서 국방개혁 완성 후 군의 모습은 어떠해야 하는지에 대해서 간략하게 정리할 것이다.

국방개혁이 기대한 성과를 달성하기 위해서는 국방의 구조와 원칙, 업무의 흐름, 조직과 개인의 역할 등에 대한 깊은 이해와 공감이 있어야 한다. 우리가 지난 2005년 이후 십 수년간 추진해오고 있는 국방개혁이 의미 있는 성과를 거두려면, 지도층의 국방과 군사 문제에 관한 기초적인 이해, 명확한 목표 제시와 정책적 지원, 그리고 수준 높은 군사적 전문성이 뒷받침되어야 한다. 정치지도자는 국가안보에 대한 이해와 군사력의 구성, 운용 구조 등에 대해 개략적으로나마 이해하고 있어야 하며, 군사지도자는 수준 높은 군사적 전문성과 사려 깊은 배려심을 갖고 명확한 방향성을 제시할 줄 알아야 한다. 특히, 군사적 전문성은 국방의 핵심적 요소임에도 하루이틀에 배양할 수 있는 것이 아니다. 부족한 군사적 전문성을 보완하는 효과적인 방법은 집단지성을 활용하는 것인데, 집단지성을 활용하기 위해서는 탁월한 리더십과 조정력이 전제되어야 한다.

따라서 필자는 군 복무를 통해 체득한 군사 지식과 경험을 바탕으로 국방개혁의 방향성과 실천방안에 대해 몇 가지 권고사항을 이 책에 함께 담아서 제안하고자 한다. 아무쪼록 이 책이 국방개혁을 이해하고 우리의 국방태세가 바람직한 방향으로 발전하기 위한 작은 밑거름이 되기를 소원한다.

| 차 례 |

| 제1장 |

국방개혁을
위한
시도

1 / 개혁과 변혁, 혁신 그리고 그 특성

(1) 국방개혁이란 무엇인가

국방과 군사 분야의 쇄신을 논의하는 과정에서 사용하는 개혁, 혁신, 변혁 등의 단어는 사전적 의미가 다름에도 불구하고 그 의미에 따라 구분해서 사용하지 않고 혼용하는 경향이 있다. 각 단어의 사전적 의미를 살펴보면, 개혁改革은 "제도나 기구 따위를 새롭게 뜯어고침", 혁신革新은 "묵은 조직이나 제도, 풍습, 방식 등을 바꾸어 새롭게 하는 일", 변혁變革은 "급격하게 바꾸어 아주 달라지게 함, 또는 어떤 변화"라고 정의되어 있다.[1] 이 세 용어의 차이를 살펴보면, 개혁은 제도와 운영 기법의 변화, 혁신은 조직과 운영방식의 변화, 변혁은 구조 전반에 걸친 급격한 변화에 각각 방점을 두고 있다. 이 용어들이 사용된 사례들을 분석해보면,

---

1 민중국어사전

개혁은 국방 분야에서, 혁신과 변혁은 군사 분야에서 주로 사용되었다. 우리도 어느 분야에서 어떤 목적으로 무엇을 할 것인가를 검토한 후 필요한 용어를 정의하고, 정확한 의도를 전달할 수 있는 단어를 선별해 사용한다면 공감대 형성을 물론, 의견 수렴과 노력 통합을 통한 변화 추구가 좀 더 쉬울 것이다.

지금까지 여러 분야에서 사용하고 있는 국방개혁^{Military Reform}, 군사혁신^{RMA, Revolution in Military Affair}, 군사변혁^{Army Transformation}의 개념을 취합^{聚合}해서 정리해보면, 국방개혁은 "국방 전 분야에 걸친 변화의 추구", 군사혁신은 "군사작전의 성격과 수행방법을 근본적으로 바꾸는 신기술의 혁신적 응용과 군사적 교리, 작전·편성 개념의 급격한 변화를 통한 전쟁의 본질에 근본적 변화를 추구하는 것", 군사변혁은 "변화하는 환경과 시대적 여건에 맞게 준비태세를 전환하는 과정"이라고 구분할 수 있다.[2] 따라서 이 용어들이 가지고 있는 함의^{含意}는 국방개혁 > 군사혁신 > 군사변혁의 순으로 다루고 있는 영역과 범위에 차이가 있다고 보는 것이 합리적이다.

미군이 1993년 후반부터 사용하기 시작한 'Revolution in Military Affair'라는 용어는 1994년 한국국방연구원이 군사혁신으로 번역해 사용하면서 국내에 전파되기 시작했다. 이러한 흐름은 안보와 경제 분야에 파급되어 유행처럼 안보혁신^{Revolution in Security Affair}, 경영혁신^{Revolution in Business Affair} 등의 용어가 만들어지기도 했다. 미 육군은 변혁^{Transformation}이라는 용어를 선호했으며, 군사적인 관점에서 '냉전 시대에 적합했던

---

2 존 슬론 브라운 지음, 육군교육사령부 옮김, 『케블러 군단』(육군본부, 2019), pp.27~28 외 여러 자료에서 발췌 정리.

군구조를 모든 상황과 모든 분쟁에서 전략적으로 대응하여 우위를 확보할 수 있도록 전환하는 과정'이라고 정의하고 있다. 미 육군이 군사혁신이라는 용어보다 군사변혁이라는 용어를 선호하는 것은 '군사혁신이 군사변혁보다 거창하게 들릴 수 있어 반대집단의 저항을 불러일으킬 수 있고, 군사혁신은 군사변혁보다 기술에 중점을 둔 것이라고 판단'했기 때문이라고 한다.[3] 미군은 지금까지 군사 전 분야에 걸친 변화와 쇄신을 위한 목적으로 군사변혁을 추진해왔다.

군사혁신RMA 용어와 개념은 걸프전 교훈 분석과 1983년 제안된 구소련의 군사기술 혁명Military Technical Revolution의 재평가를 통해 새로운 운용 개념과 신기술의 대폭적 수용에 중점을 두고 발전된 것으로 알려져 있다. 우리가 추구하는 국방 분야의 쇄신은 개혁, 혁신, 변혁 등 어떤 용어를 사용하든 간에 미래 전략 환경·전쟁 양상·위협 등의 변화, 복무기간 단축과 출생률 감소로 인한 병역자원의 부족, 빠른 속도로 발전하는 신기술의 접목 등 모든 요인을 담아낼 수 있어야 한다.

그런 의미에서, 우리가 국방 전반에 대한 변화와 쇄신을 끌어내고자 하는 것이 목적이라면, 기존에 추진해왔던 계획과의 일관성을 유지하기 위해서라도 '국방개혁'이라는 용어를 사용하는 것이 바람직하다. 또한, 각 군은 각 군이 지향하는 방향과 추구하고자 하는 쇄신 노력을 잘 표현할 수 있는 용어를 선택해서 사용하면 될 것이다. 왜냐하면, 각 군의 변화와 쇄신에는 국방부가 선택해서 추진하는 개혁의 목표와 방향에 부합하는 과제가 모두 담겨야 하지만, 그 내용과 깊이가 다를 것이

---

3 앞의 책, p.26.

기 때문이다.

국방부는 국방부 차원에서 국방개혁기본계획을 수립하여 추진하지만, 각 군은 국방부의 기본계획을 반영하고, 군의 변화와 쇄신을 추진할 수 있는 자신의 계획을 만들어서 추진할 때, 군이 지향하는 변화를 추구할 수 있다. 만약 각 군이 스스로 변화를 추구하는 노력을 하지 않고 국방부의 계획에 피동적으로 끌려간다면, 결코 군의 변화와 쇄신은 이끌어낼 수 없다.

(2) 폭넓은 공감대 구축

국방개혁을 성공적으로 추진하기 위해서는 무엇보다도 공개적인 논의와 설명을 통해 꾸준히 이해의 폭을 넓혀나가고 설득하면서 공감을 얻어내려는 노력이 중요하다. 국방개혁이 성공하려면, 가능한 범위 내에서 다양한 계층과 많은 사람이 공감하고 적극적으로 참여할 수 있어야 한다. 조직 구성원의 공감을 얻지 못하는 변화와 혁신은 성공할 수 없다. 우리는 15년이 넘는 기간 동안 여러 차례 수정 과정을 거치면서 국방개혁을 추진해왔다. 그럼에도 국방개혁의 방향이 올바른지, 수립된 계획이 합리적이고 적절한지, 어떠한 성과를 거두어왔는지, 그 계획은 달성 가능한 것인지 등에 대한 의문과 이견異見이 끊임없이 제기되어왔다. 물론, 그것은 많은 부대가 눈에 띄게 해체와 감편 과정을 거치고 있음에도 불구하고 국방개혁의 추진 의도와 방향, 내용 등을 모르기 때문에 생기는 막연한 불안감에서 비롯된 것일 수도 있다. 개혁을 추진하는 주체는 설득과 공감대 형성 노력을 통해 업무 추진을 위한 폭넓은 지지와 공감을 얻음은 물론, 개혁에 대한 저항감을 줄여나가야 한다.

조직 구성원의 대부분은 국방개혁의 세부 내용에 대해 잘 알지도 못할 뿐만 아니라 관심도 없기 마련이다. 설사 관심이 있다 해도 그것을 접할 수 있는 통로는 언론이나 인터넷, 유튜브 정도가 전부이며, 이것들을 통해 얻은 정보마저도 불확실한 경우가 대부분이다. 따라서 국방개혁기본계획의 내용은 모두 공개할 필요는 없지만, 주제와 논의의 대상에 따라 선택적으로 필요한 정보를 공유하고 참여를 끌어내기 위한 의견 수렴과 이해의 과정이 반드시 수반되어야 한다.

이러한 공감대 형성 노력은 예비전력 구성원, 특히 예비역 간부들을 대상으로도 이루어져야 한다. 예비역 간부는 유사시 국가의 위기 극복을 위해 자발적으로 동참해야 하고, 국가 동원자원의 일부로서 군 운영에 직간접적으로 관여할 수밖에 없는 전쟁 수행에 필요한 필수 자원이다. 군의 간부는 특별한 소양과 능력이 요구되기 때문에 짧은 시간 내에 양성할 수 없으므로 유사시에는 예비역 간부를 활용할 수밖에 없다. 그뿐만 아니라, 예비역 간부 자원은 전시 급격한 부대 확장과 손실 인원 보충 등의 필요로 인해 현역 인력만으로 전쟁 수행이 불가능하므로 동원계획을 시행할 때에도 중심적 역할을 해야 한다. 그렇기 때문에 예비역 간부도 싸우는 개념과 군구조의 변화 내용에 대해 알아야 하며, 국방개혁의 일정 부분을 알려주고 의견을 수렴하는 등 공감대 형성을 위한 노력을 해야 할 필요가 있는 것이다.

제2차 세계대전 초기에 성공적으로 이루어진 됭케르크Dunkerque 철수작전이 영국 육군을 구하고 제2차 세계대전 수행을 위한 밑거름이 될 수 있었던 것은, 됭케르크에서 철수한 간부들이 군대를 재건하고 전쟁을 수행하는 과정에서 핵심적인 역할을 담당했기 때문이다. 따라서 우리 군은 예비역 간부가 유사시 부대 확장과 손실 보충 등 국가 방위를 위해 많은 역할을 담당해야 하기 때문에 국방개혁의 내용을 그들과 공유해야 할 필요가 있다. 예비역 간부의 공감과 협력, 지원을 이끌어내고 그들의 경험을 활용할 수 있다면, 국방개혁은 더욱 탄력을 받을 수 있다.

(3) 변화하는 안보 환경과 발전하는 기술

국방개혁은 국내외 안보 환경과 위협의 변화, 국내 정치·경제·사회·문화적 여건의 변화, 발전하는 기술의 적용 범위와 활용 방안 등을 함께 고려해야 한다. 안보 환경과 위협의 변화는 주로 외부적 영향요인이지만, 정치·경제·사회·문화적 여건의 변화는 주로 내부적 영향요인이다. 발전하는 기술의 적용과 활용은 내부적 역량인 동시에 선택의 문제이다.

특히, 기술은 군사 및 국방운영 전반에 걸쳐 어느 분야에 어떻게 활용할 것인지, 미래에 필요한 능력은 무엇이고 어떻게 발전시킬 것인지 등에 대한 깊은 고민을 통해 군사력 운용과 잘 조화시켜나가야 한다. 기술은 기존의 체계와도 조화調和할 수 있어야 하며, 미래에 필요한 능력을 개발하는 데에도 적극 활용되어야 한다. 그러나 첨단화가 전투력의 상승으로 연결되기는 하지만, 모든 문제를 해소할 수는 없으므로 무조건 첨단을 지향하는 것은 바람직하지 않다. 첨단화는 효율과 비용의 상승을 수반隨伴함과 동시에, 제한사항도 함께 공존함을 잊어서는 안 된다. 게다가 첨단尖端이라는 개념 자체가 모호하고 상대적이며 계속 변한다는 것을 잊어서는 안 된다.

첨단화에 따라 교리는 발전된 기술 역량을 효과적으로 활용할 수 있는 논리를 담아내야 하며, 조직은 교리에서 제시한 논리, 수용된 기술이 반영된 무기체계와 이를 지원하기 위한 장비, 물자 등으로 구성되어야 한다. 또한, 훈련방식과 훈련장, 훈련용 보조재료 등도 발전된 기술이 적용된 장비와 물자를 활용할 수 있도록 무기체계와 함께 개발하고 개선해야 한다. 인적 자원은 변화하는 조직과 무기체계, 장비, 물자 등을 활용할 수 있는 역량을 계발啓發해야 한다.

이와 같이 기술적 이점을 누리기 위해서는 모든 관련 체계를 변화하는 환경에 맞도록 재설계하고 숙달해야 한다. 첨단화는 거저 얻어지는 것이 아니다. 첨단화로 얻는 이점을 이해하고 활용하는 능력도 중요하지만, 그로 인한 제한사항이 무엇인지를 깨닫는 것도 그에 못지않게 중요함을 인식해야 한다.

(4) 전문성 있는 계획과 지속 가능한 추진력

국방개혁은 전문성을 바탕으로 집중력 있게 관리할 수 있어야 비로소 원하는 목표에 근접할 수 있다. 국방개혁은 정책적 지침에 따라 전략적 방향을 설정하고 계획을 수립한 후, 분야별 실천방책을 수립하여 추진하고, 평가를 통해 꾸준히 수정·보완해 목표를 추구하는 매우 지난至難한 과정이다. 그러므로 국방개혁을 성공적으로 추진하려면, 군사 분야에 관한 충분한 이해는 물론, 개혁의 목표가 무엇이고, 어떻게 추진해왔으며, 무엇이 문제였고, 향후 어떻게 추진하고 평가할 것인가에 관해 깊은 성찰省察이 있어야 한다. 또한, 국방개혁은 국방의 현 상태에 대한 이해와 문제점 인식, 목표의 설정, 실천방책의 수립 및 추진, 평가 및 보완 등의 과정을 총체적 관점에서 관리할 수 있어야 한다.

정책과 전략의 추진은 계획 수립으로부터 시작되며, 계획 수립은 주어진 여건에 바탕을 두고 실천 가능한 복수의 방책을 구상하여 비교 분석을 통해 최선의 방안을 채택한다. 또한, 채택된 방책은 지속적인 분석·평가를 통해 보완하거나 보다 나은 새로운 방책으로 대체하는 과정을 반복적으로 거치면서 목표 수렴적 관리를 해야 한다. 그렇지 않을 경우, 계획은 아무런 성과를 거두지 못하고 탁상 위의 계획으로 끝나버리기 쉽다. 그러나 모든 전략과 계획은 수립보다 실천이 훨씬 더 중요하고 어렵다.

(5) 전투발전요소를 망라하는 개혁

국방개혁은 국방 전 분야에 걸쳐 변화와 혁신을 끌어낼 수 있어야 하며, 전투 발전 요소뿐만 아니라, 군의 의식 전환과 문화의 바람직한 변화까지도 끌어낼 수 있어야 한다. 그래야만, 사고의 전환은 물론, 군의 체질 개선과 근본적 변화를 이뤄낼 수 있기 때문이다. 국방개혁은 군구조와 국방운영의 혁신을 통해 군 문화의 쇄신을 끌어냄으로써 군의 밑바닥까지 진정한 변화가 이루어졌을 때 비로소 완성된다.

전투발전요소는 교리doctrine, 훈련training, 간부 개발leadership development, 편성organization, 장비·물자material, 인적 자원personnel, 시설facilities 등 일곱 가지로 구성된다.[4] 여기에는 하드웨어hardware 요소와 소프트웨어software 요소가 모두 포함되어 있다. 소프트웨어 요소에는 교리와 운용체계, 운용 능력 등이 해당하고, 하드웨어 요소에는 편성, 장비·물자, 시설 등이 해당

---

4 이러한 분류는 미군이 적용하고 있으며, 우리 군은 합동참모본부와 육군에서 전투 발전 요소를 서로 다르게 분류하고 있다. 합동참모본부는 교리, 구조/편성, 교육·훈련, 무기/장비/물자, 인적 자원, 시설 등 6대 요소, 육군은 교리, 구조 및 편성, 무기/장비/물자, 교육·훈련, 인적 자원(예비전력 포함), 시설, 간부 개발 등 전투발전 7대 요소로 분류하여 업무에 적용하고 있다.

한다. 그중에서도 편성은 하드웨어 요소와 소프트웨어 요소를 결합하는 단위체로서, 소프트웨어와 하드웨어의 성격을 모두 가지고 있다.

전투발전요소가 중요한 이유는 이들 요소가 군사력의 계층구조과 기능 구성 과정에서 유기적으로 연결되고, 군사력 운용 과정에서 조화롭게 능력으로 발현되어야 하기 때문이다. 그러므로 국방개혁의 군구조 분야는 하드웨어의 변화뿐만 아니라 미래 전쟁 양상에 부합하는 싸우는 방법How to Fight을 기반으로 전투발전 7대 요소가 망라된 폭넓은 군사혁신을 추구해야 한다.

(6) 효율성 중심의 국방운영체계

국방개혁에서 군사혁신을 뒷받침하기 위한 국방운영체계는 비효율과 중복 요소를 걸어내고 군사태세를 실질적으로 뒷받침할 수 있도록 개선해야 한다. 국방운영 분야에서 민간관료의 구성비율은 중요하지 않다. 소위, '문민통제文民統制'라는 이유로 군인보다는 민간관료의 비율을 높이려고 하나, 문민통제는 민간관료의 비율을 높임으로써 달성되는 것이 아니다. 문민통제란 국민이 선출한 권력이 법에 근거하여 군에 대한 운용 및 통제권한을 행사行使하는 것이다. 그러므로 문민통제의 강화는 군인과 민간관료의 구성비율 조정으로 달성될 수 있는 것이 아니다. 국방의 효율은 관료의 비율이 아니라 전문성에서 발현되는 것이며, 전문성이 갖춰지지 않으면 효율이 현저히 저하될 수밖에 없으므로 신중하게 접근해야 한다.

1970년대 자주국방 추진 당시, 전문가의 육성은 우리에게 가장 절실한 과제 중 하나였다. 그러나 50여 년이 지난 지금에도 전문성이 갖쳐지지 않은 것은 잘못된 인사관리에서 비롯된 바가 크다. 인적 자원은 우수한 자원을 선발하여 목표지향적 교육과정을 거쳐 양성한 후에 능력에 맞게 적재적소에 활용해야 한다. 그럼에도 현재 우리의 인재 선발 및 교육제도는 목적에 맞는 우수한 자원을 선발할 수 없을 뿐만 아니라 각 분야별로 필요한 전문가를 양성할 수 없게 되었다. 그뿐만 아니라, 편가르기와 학연·지연·근무연 등을 고려하는 인사관리는 스스로 능력을 개발하고 노력하기보다는 선호 직위에 대한 보직 경쟁이나 줄서기 등의 그릇된 인사 문화가 형성되는 부정적 결과를 초래했다. 그뿐만 아니라 잘못된 인적 자원의 선발 및 배치, 즉 지역별 근무기간을 고려한 산술적 인사관리 관행과 무경험지역에 우선 배치하는 제도는 의도치 않은 또 다른 왜곡을 불러왔다. 심지어 사단장은 새로운 경험을 쌓아야 하는 위치가 아니라, 축적된 역량을 발휘해서 즉각 전투임무를 수행해야 함에도 불구하고 새로운 경험을 쌓아야 한다는 잘못된 생각에서 무경험 지역 보직 원칙을 내세운 적도 있었다.

　우수한 인적 자원의 성장은 공개적인 경쟁의 장場에서 공정한 기준에 의한 능력 평가를 통해 성장하는 토양을 만들어주는 것이 중요하다. 산술적 안배는 또 다른 왜곡을 불러일으킬 뿐이다. 국방 분야에서 민간 인력을 높이는 것도 필요하지만, 비율을 정해놓고 단기간에 추진하는 것은 외형적으로는 그럴듯해 보일지 몰라도 많은 부작용을 낳게 된다. 누구나 할 수 있다는 아마추어리즘amateurism적 사고의 만연은 군사 분야의 업무 수준을 현저히 저하시키게 될 것이다. 만약 선출된 권력이 민간관료의 비율을 높이고 싶다면, 국방에 관심 있는 민간 인력의 전문성을 키워나가면서 점진적으로 추진해나가야 한다.

2 / 우리의 국방개혁 시도와 성과

창군 이래, 우리 군은 여러 차례에 걸쳐 국방의 효율성 개선을 위해 노력해왔다. 첫 번째 시도는 1967년 6월 제3차 중동전쟁에서 이스라엘의 군사적 성공에 자극을 받아 10여 명의 영관급 간부를 파견하여 한 달여에 걸친 현지 방문을 통해 교훈을 도출하여 우리 군에 접목하고자 시도한 것이었다. 두 번째 시도는 국방부가 1969년부터 3년여에 걸쳐 군 특명검열단에 지시하여 군 전반에 관한 16권의 혁신방안을 작성하고, 이를 추진코자 한 것이었다. 그 후에도 거의 모든 정부가 국방개혁을 추진했으나, 대부분 계획 수립에 그쳤으며, 그 계획도 특명검열단의 연구와 기존의 전력증강계획의 틀에서 크게 벗어나지 못했다. 다만, 의미 있는 성과를 거두었다고 평가할 수 있는 것은 노태우 정부의 '장기 국방태세 발전방안 연구', 즉 818계획이 거의 유일하다. 818계획은 한국적 여건에 맞는 합동군제를 정착시켰다는 점에서 분명한 성과를 거두었다고 말할 수 있다.

현재 진행되고 있는 국방개혁 2.0[5]은 주요 추진 분야를 군구조, 국방운영, 병영문화, 방위사업 등으로 나누고 있다. 군구조 분야는 부대구조 개편, 지휘구조 개편, 첨단전력 확보, 국방인력구조 개편 등으로 구성되어 있다. 국방운영 분야는 국방 전 분야에 4차 산업혁명 관련 기술 도입, 병 복무기간 단축, 여군 인력 확대 및 근무여건 개선, 지역사회와 상생하는 군사시설 조성 등으로 짜여 있다. 병영문화 분야는 장병 인권 보호 강화, 복지향상 및 복무여건 개선, 신뢰받는 의료서비스 제공 등으로 구성되어 있다. 방위사업 분야는 국제 수준의 경쟁력 확보를 위한 방위사업 개혁의 추진을 목표로 하고 있다.

구체적으로 살펴보면, 여러 부분에서 개념 설정의 오류, 부적합한 용어의 사용 등이 다수 발견된다. 화려한 용어를 나열한다고 해서 좋은 계획이 되지 않는다. 모든 계획은 정확한 개념 설정, 올바른 용어 사용 등을 통해 관계자 모두가 공감하고 공유할 수 있을 때, 올바른 방향으로 실행이 가능해진다. 그러므로 국방개혁 2.0은 잘못된 개념과 용어에 대한 수정·보완 과정을 거쳐 효과적으로 추진할 수 있는 계획으로 발전되어야 할 것이다.

(1) 노무현 정부의 국방개혁

주요 내용

2005년 노무현 정부는 병력 규모를 50만 명으로 유지하는 것을 목표

---

5 https://mnd.go.kr/mbshome/mbs/reform/reform_ebook/reform2.0/index.html?startpage=64

로 국방개혁을 추진했다. 당시, 정부에서는 미래 안보 상황을 "북한의 위협은 감소하고, 주변국의 불특정 위협은 점차 증가할 것"으로 가정했다. 그리고 '국방 전반의 체질 개선을 통한 효율적 국방체제의 구축'을 목표로 설정하고 '효율적인 선진 정예 강군'으로 개편하기 위해 한국군의 '병력 위주의 양적 구조를 첨단 장비로 보강된 질적 구조'로 재편하겠다는 것이 그 핵심이었다. 이에 따라 수립된 국방개혁 2020의 추진 방향으로 ① 국방의 문민 기반 확대, ② 현대전 양상에 부합되는 군구조 및 전력체계 구축, ③ 저비용·고효율의 국방관리 체제로 혁신, ④ 시대 상황에 부응하는 병영문화 개선이 제시되었다. 이를 위해, 국방부는 군구조와 국방운영을 개혁하고 국방부 직위의 70%를 문민화하면서 군 규모를 2020년까지 50만 명 수준으로 감축하는 계획을 수립했다.

수립된 국방개혁의 주요 골자는 연 11% 이상 국방비를 증액하여 타격 능력을 향상하고, 정보Intelligence · 감시Surveillance · 정찰Reconnaissance 및 지휘Command · 통제Control 능력의 확충을 추진하는 것이었다. 국방부는 이와 더불어 국방획득체계를 개선하고 방위산업 구조를 효율화하며, 국방 연구개발 비용을 대폭 늘리고, 방위산업 수출지원체제를 구축하겠다고 밝히면서 국방개혁의 지속성과 안정성을 보장하기 위해 국방개혁 2020의 핵심 내용을 국방개혁기본법·방위사업법 등으로 입법화하겠다는 구상도 발표했다.

노무현 정부는 군을 '첨단정보·기술군'으로 개편하기 위해 국방개혁의 핵심인 군구조 개편을 3단계로 나누어서 추진한다는 '국방개혁 2020'을 수립했다. 주요 내용은 "1단계는 군구조 개편 착수 및 본격화 단계로서, 2010년까지 군의 상부구조를 개편하되, 합동참모본부를 전구 작전지휘가 가능한 방향으로 개편한다. 2단계는 개혁 심화 단계로서, 2015년까지 상부구조 개편을 완료하고 구조 개편에 필요한 전력을 확보한다. 3단계는 2020년까지 군구조와 전력구조 개편을 완료하고 계획된 주요 장비의 전력화를 완료한다"라는 것이었다.

이와 같은 계획에 따라 군구조 개편을 완료함으로써 상부 지휘구조는 합동참모본부의 위상과 능력을 강화하고, 육군은 1군사령부와 3군사령부가 통합된 지상작전사령부로, 2군사령부는 후방작전사령부로 개편할 예정이었다. 또한, 군단은 10개에서 6개, 사단은 47개에서 24개, 병력은 68만 명에서 50만 명 규모로 줄이지만, 첨단전력 증강 등 질적 강화를 위해 기동력과 타격력을 증강하고, 정보, 지휘·통제, 화력 등 핵심전력을 대폭 보강하기로 했다. 해군은 수상·수중·항공전력의 입체적 운용 능력을 강화하여 근해 방어형 전력구조에서 해상교통로와 해양자원 보호 등 전방위 국가이익을 적극 수호할 수 있는 구조로 개선하기로 했다. 또한, 잠수함·항공전력은 전단 체제에서 사령부 체제로 전환하고, 기동전단을 새로 편성하기로 했다. 공군은 공중우세와 정밀타격에 적합한 구조로 전환하기 위해 평시 적의 징후를 감시하고 응징 보복을 할 수 있는 능력을 구비하고, 전시에는 공중우세를 확보하여 지상과 해상작전 수행을 최대한 보장하기로 했다.

평가

국방개혁 2020을 종합적으로 평가해보면, 육군의 경우에는 병력의 대폭 감축으로 인해 커다란 변화가 불가피하나, 해군과 공군은 기존의 전력증강계획에서 크게 벗어나지 않아 혁신을 추구한다고 보기 어려운 수준이었다. 또한, 국방개혁의 방향은 대부분 하드웨어 요소에 치중되어 있을 뿐 아니라 정작 변화를 주도해야 하는 소프트웨어 요소는 거의 담아내지 못했다. 그러다 보니, 국방개혁 2020은 하드웨어, 특히 신규 무기체계의 획득과 부대구조 개편에 치중하는 모습으로 나타났다.

모든 변화와 혁신을 주도하는 계획에서 소프트웨어 요소를 다루는 것은 쉬운 일이 아니다. 소프트웨어 요소를 다루려면, 수준 높은 전문성을 기반으로 개념을 구상하고 논리적으로 설득력 있게 풀어낼 수 있어야 한다. 그러려면, 기획자는 국방개혁을 성공적으로 완수하기 위해 문제의 본질을 파악하고, 설정된 목표를 달성하기 위해 합리적이고 창의적인 해법을 만들어낼 줄 알아야 한다. 또한, 지도층은 전문성에 기초하여 명확한 지침을 부여하고, 기획자가 제시하는 해법을 이해하고 판단하여, 올바른 방향으로 이끌어갈 줄 알아야 한다. 지도층이 실무자가 수립하는 계획이나 해법에 대해 적절성 여부를 판단할 수 없거나 문제점을 지적할 줄 아는 분별력이 없다면, 개혁은 필연코 실패할 수밖에 없다.

군사력의 규모와 질적 수준은 국가안보와 직결되며, 어떠한 상황과 여건에서도 국가의 생존과 안녕을 보장할 수 있어야 한다. 적정 군사력 규모의 설정과 병력의 감축은 국가 생존과 안녕을 보장할 수 있는 틀 안에서 검토되어야 하고, 안정적으로 관리하면서 변화를 추진할 수 있어야 한다. 만약 내·외부적 요인에 의해 불가피하게 줄일 수밖에 없는 상황이라면, 부족한 부분을 보완하기 위한 대책을 함께 모색摸索해야 한다.

과거부터 우리 군의 병력 규모에 대해서는 다양한 의견이 존재해왔다. 그러나 대부분의 연구는 통일 이후의 군사력 규모에 관한 것이었으며, 남과 북이 대치하고 있는 특수 상황에서의 군사력 규모에 대해서는 대체로 현재의 수준을 유지하는 것에 공감하는 분위기였다. 국방개혁은 제한된 자원을 효율적으로 운영하여 변화하는 환경에 효과적으로 대응할 수 있도록 국방 전반을 쇄신함으로써 "싸워 이길 수 있는 군대를 만들고, 효율적인 국방태세로 전환하는 것"이 목표가 되어야 한다. 국방개혁의 목표는 병력 감축이 되어서는 안 되며, 정치적 이유나 특정 집단의 사사로운 이익에 따라 흔들려서도 안 된다. 왜냐하면, 국방은 국가의 생존과 직결되는 공공公共의 자산이기 때문이다.

국방개혁 2020은 일견 야심적이고 미래지향적인 것처럼 보였으나, 실상은 기존의 전력증강계획에서 크게 벗어나지 않았다. 국방개혁 2020은 개혁 방향의 설정과 고려 가능한 방안에 대한 숙의熟議와 검토 과정을 충분히 거치지 않고 불과 5~6개월 만에 서둘러 작성되었다. 결국, 국방개혁 2020은 각 군이 평소 주장하던 전력증강 요구를 반영하거나 군의 요구를 일부 조정하는 수준에 머물 수밖에 없었고, 고위층의 일방적 지침이나 개인적 의견에 휘둘릴 수밖에 없었다. 그뿐만 아니라, 미래 전쟁 양상이나 위협 분석 등에 대한 논의는 물론, 미래 전장에서 요구되는 운용 개념과 요구 능력 등에 대한 검토도 제대로 이뤄지지 않았다. 이러한 문제들은 상의하달上意下達, Top Down 방식에 의한 국방개혁의 성급한 추진, 국방개혁 필요성에 대한 공감 부족, 소프트웨어 요소의 중요성에 대한 인식 결여, 창의적인 개념 형성 역량의 결핍 등에서 기인한 것이다.

이에 따라, 국방개혁 2020은 병력 감축에 따른 부대개편과 첨단 장비를 확보하여 전력을 증강하는 등 하드웨어 중심의 계획이 될 수밖에 없었다. 국방개혁의 핵심인 군사혁신을 위해서는 군사력의 구성과 운용을 지배하는 소프트웨어와 하드웨어를 짜임새 있게 결합해야 한다. 그러려면, 구성 논리의 출발점이 되는 '어떻게 싸울 것인가'에 관한 논리 구조가 탄탄해야 하며, 그에 관한 깊은 이해와 개념의 공유를 통해 폭넓은 공감대가 형성되어야만 한다. 그것은 미래 전장에서 '어떻게 싸울 것인가'라는 개념 설정이 바로 군사력 구성과 운용의 핵심 소프트웨어이며, 출발점이기 때문이다. 국방개혁 2020에서 가장 아쉬웠던 점은 군사력의 구성과 운용을 쇄신하기 위한 소프트웨어 측면을 충분히 검토하지 않았다는 것이다. 따라서 국방개혁 2020은 병력의 감축과 부대개편, 첨단 장비 확보, 국방운영의 개선 등이 주요 내용이 될 수밖에 없었다.

그뿐만 아니라, 2003년 노무현 정부가 들어서면서 병역법을 개정하여 육군과 해병 24개월, 해군 26개월, 공군 28개월로 복무기간을 단축했다. 이듬해에는 공군 병사의 복무기간을 1개월 더 줄였으며, 국방개혁 추진과 함께 육군 병사의 복무기간을 18개월, 해군 20개월, 공군 21개월로 다시 줄이는 계획을 수립했다. 국방개혁 초안을 입안하는 과정에서 "50만 명 규모의 군을 유지할 수 있는가?"의 여부를 판단하기 위해 2020년까지의 예상 출산율과 가용 병역자원을 검토했고, 그 결과 2020년까지는 유지 가능한 것으로 판단되었다. 그러나 2020년 이후에는 병 복무기간 단축이 병역자원의 확보를 어렵게 만드는 주요 요인으로 부각浮刻되었다.

한편, 국방개혁을 위한 계획을 수립하는 과정에서 2020년까지 국방개혁 추진을 위해 필요한 예산을 판단하라는 지시가 하달되었다. 그러나 당시 기획자들은 예산 판단의 문제점을 지적하고 장기적 예산 판단의 무의미함을 건의했으나, 예산 판단 요구는 철회되지 않았다. 결국, 지침에 따라 관계 당국과 협의를 거쳐 소요예산에 대한 예측치를 산출할 수밖에 없었으며, 국방개혁 2020을 위한 총소요예산은 기준 연도의 가용재원을 기준으로 기획재정부와 협의를 통해 국방예산의 예상 증가율과 예상 물가상승률 등을 적용하여 621조 원으로 산출되었다. 그러나 이렇게 판단된 소요예산이 과다하므로 다시 600조 원 이하로 재조정하여 보고하라는 지침에 따라 전력증강계획을 일부 조정하여 599조 원으로 축소하여 보고했다. 이와 같이 예산 판단 요구는 애초부터 무리하면서도 무의미한 요구였다. 참고로 2020년 8월에 발표된 '21~'25 중기계획의 예산 규모는 5년간 300조 원을 상회하고 있다.[6]

장기 기획 또는 계획 과정에서 소요예산의 판단은 기획·계획의 실현 가능성이나 적절성 여부 등을 점검하기 위해 산출해볼 수는 있으나, 그 결과치에 대해 의미를 부여하는 것은 적절하지 않다. 모든 예비 타당성 조사[7]가 그렇듯이, 소요예산 판단은 수립된 계획의 건전성을 뒷받침하기 위한 참고자료에 불과하며, 접근방법이나 의도에 따라 판단 결과는 크게 차이가 날 수밖에 없다. 그 이유는 예비타당성 조사가 아무도 해보지 않은 계획에 대한 가정假定과 추정推定을 바탕으로 한 산출된 결과이기 때문이다. 또 다른 문제는 우리가 벤치마킹했던 프랑스의 제도와 달리, 국방개혁법에 소요예산을 법적 구속력을 갖는 강제조항으로 담

---

6 권홍우 논설위원, "5년간 국방예산 300조 원 투입", 서울경제, 2020년 8월 10일
7 예비타당성 조사는 정부 재정이 대규모로 투입되는 사업의 정책적·경제적 타당성을 사전에 검증·평가하기 위한 제도이다.

을 수 없으므로 장기 계획의 추진을 위한 예산의 안정적 보장이 불가능하다는 점이다. 설사 장기적인 재정 예측 전망과 물가상승률, 국방예산 증가율 등은 관계부처와 협의가 이루어진 것이라 할지라도, 국방개혁을 위한 소요예산은 성사 여부가 불확실한 미래 사안에 대한 추정치에 불과하다.

산출한 결과물은 기획·계획의 건전성 여부와 상관없이 일반 대중이 비용 규모를 더 민감하게 받아들이게 되므로 큰 반향과 파급을 불러일으킬 수밖에 없다. 당시 전력증강 예산과 국방운영 예산이 모두 포함된 소요예산 판단 규모를 600조 원 이하로 조정하라는 지침은 이와 같은 배경에서 하달된 것이었다. 이에 따라 정부의 지침에 부합하도록 처음 작성한 국방개혁 2020에 반영된 전력증강 소요와 전력화 시기를 일부 조정하여 소요 재원을 600조 원 이하로 수정하여 보고했다. 그러나 그 후 국방개혁 추진 과정에서 정부가 교체되면서 약속한 국방예산 증가율은 지켜지지 않았고, 계획된 사업이 지연됨에 따라 소요예산은 더욱 증가했다. 전력화가 지연될수록 연동 개념에 따라 조정되는 우리의 전력증강제도는 금융비용의 증가 등으로 인해 비용이 더욱 늘어날 수밖에 없는 근본적인 문제를 내포하고 있다. 결국, 높은 국방비 증가율을 반영했음에도 불구하고, 국방개혁 2020은 계획대로 추진할 수 없는 구조적인 문제를 안고 있었다.

(2) 이명박 정부의 국방개혁

주요 내용

2008년 2월, 정권이 교체되었다. 새로이 등장한 이명박 정부는 "매 5

년의 중간 및 기간 만료 시점에 한미동맹 발전, 남북관계 변화추이 등 국내외 안보 정세 및 국방개혁 추진 실적을 분석·평가하여 그 결과를 국방개혁기본계획에 반영하여야 한다"라는 국방개혁법 5조 3항에 따라 3년 차인 2008년에 계획을 검토하여 '국방개혁기본계획 2009~2020'을 작성했다. 그런데 2008년 글로벌 금융위기 등으로 인해 경제 상황이 악화되고, 2009년의 북한 2차 핵실험 등으로 남북관계가 급격히 경색되었다. 이에 따라 예산 확보가 어려워지자, 국방개혁기본계획 2009~2020은 병력 규모를 50만 명에서 51.7만 명으로 상향 조정하고 일부 핵심사업을 조정하거나 연기할 수밖에 없게 되었다.

또한, 2010년 3월 26일의 천안함 폭침과 2010년 11월 23일의 연평도 포격 도발은 국방개혁기본계획을 근본적으로 재검토해야 하는 상황을 초래했다. 이에 따라 국방개혁기본계획 2009~2020은 전면적으로 수정하게 되었으며, 2010년 1월에 구성된 국방선진화추진위원회와 천안함 폭침 이후 출범한 국가안보총괄회의의 논의를 거쳐 2010년 말까지 검토된 73개의 개혁과제를 대통령에게 2011년 3월 7일에 보고했다. 당시, 수정된 국방개혁기본계획은 '국방개혁기본계획 2011~2030'으로 명명했으며, 대통령에게 보고한 날짜를 따서 일명 '307계획'이라고도 부른다. 또한, 병 의무 복무기간은 18개월로 단축할 예정이었으나, 당시의 안보 상황을 고려하여 21개월로 유지하는 것으로 조정했다.

국방개혁기본계획 2011~2030[8], 일명 307계획은 단기2011년

---

8 인터넷 검색, 위키백과

~2012년과제 37개, 중기2013년~2015년과제 20개, 장기2016년
~2030년과제 16개 등 총 73개 과제를 선정했다. 개혁안의 세부 내용
에는 상부 지휘구조 및 국방교육체계 개선, 서북도서방위사령부 창설,
장성 숫자 감축, 국방개혁에 관한 법률에 명시된 합참과 합동부대에 근
무하는 육·해·공군의 구성비 준수 등 일부 새로운 내용이 추가되었다.
변화의 주요 골자는 2020년까지 국방개혁의 달성이 불가능하다고 판
단하여 국방개혁의 추진을 2030년까지 연장했으며, 상부 지휘구조 개
선을 추가 검토과제로 선정했다. 상부 지휘구조 개선의 핵심은 818계
획 이후 운영해오던 합동군제를 통합군제로 변경하는 것이었다. 또한,
천안함 사태를 계기로 서북도서 지역에서의 지휘 책임을 보다 명확히
설정하고 효율성을 개선한다는 이유로 서북도서방위사령부를 창설했
다. 이와 더불어 북한이 도발해올 경우, 도발 원점 타격이 가능하도록
정밀타격체계를 집중적으로 보완한다는 것이 추가되었다.

평가

그러나 국방개혁기본계획 2011~2030은 여러 가지 문제점을 가지고
있었다. 먼저, 상부 지휘구조 개선은 과거부터 논란이 되어왔던 문제를
다시 되풀이하는 것에 불과했다. 상부 지휘구조는 계기契機가 있을 때마
다 똑같은 문제를 제기하는 사람들이 항상 존재해왔다. 상부 지휘구조
는 국가의 정치체제와 안보 상황, 군의 규모, 문민통제 원칙을 달성하
는 방법 등을 고려한 선택의 문제이며, 우리의 합동군제는 미군의 합
동군제와 달리, 작전지휘에 관한 권한이 강화되어 있다. 우리의 제도를
충분히 이해하지 못한 상태에서 국방개혁기본계획 2011~2030의 주

요 추진과제로 선정된 상부 지휘구조 개편은 불필요한 논란을 불러일으켰으며, 결국 제18대 국회의 임기가 2012년 5월로 종료됨에 따라 자동으로 폐기되었다. 이에 따라 '국방개혁기본계획 2011~2030'은 폐기되었고, 그 내용을 일부 수정하여 2012년 8월에 '국방개혁기본계획 2012~2030'이 다시 수립되었다.

서북도서방위사령부는 당시의 상황을 고려해 일부 국회의원과 관련 당사자들이 강력하게 주장하여 설치되었으나, 이 역시 옥상옥屋上屋에 불과한 조직이다. 권한 조정 논의는 누가 누구를 통제하고, 누가 누구의 통제를 받느냐를 두고 해군과 해병대 간의 자존심 싸움으로 번져 엉뚱한 방향으로 흘러갔고, 그 과정에서 국회와 해군, 해병대를 비롯한 관련 기관들의 감정까지 개입되어 불필요한 논쟁이 이어졌다. 사실 서북도서 방어는 책임 한계를 어떻게 설정하고, 지원과 피지원의 관계를 어떻게 설정할 것인가의 문제였다. 즉, 누가 어느 구역에 대한 책임을 지고 작전을 주도하느냐의 문제였다. 이 문제는 마치 해안선을 담당하는 육군과 연근해의 경비를 담당하는 해군의 책임 한계를 규정할 때 해안 경계 임무를 어느 선까지 육군이 책임지고, 어느 선부터 해군이 책임을 질 것인가를 정하는 것과 다르지 않았다. 결국, 이 문제는 해병대사령부의 지상 및 항공화력 운용 체계와 절차, 참모 기능을 보완하여 해병대사령부가 서북도서방위사령부의 기능을 함께 수행하는 것으로 정리되었다.

이러한 결론은 기존의 지휘체제와 별 차이가 없었다. 쓸데없이 시간과 감정을 낭비한 셈이었다. 이것은 정치가 군사 문제에 깊숙이 개입함으로써 빚어진 일이었다. 서북도서를 방어하기 위한 또 다른 사령부의 편성은 그다지 필요하지 않은 것이었으며, 기존의 운용체제를 점검하고 부족한 부분에 대한 교육과 훈련, 기능 보완 등으로 해결되는 사안이었다. 따라서 서북도서 방어 문제는 해군과 해병대 6여단의 책임 범위를 설정하고, 효율적 운용을 위한 협조 관계와 절차를 보강한 후에 훈련을 통해 숙달하면 되는 것이다. 도서 방어 임무를 담당하는 해병 6여단과 연평부대는 대對상륙방어를 위한 근접전투지역에 대한 작전을 담당하고, 그 범위를 넘어서는 서북도서 지역의 주변 해역 작전은 2함대사령부가 관할管轄하면서 서로 협조하면 되는 것이다. 즉, 서북도서의 방어와 편제 화기의 사거리 등을 고려하여 책임 관계만 정확히 되짚어보면 되는 사안이다. 만약 북한이 서북도서에 대한 도발을 강행한다면, 해병 6여단과 2함대, 공군작전사, 유도탄사 등이 합동참모본부의 지휘 아래 적정한 수단을 선택해 대응하면 되는 것이다.

(3) 박근혜 정부의 국방개혁

주요 내용

2013년 2월 12일 북한의 3차 핵실험 성공 발표와 그로 인한 핵 능력 향상은 박근혜 정부의 국가안보전략에 커다란 영향을 미쳤다. 박근혜 정부는 '북한의 상시적 군사위협과 도발 가능성을 우리의 일차적 안보위협'으로 규정했다. 이에 대응하기 위한 군사전략은 북한의 비대칭, 국지도발 및 전면전 위협에 전방위적으로 대응 가능한 능력을 구비하고, 북한의 위협에 대해 국제법이 허용하는 자위권 행사를 포함한 선제적 대응을 위해 '군사·비군사적인 모든 조치를 포함하는 능동적 억제'로 설정했다. '능동적 억제'란 적이 도발할 경우 적의 도발의지를 꺾기 위해 군사적·비군사적 수단을 활용한 선제적 대응조치를 취함으로써 전면전을 억제한다는 전략 개념으로서, 군사·외교·경제적 지원 방안 까지 포함한 매우 공세적인 개념이다. 이에 기반하여 2014년 3월 6일, 박근혜 정부는 '국방개혁기본계획 2014~2030'을 발표했고, 군사전략 기조를 기존의 '적극적 억제'에서 '능동적 억제'로 변경했다. 국방개혁 기본계획 2014~2030에는 북한의 핵 또는 미사일 사용이 임박했다고 판단되었을 때, 발사 이전에 무력화하기 위해 탐지-결심-타격으로 이 어지는 킬 체인Kill Chain 개념의 적용과 능력을 확보하기 위한 다양한 전 력증강계획이 반영되었다.

국방개혁기본계획 2014~2030은 군구조 개혁과 국방운영 혁신을 통해 2030년까지 국방개혁을 완료함으로서 63만여 명의 병력을 52만 여 명으로 줄이고, 간부 비율은 40% 수준까지 높이겠다는 것이 주요 골자였다. 군구조 개편의 세부 내용을 살펴보면 다음과 같다. 한미 연 합의 미래사령부를 편성함으로써 연합 지휘역량을 강화하고, 합동참 모본부 중심의 전구戰區 작전지휘체계를 구축한다. 1·3야전군사령부는 5년 이내에 지상작전사령부로 통합하되, 2작전사령부는 현재와 같은 형태를 유지한다. 군단은 8개에서 6개로, 사단은 42개에서 31개로, 기 갑·기계화보병여단은 23개에서 16개로 줄임으로써 지상군의 작전을 군단 중심체제로 개편한다. 또한, 군단에는 항공단, 방공단, 군수지원여 단 등을 편성하고, 공군과의 합동작전을 위해 항공지원작전본부를 설 치한다는 계획을 수립한다.[9]

---

9 인터넷 검색 정리.

46 | 강군의 꿈

결국, 육군의 부대개편 계획은 지상작전사령부를 창설하여 전방의 지휘체계를 일원화하고, 군단 중심의 작전지휘체제를 강화함으로써 전투력의 효율성을 높이는 것이었다. 해군은 잠수함사령부를, 해병대는 항공단과 제주도 방어를 위한 9여단을 새로 편성하고, 공군은 항공우주군 창설을 목표로 우주감시위성과 무인정찰기를 도입하고, 위성감시통제대와 항공정보단을 창설한다는 것이 핵심 내용이었다.

이와 더불어 국방운영 분야는 인력 운영의 효율성을 높이고 장병 복무여건을 개선하기 위해 초급간부의 장기 선발을 점차 늘려나가면서, 예비전력을 정예화하기 위해 동원예비군의 권역화 관리와 과학화 훈련장 설치 등을 계획했다. 또한 군수운영 혁신을 위해 군 물류체계를 개선하고, 군 책임운영기관을 추가로 지정하는 등 고효율의 선진 국방운영체제 구축을 위한 중점 추진사항을 다수 포함했다.

평가

국방개혁기본계획 2014~2030은 전략 개념을 더욱 공세적으로 수정하고 많은 계획을 수립했으나, 순조롭게 진행되지 못했다. 특히, 전략 개념의 수정은 전략 개념을 뒷받침하기 위한 후속 연구, 즉 대응 개념의 발전, 교리 연구 등이 뒤따르지 못했기 때문에 선언적 수준에 머무르고 말았다. 그렇게 될 수밖에 없었던 이유는 자문을 거쳐 '능동적 억제'라는 공세적 개념을 도입했지만, 이를 실행하기 위한 논리의 개발과 적용 방안의 발전 등 후속 조치를 이끌어나갈 군사적 전문성이 결여되었기 때문이 아닌가 생각된다. 또한, 국방운영 분야의 개혁은 관련 분야의 세부 업무 흐름과 이해관계를 조정해야 하고, 동원과 군수 분야의 혁신적 개념 도입과 과감한 시행, 많은 예산의 뒷받침이 있어야만 실행 가능했다. 또한, 합동참모본부 중심의 전구작전지휘체제를 구축한다는 목표는 일면 타당한 것처럼 보였다. 그러나 우리의 합동군제는 이미 818계획을 통해 전구사령부의 기능을 포함하고 있었기 때문에, 운용 과정에서 나타나는 취약하거나 부족한 부분을 식별하여 보강하면 되는 사안이었다.

이처럼 야심 찬 계획을 수립했음에도 불구하고, 국방개혁기본계획 2014~2030에는 많은 장애 요소가 잠복해 있었으며, 가장 큰 문제는 역시 예산의 확보였다. 당시 고조되는 북한의 핵·미사일 위협에 대비하기 위한 킬 체인, 한국형 미사일방어Korea Air & Missile Defense 등 탐지·식별, 결심, 타격 능력의 강화와, 자주국방 역량을 구축하기 위한 KDX-III Batch-2, F-X, 우주 감시 능력 등을 갖추기 위한 첨단전력의 추가 반영은 예산의 급증을 동반할 수밖에 없었다. 따라서 국방개혁 추진을 하기 위해 많은 예산이 필요하지만, 경기 부진과 복지예산 증대 등 현실적 여건을 고려할 때, 국방비를 연평균 7.2% 수준으로 꾸준히 증가시키는 것은 현실적으로 달성하기 어려운 목표였다. 실제로 국방예산은 노무현 정부에서는 5년 평균 8.4%, 이명박 정부에서는 5년 평균 6.14%, 박근혜 정부에서는 4년 평균 4.2%로 낮아졌다. 물론, 국방예산 규모가 커지는데도 불구하고 같은 비율의 증액을 고집하는 것은 현실적으로 합당하지 못한 측면이 있다. 그것은 같은 비율로 증액할 경우, 예산 규모가 커질수록 증액해야 할 절대 규모가 크게 늘어나기 때문이다.

또한, 병 의무복무기간은 2010년 3월 천안함 폭침 이후, 육군은 21개월, 해군은 23개월, 공군은 24개월로 유지되었다. 그러나 당시의 불안정한 안보 상황을 고려할 때, 전력을 증강하는 부대는 조기에 개편하고, 병력 감축이 필요한 부대는 개편 시기를 늦추면서, 모든 부대개편을 2030년에서 2026년으로 계획을 앞당긴다는 것도 현실적으로 가능하지 않았다. 결국, 박근혜 정부의 국방개혁은 2017년 탄핵 사태로 인해 중단되고 말았다.

(4) 문재인 정부의 국방개혁

주요 내용

문재인 정부는 국방의 전 분야에서 변화와 혁신을 끌어내기 위해 국방개혁 2.0 계획을 수립하여 추진하고 있다. 문재인 정부의 국방개혁 2.0은 노무현 정부의 국방개혁 2020을 바탕으로 하고 있는데, 계획 자체를 이어간다기보다는 그 정신을 계승하고자 한다는 표현이 더 정확할 것이다. 인터넷 검색 자료에 의하면, 국방개혁 2.0은 불안정한 세계 안보와 주변국의 군비경쟁 속에서 한반도의 평화를 뒷받침하기 위해 병력 자원의 급격한 감소와 4차 산업혁명에 대응하고, 국민의 눈높이에 맞는 국방운영과 선진 병영문화 구축을 위해 변화를 추진하는 것이다.

이러한 인식을 배경으로, 국방개혁 2.0은 전방위 위협에 주도적으로 대응 가능한 군, 첨단 과학기술 기반의 정예화된 군, 선진화된 국가에 걸맞게 운영되는 군 등을 목표로 선정했다. 또한, 개혁 추진 중점 분야를 군구조, 국방운영, 병영문화, 방위사업 등의 4개 분야로 나누고 각각의 개혁 추진 방향을 설정했다. 이 중 군구조 분야는 '전방위 안보위협에 대한 동시 대비 및 첨단 과학기술 기반의 미래지향적 군구조로의 변화', 국방운영 분야는 '효율성·투명성·개방성 극대화', 병영문화 분야는 '가고 싶은 군대, 보내고 싶은 군대 육성', 방위사업 분야는 '국방획득체계의 투명성·효율성·경쟁력 제고'에 중점을 두고 있다. 국방개혁 2.0은 기존의 국방개혁과 차별성을 강조하고 있다.

〈표 1〉 국방개혁 2.0 추진 중점과 세부 내용[10]

분야	추진 중점	세부 내용
군구조	전방위 안보 위협에 동시 대비 첨단 과학기술 기반 미래지향적 군구조	■ **지휘구조 개편** 전시작전통제권 전환과 연계, 한국군이 주도하는 지휘구조 ■ **부대구조 개편** 육군 : 다양한 위협 동시 대응, 　　　 4차 산업혁명 기술에 기반한 병력 절감형 부대구조 해군 : 잠재적 비군사적 위협 대응, 　　　 원해작전능력 확보, 　　　 수상·수중·해상·항공 등 입체전력 운용 공군 : 원거리 작전능력 확보, 　　　 전방위 포괄적 위협에 대응 ■ **전력구조 개편** 현존 위협과 잠재적 위협에 동시 대응 전력 우선 구축, 비핵화 및 평화체제 대비 유연한 전환 가능 ■ **병력구조 개편** 상비 병력 62만 → 50만, 민간 인력 비중 5% → 10%
국방 운영	효율성·투명성·개방성 극대화	장군 정원 감축 및 계급 적정화, 병 복무기간 단축, 실질적인 문민화, 정치적 중립 보장, 개방형 국방 운영, 합동성 강화, 여군 비중 확대/여건 보장, 예비전력 내실화
병영 문화	가고 싶은 군대, 보내고 싶은 군대 육성	군 사법제도 개혁, 장병 복지 증진, 군 의료체계 개선, 일자리 창출/취업 지원 강화
방위 사업	국방획득체계의 투명성· 효율성·경쟁력 제고	비리의 원천적 근절, 효율적 국방획득체계, 선도형 R&D로 전환

---

10 "국방개혁 2.0 이렇게 바뀝니다", 2018년 7월 27일 국방부 발표, 인터넷 검색.

평가

국방개혁 2.0은 〈표.1〉에서 보는 바와 같이, 특정 분야에 편중되어 있음을 알 수 있다. 물론, 국방개혁기본계획에 담긴 모든 내용을 발표할 수는 없으며, 공개된 자료에는 이 내용 이외에도 예비전력의 정예화 등 또 다른 과제들을 포함되어 있다. 국방개혁은 식별되는 과제와 같이 외형적 변화를 추구하는 것 이외에도 운용 개념의 설정, 교육훈련의 개선, 군 운영에 영향을 미치는 주요 제도 등 국방의 내적 변화를 추구하는 소프트웨어 요소의 혁신을 함께 추진해야 한다. 국방개혁 2.0은 선정된 과제에 대한 세부 검토와 더불어 운용 개념, 교육훈련, 제도 개선 등을 위한 과제가 추가되어서 외형적 변화 추구뿐만 아니라 국방의 내면적 혁신을 함께 추진해야 할 필요가 있다. 또한, 방위사업, 신속대응사단, 기동사단 등 부적절한 용어가 다수 식별되고 있어서 용어의 적절성 여부도 다시 검토해야 할 필요가 있다. 왜냐하면, 사업이라는 말은 '일'이라는 한정적 의미를 지니고 있으므로, 제도 개선과 정책적 변화 추구, 사업의 효율성 증진 등을 모두 포함하는 용어로 변경할 필요가 있다. 또한, 신속대응이라는 용어는 이동 및 대응방식과 관련이 있는데, 운용 개념의 정의와 수단의 확보, 작전적·전술적 운용 목표 등을 정립한 후에 이에 맞는 적절한 용어를 재선정해야 한다. 기동이라는 용어는 행동 상태를 의미하는데, 이러한 용어를 부대명칭으로 사용하는 것은 부적절하다. 특히, 군사와 관련한 계획을 수립하면서 전략적·작전적 의도가 명확히 드러나거나 과시적 용어를 선정하는 것은 의도하지 않은 결과를 초래할 수 있으므로 바람직하지 않다.

전반적으로, 군구조 분야는 부대개편 및 전력증강 등 하드웨어의 개편과 확보에 편중되어 있으며, 군사력 운용을 위한 소프트웨어 측면을 어떻게 할 것인지에 대한 검토와 반영은 고려하고 있지 않은 것으로 보인다. 군사력 분야는 소프트웨어 요소가 변화하면 하드웨어 요소가 영향을 받게 되며, 하드웨어 요소가 변화하면 소프트웨어 요소 또한 영향을 받게 된다. 이처럼 군구조 개혁은 군사력 운용을 위한 소프트웨어 요소와 군사력 구성에 반영되는 하드웨어 요소의 변화에 따라 영향을 받을 수밖에 없다. 그러므로 소프트웨어 요소와 하드웨어 요소를 모두 포함하는 총체적 관점에서 군사력의 구성과 운용을 검토해야 한다. 특히, 아이디어 차원에서 단편적으로 제시되는 의견이나 구상을 검토와 분석, 검증 과정을 거치지 않고 반영하는 것은 많은 문제점을 야기惹起할 수 있다.

군구조 분야는 세부 내용을 알 수 없으므로 구체적인 의견을 제시할 수 없는 한계가 있다. 그럼에도 공개된 내용 중에서 '한국군이 주도하는 지휘구조'라는 표현은 적절하지 않다. 자주독립국가가 스스로 군을 지휘·통제할 수 있는 논리와 의사결정 구조, 운용체계를 갖추는 것은 동맹의 존재 여부와 무관하게 당연히 해야 할 일이다. 그러나 우리가 추진하는 국방개혁에서 검토할 수 있는 지휘구조는 우리 군의 지휘구조에 국한해야 하며, 이를 바탕으로 동맹국과의 협의를 거쳐 동맹군 지휘를 위한 지휘구조를 발전시켜야 한다. 한미동맹 관계에서 연합군사령관의 직책을 한국군이 맡는다고 해서 우리의 상부 지휘구조가 바뀌는 것도 아니다. 우리의 상부 지휘구조는 문민통제 원칙을 구현하고 군사지휘의 효율성을 제고提高할 수 있는 방안을 연구하여 최선의 방안을 채택하면 된다.

'한국군이 주도하는 지휘구조'라는 표현은 전시작전통제권 환수還收를 추진하는 과정에서 우리가 지향하는 환수의 목표로 설정할 수 있는 것이다. 그러므로 우리의 군제인 합동군제의 변화를 의미하는 표현으로 사용하기에는 적절하지 않다. 우리의 군제 개선을 전제한다면 '합동성을 강화하는 지휘구조', 연합작전을 위한 것이라면 '한국군이 주도하는 연합지휘구조'라고 표현해야 한다. 한미 연합방위체제 하에서 한미 지휘구조는 누가 주도leading하고, 누가 지원supporting할 것인가에 관해 한미 간 협의를 통해서 결정된다. 또한, 유사시 한미 연합 지휘구조는 한반도 위기관리를 위해 전시 한미 연합전투력의 운용과 전시 계획 발전, 훈련, 유엔사 후방기지 운영 등에 관한 책임과 권한을 종합적으로 검토하여 최선의 방안을 선택해야 한다.

국방운영 분야는 과거의 추진 내용과 크게 다르지 않지만, 실질적인 문민화, 정치적 중립 보장, 개방형 국방운영 등은 명확한 개념 정의와 추진 방향의 설정이 필요하다. 그러기 위해서는 먼저 다음과 같은 질문들에 대해 생각해볼 필요가 있다. 실질적인 문민화를 추진하고자 한다면 지금까지의 문민화 추진은 어느 부분이 잘못되었고, 미진한 부분은 무엇인가? 국방 분야에 민간인 비율을 높이는 것이 문민화인가? 군사적 전문성은 어떻게 담보할 것인가? 정치적 중립 보장이란 무엇을 의미하는가? 지금까지 정치적 중립화가 되지 않았다면 무엇이 문제였고, 어떻게 정치적 중립을 보장한다는 것인가? 군의 정치적 개입을 차단하겠다는 것인가? 아니면 정치권에 의한 군의 줄세우기와 편가르기를 하지 않겠다는 것인가? 개방형 국방운영이란 무엇을 의미하는가? 개방해야 할 부분이 무엇이고 어떻게 할 것인가? 이와 같은 질문들에 대한 심층 깊은 검토와 논의를 거쳐 문제점을 식별한 후에 명확한 개혁 추진 방향을 설정해야만 군과 정치권이 이에 공감하고 동의할 수 있으며, 그래야만 제대로 국방개혁을 추진할 수 있다.

또한, 앞에서 잠시 언급했지만 방위사업이라는 말은 적절한 용어가 아니다. 우리는 방위력개선사업, 방위사업, 방위산업 등 여러 가지 유사한 용어를 사용하고 있다. 관계 법령에서는 "방위력개선사업을 군사력을 개선하기 위한 무기체계의 구매 및 신규 개발·성능개량 등을 포함한 연구개발과 이에 수반되는 시설의 설치 등을 행하는 사업"[11]이라고 정의하고 있다. 또한, 방위산업[12]은 국가 방위를 위하여 군사적으로 필요한 물자의 생산과 개발에 기여하는 산업을 말한다. 방위사업에 대해서는 관련 법령이나 규정, 사전 등에서 그 정의를 찾아볼 수 없으나, '군의 필요에 의해 국내 개발, 국내 구매, 국외 구매 등의 형태로 획득하기로 결정된 특정한 일'이라고 정의할 수 있다. 방위사업 개혁의 중점과 세부 내용 등 하고자 하는 업무 영역을 살펴보면, 비리 차단과 획득체계, R&D 등으로 여러 분야를 포괄하고 있음을 알 수 있다. 그러므로 이 용어는 방위사업 또는 방위력개선사업이라는 사업 영역적 표현보다는 제도 개선을 통해 획득정책과 사업의 효율성, 투명성을 포괄할 수 있도록 '획득제도'라는 용어로 변경할 필요가 있다. 국방개혁은 계획의 적절성과 용어 사용의 적합성 등을 종합적으로 검토하고 폭넓은 의견 수렴 과정을 거쳐 공감대를 형성할 때, 기대하는 성과를 달성할

---

11 방위사업법(법률 제9401호, 2009. 7.31)
12 한국민족문화대백과사전, "방위산업(防衛産業)"

수 있다. 왜냐 하면, 용어가 개념을 정의하고, 개념은 전체의 흐름을 좌우하기 때문이다. 그렇지 않으면 국방개혁에 대한 이해도가 저하될 것이며, 의문과 반론은 꾸준히 제기될 것이다.

(5) 각 정부의 국방개혁 비교

지금까지 살펴본 바와 같이, 2005년 이후 추진된 국방개혁은 각 정부가 당면한 안보 상황 변화에 따라 계획의 수정 과정을 거치면서 국방의 효율을 개선하고자 노력했다. 그러나 세부 내용을 살펴보면, 국방의 효율화보다는 외형적 변화만을 추구해온 경향이 짙으며, '효율적 국방체제의 구축'이라는 근본 목적을 얼마나 달성했는지에 대한 평가나 검증은 어디에서도 찾아볼 수 없다. 달리 표현하면, 국방개혁의 목적과 기본방향은 대체로 유지하는 가운데, 북한의 도발과 예산의 가용성 등에 따라 변화의 과정을 겪어오면서 시행착오의 과정을 되풀이해왔다고 정리할 수 있다.

국방개혁은 안보 상황 변화에 따른 외형적 변화의 추구도 필요하지만, 국방개혁을 위한 계획의 건전성 여부와 실효성 있는 추진, 추진 성과 분석, 국방 효율 개선에 대한 종합적인 검증 및 평가 등이 반드시 뒤따라야 한다. 이를 위해서는 검증 및 평가 도구의 개발도 함께 추진하는 것이 바람직하다. 검증 및 평가 단계에서는 단순히 계획의 진도평가가 아니라 운용 및 편성 개념의 과학적 검증, 계획된 첨단화와 현대화의 달성 정도 점검, 임무 수행 관점에서의 개선 효과 평가, 준비태세 측면에서의 부정적 영향 유무 점검 등이 중점적으로 이루어져야한다.

구분	노무현 정부	이명박 정부	박근혜 정부	문재인 정부
명칭	국방개혁 2020	국방개혁기본계획 2009~2020 국방개혁기본계획 2012~2030	국방개혁기본계획 2014~2030	국방개혁 2.0
위협 인식	북한 위협은 점차 감소하고, 주변국의 불특정 위협은 점차 증가	2009년 북한 2차 핵실험 2010년 천안함 폭침 도발, 연평도 포격 도발	북한의 3차 핵실험 북한의 상시적 군사위협과 도발 가능성을 일차적 위협으로 규정	북한, 잠재적·초국가적·비군사적 위협 등 전방위 위협 대응
개혁 목표	효율적 국방체제 구축	–	–	–
병력 규모	50만 명	51.7만 명	52만 명	50만 명
주요 내용	• 육군: 지작사 창설 (1·3군 통합) 군단 10개 → 6개 사단 47개 → 20개 • 해군: 잠수함, 항공전단을 사령부로 개편 • 공군: 평시 징후 감시, 전시 공중우세 확보	• 상부 지휘구조 개선을 추가 과제로 선정 (합동군제 → 통합군제) • 서북도서방어사령부 창설 • 기타 기존 계획과 유사	• 북한의 핵·미사일 위협 대비 킬 체인 강화 • 군단 중심 작전체제로 전환 • 사단 수를 31개로 조정 • 제주도 방어를 위한 9여단 편성 • 기타 기존 계획과 유사	• 한미동맹 기반 • 우리 군 주도의 지휘구조로 개편 사단: 39개 → 34개 비행단: 12개 →13개 • 능력 기반 첨단 과학기술 중심의 전력구조로 개편 • 기타 기존 계획과 유사
비고	15년에 걸친 장기 개혁	2030년까지 기간 연장	능동적 억제 전략으로 전환	국방 여건 악화, 불확실성 증대, 기존 개혁의 추동력 약화 등 현실적 여건 반영 노력

그동안 많은 부대가 해체되었고, 병력 규모도 대폭 감소되었다. 이제는 국방개혁 추진에 대한 중간 평가를 통해 나타나는 문제점을 식별하고 성과에 대한 냉정한 평가를 바탕으로 부족한 부분을 보완해나가야 한다. 추진 과정에서 계획 대비 진도를 점검하는 것은 물론이고 설정된 개념의 타당성과 효과성을 검증하고, 계획 대비 지연 분야와 지연 원인을 분석하며, 추진 중에 나타난 문제점을 식별하여 해결 방안을 모

색하는 등 해야 할 일이 대단히 많다. 이러한 접근은 군구조뿐만 아니라 국방운영, 병영문화, 방위사업 등 모든 분야에 동일하게 적용되어야 한다. 그렇지 않고 국방개혁의 추진 평가가 계획 대비 진도를 점검하는 수준에서만 그친다면, 개혁 목적 달성은 요원해진다.

지금까지 각 정부가 국방개혁에 관한 계획을 수립하여 추진하는 과정에서 가장 큰 영향을 미친 것은 정부 자체의 의지가 아니라 북한의 도발로 인한 안보 상황의 악화와 예산의 제한이었다. 북한의 핵미사일 개발과 2010년의 연속적인 도발은 국방개혁에 커다란 영향을 미쳤다. 이처럼 불확실성이 높은 안보 현실에서 15년에 걸친 장기계획은 북한의 도발에 영향을 받을 수밖에 없으며, 예산 또한 경제 상황에 따라 부침浮沈을 겪을 수밖에 없다. 2019년 말부터 시작된 COVID-19의 세계적 대유행은 세계 경제에 막대한 영향을 미치고 있으며, 우리 경제에도 심각한 피해를 입히고 있다. 이에 따라 국가의 재정 투입 우선순위는 당연히 변동될 수밖에 없으며, 계획된 국방예산의 집행도 영향을 받을 수밖에 없다. 결국, 이러한 요인들은 국방개혁의 추진에 또다시 영향을 주게 될 것이며, 계획된 목표는 수정될 수밖에 없을 것이다. 그렇게 되면 15년여에 걸친 장기 계획의 타당성을 포함하여 국방개혁 전체의 흐름을 다시 검토해야 할 것이다.

3 /
다른 나라의
사례와 교훈

1991년 소련 해체 이후, 많은 국가가 국방태세를 쇄신하기 위한 계획을 수립하여 추진했다. 냉전체제의 붕괴에 따른 위협의 소멸로 인해 유럽 각국은 국방예산을 경쟁적으로 줄여나갔으며, 변화된 국방 환경에 적응하기 위한 군사 전문가들의 활발한 토의와 다양한 시도가 이루어졌다. 대부분의 국가는 국방비와 군의 규모를 축소할 필요성을 제기하면서 자국의 국방태세를 혁신하기 위한 노력을 추진했다. 여기에는 1991년 소련의 붕괴에 앞서 발생한 발생한 걸프전을 통해 얻은 미군의 교훈과 군사변혁의 추진이 많은 영향을 끼쳤다. 이로 인해 군의 준비태세를 정비하기 위한 목적으로 각국의 특색에 맞는 다양한 노력이 시도되었다. 이러한 노력은 군사력 운용과 구성에 대한 새로운 관점을 제공했을 뿐만 아니라, 전쟁 양상을 변화시키는 중요한 요인 중 하나가 되었다. 특히, 과학기술의 발달과 군사력 규모 축소에 따른 효율화의 지향은 많은 국가에서 화두話頭가 되었다.

(1) 나토 회원국의 국방개혁

추진 경과

소련 붕괴로 인해 현실적인 위협이 사라진 유럽에서 바르샤바 조약기구Warsaw Treaty Organization 회원국의 대규모 군사력과 대치하고 있던 나토 NATO, North Atlantic Treaty Organization(북대서양조약기구) 회원국 중 영국과 프랑스, 독일은 가장 먼저 소련의 붕괴로 인한 안보 환경 변화에 대응하기 위해 군사태세의 전환과 군사력의 정예화를 목표로 국방태세의 새로운 재편을 추진했다.

이 3개국 중에서 영국은 가장 먼저 1996년부터 2000년까지의 5개년 중기계획인 'Front Line First'을 수립하여 추진했다. 영국의 'Front Line First'는 전력의 효율성 제고를 위해 비능률적 요소를 식별해 제거하여 병력을 감축하되, 전투부대는 현 수준을 유지하면서 우수한 무기로 재무장하기 위한 것이었다.

프랑스는 1997년부터 2015년까지 장기적인 관점에서 '2015 신新군사력 모델'을 수립하여 군사태세를 개선하기 위해 노력했다. 프랑스는 좀 더 장기적인 관점에서 군사력을 재편하기 위해 직업군인제도의 도입과 핵 및 재래식 전력의 첨단화, 방위산업 구조의 개편 등 국방 전반에 걸친 변화를 추진했다.

또한, 독일은 통일 이후의 상황 변화를 고려한 군사력 재배치를 위해 1996년부터 2000년까지의 5개년 계획인 '신新국방정비계획'을 수립했다. 독일은 주변국의 우려를 고려하고 군사력의 투명성을 확보하기 위해 병력을 감축하고 군구조를 개편하고 통일 이후 예상되는 임무 영역 확대에 대비하고자 해외신속파병체제를 구축하기 위한 노력에 주안을 두었다.

영국, 프랑스, 독일은 군의 대규모 감축과 국방비 삭감, 새로운 군사 태세 구축을 위한 획기적인 방안들을 자국의 새로운 계획에 반영하되, 법제화를 통해 강한 구속력을 갖도록 함으로써 실효성 있는 개혁을 추진하기 위해 노력했다.

<표 3> 영국, 프랑스, 독일의 국방개혁 요약[13]

구 분	영 국 (Front Line First)	프 랑 스 (2015 신군사력 모델)	독 일 (신국방정비계획)
개 요	• 전투부대 개편을 통해 － 비능률 요소 제거 － 병력 규모 축소 － 첨단무기 확보	• 새로운 군으로 도약 － 직업군제 도입 － 전력의 현대화 지속 － 군사력 규모 축소 － 방위산업 구조 재편	• 통일 후 적응력 제고 － 국방비 대폭 삭감 － 병력 감축 － 전력배비 조정 • 해외신속파병체제 구축

추진 일정	• 1994년: 세부계획 확정
	• 1994~1995년: 심의 3개월,
	  법제화 1개월
	• 1996~1998년: 국방부 등
	  상부기관 구조 개편
	• 2000년: 정비 완료
		• 1996년: 세부계획 확정
		  (심의 7개월)
		• 1997~2002년: 1차 국방정비
		  계획 시행
		• 2003~2008년: 2차 군사혁신
		• 2009~2015년: 3차 군사혁신
			• 1995년: 세부 계획 확정
			• 1996년: 군사력 재편 계획
			  시행
			• 2000년: 재편 완료

당면 현안	• 국제 위기관리 적극 참여로
	  국제적 위상 유지
		• 유럽 방위의 유럽화를 위한
		  독자적 군사력 확보
		• 국제 위기관리 과정에 적극 참여
			• 통일 후 국가 위상에 맞는
			  국제 지위 확보
			• 주변국 우려 불식을 위한
			  군사적 투명성 확보

주요 중점	• 전력의 효율성 제고 • 전력 투사 능력의 제고	• C4I체계 강화 • 전력 투사 능력의 제고 • 직업군제 도입	• C4I 능력 향상 • 통일 후 임무 영역 확대 대응

---

13 심경욱, 영·불·독 유럽 3국의 군사개혁안, 한국국방연구원(정97-403), 1997년 5월

이와 같이 유럽 3국은 자국의 실정과 안보 상황에 부합하는 계획을 수립하고 지속적으로 군의 감축과 군사혁신을 추진했으며, 이를 통해 국제 사회에서의 위상과 군사적 투명성을 확보하기 위해 노력했다. 이러한 기조는 2001년 9·11사태 이전까지 대체로 유지되었다. 그러나 9·11사태 이후 2001년 미국과 아프가니스탄 간의 전쟁과 2003년 이라크 자유 작전이 전개되면서 전쟁 양상과 위협에 대한 재평가가 이루어지고, 군사 분야 전반에 대한 새로운 변화가 일어나기 시작했다.

평가

유럽 3국이 경쟁적으로 군사혁신에 돌입하게 된 데에는 적대 세력의 소멸과 정보화시대의 도래, 국제 안보에 대한 책임 분담, 테러나 재해·재난와 같은 비군사적 위협에 대한 대비 필요성 등이 직접적인 동기로 작용했다. 이러한 요인들은 군사력의 최적화를 통한 국방예산 절약, C4I체계 등 전문가 시스템의 발전, 다국적 작전 수행에 따른 상호운용성 강화 필요성, 다양한 전쟁 스펙트럼에 대한 대비 필요성 등에 대한 논의를 촉진하는 계기가 되었다. 이에 따라 유럽 3국은 병력 감축과 동시에 정예화, 전투부대의 효율성 개선, 비축물량의 축소, IT 기술의 적용 확대, 협동성·합동성의 강화, 신속대응군 편성, 해외 전력투사 능력 제고 등에 중점을 두고 국방개혁을 추진했다. 이들의 공통점은 '작지만, 잘 무장되고 훈련된 효율적인 군사력으로의 재편'을 지향했다는 것이다.

(2) 이스라엘의 국방개혁

추진 경과

우리와 유사한 안보 환경에 놓여 있는 이스라엘은 수차례에 걸친 실전 경험을 통해 오랫동안 군사력의 내실화를 다져왔다. 이스라엘은 전쟁이 끝나고 나면 국가 차원의 위원회를 구성하여 전쟁의 발발과 진행, 종결 등 전 과정에 대한 분석과 평가를 통해 원인과 문제점, 교훈 등을 찾아내서 보완하기 위한 노력을 지속해왔다. 그들은 분석을 통해 전쟁 과정에서 어떤 일들이 발생했고, 무엇이 문제였으며, 향후 어떻게 보완해야 할 것인가 등의 교훈을 도출하는 데 주안을 두고 있다. 그뿐만 아니라 이스라엘군은 하루의 작전이 끝나고 나면 당일當日 작전을 분석·평가하고, 내일의 작전을 수행하기 위한 보완사항을 도출하는 등 준비과정을 철저히 이행하는 것으로 널리 알려져 있다. 이와 같은 이스라엘의 접근은 국방력 제고와 지속적인 혁신을 위해 실효성 있는 노력을 기울이고 있음을 단적으로 보여준다.

이스라엘은 1973년 제4차 중동전쟁, 일명 욤키푸르Yom Kippur 전쟁에서 겪었던 국가 존망存亡의 위험을 또다시 되풀이하지 않기 위해 군은 물론이고, 국가 전반에 걸친 혁신을 추구했다. 그 노력의 결과물 중에서 대표적인 것이 많은 국가가 자국 실정에 맞게 보완하여 받아들이고자 하는 탈피오트Talpiot 제도이다. 제4차 중동전쟁은 오늘날과 같은 국가적 기반을 구축하는 직접적인 계기가 되었으며, 하드웨어의 변화를 추구하기보다는 사회 전반에 대한 시스템 혁신과 국가에서 필요로 하는 인재 육성 등 소프트웨어적 역량 증진을 위한 다양한 프로그램을 추진했다. 오늘날, 이스라엘 사회 전반에 걸쳐 넘쳐나는 창의력과 자율성, 전문성은 이러한 노력의 결과물이다.

저널리스트인 아리에 오설리번Arieh O'Sullivan은 1999년 12월 5일자《예루살렘 포스트Jerusalem Post》기고문 "The Day After Next"에서 미래 전쟁의 양상을 예측하고 이스라엘식 디지털사단Digital Division 구상에 대해 일부 언급했다. 이를 통해 미국의 군사혁신에 자극을 받은 이스라엘이 미군이 추진하고 있던 디지털사단의 중소국가 모델을 구상하고 있음이 드러났다. 그 후, 2000년 초반에 들어서면서 이스라엘은 군사 분야에 IT기술을 접목하여 상급부대로부터 말단 조직에 이르기까지 C4ISR 체계의 연결성을 강화함으로써 작전 효율성을 높이기 위해 '디지털 지상군 프로그램DAP, Digital Army Program'을 추진했다.

또한, 2006년 7~8월에 치러진 제2차 레바논전쟁은 이스라엘군이 현대적 의미의 군사력 재정비를 하게 되는 결정적 계기가 되었다. 이스라엘은 정부조사위원회인 위노그라드 위원회Winograd commission[14]의 조사 결과와 이스라엘군의 자체 분석 결과를 반영하여 군을 혁신하는 계획을 수립했다. 위노그라드위원회는 제2차 레바논전쟁이 두 가지 전쟁목적을 달성하지 못했고, 일부 과오過誤가 있었으며, 정치·군사적 수준의 의사결정 과정에서 심각한 실수가 있었던 실패한 전쟁이라고 규정했다. 이스라엘군은 이 교훈에 따라 2008~2012년의 테펜Tefen 계획을 수립했고, 그 후 2012~2016년의 할라미쉬Halamish 계획, 2016~2020년의 가나안Ganaan 계획 등 군사력을 쇄신하기 위한 노력을 꾸준히 추진

---

14 위노그라드위원회는 이스라엘 정부가 운영했던 조사위원회로서, 판사로 은퇴한 엘리야후 위노그라드(Eliyahu Winograd)가 위원장을 맡았으며, 2006년 9월부터 2008년 1월까지 17개월간 운영되었다. 2007년 4월 중간 보고서를 발표하고 2008년 1월 최종 보고서를 발표한 뒤 해산했다.

하고 있다. 마지막 해가 중첩되는 것은 다음 계획과 연결하기 위한 교
량적 역할을 고려한 것으로, 소위 브릿징 이어^{Bridging Year}라고 한다. 다음
〈표 4〉는 테펜 계획의 핵심내용을 요약한 것이다.

〈표 4〉 테펜 계획의 주요 내용[15]

구 분	주 요 내 용
추진 배경	제2차 레바논전쟁(2016년 7~8월) 전훈 분석 결과, 이스라엘군의 혁신 필요성이 대두됨에 따라 도출된 교훈을 반영한 9개 분야의 전력 증강 추진
분야별 증강 내용	• 미사일 다층 방어 : 4층 방어체계 구축 • UAV : 소형, 저고도/중고도/고고도 감시정찰 및 공격용 UAV 개발 • 지상기동 : 신형 전차 전력화, 구형 전차/장갑차 개조, 개량 • 방　호 : 급조폭발물 대응, 다양한 개인 · 차량 방호체계 개발 • 첨단무기 : 정밀유도, 무인화, 자동화 무기 개발 • 공중우세 : 공격헬기 개량, JSF(F-35) 확보, F-15I 성능개량 • 지휘통제 : 디지털 지상군 프로그램(DAP), 전략 C4I, 정보/통신위성 • 해상무기 : 무인전투함(USV) 개발 • 국경경비 : UGV, UGCV, 헌터 킬러(Hunter Killer) 전력화

평가

테펜 계획은 제2차 레바논전쟁과 그 후 실행된 주요 작전에서 드러난
문제점을 개선하고, 이스라엘군의 군사력을 혁신하기 위해 수립되었다.
이스라엘은 과거 여러 차례 전쟁을 치르면서 꾸준히 창의와 혁신을 강
조해왔으며, 치열한 논쟁을 거쳐 합리적인 방안을 모색하는 과정을 거
쳐왔다. 특히, 이스라엘군은 지형, 기상, 피아 능력과 배치 등 다양한 상
황을 상정하여 최적의 전투수행 방법을 찾기 위해 창의적인 노력을 시

---

15 이 내용은 2010년 이스라엘 출장을 통해 현지에서 획득한 정보이다.

도해왔다. 1980년대 후반에 우리가 도입한 전투세부시행규칙을 작성하는 데 기반이 되었던 이스라엘의 전투 모델이 그 대표적인 사례이다.

　이스라엘의 가장 큰 장점은 지속적인 평가를 통해 끊임없이 과오를 시정하고 오류 발생을 최소화하기 위해 노력하는 사회적 시스템이 잘 구축되어 있다는 것이다. 이러한 장점은 우리가 본받아야 하며, 이스라엘을 혁신으로 이끌어가는 실질적인 핵심동력이기도 하다. 우리도 누구나 참여할 수 있고, 허심탄회虛心坦懷하게 의견을 나눌 수 있는 분위기, 처벌이 목표가 아닌 실사구시實事求是적 문제 해결에 초점을 두는 업무관행을 정착시켜 올바른 방향으로 나아가야 할 것이다.

(3) 중국의 국방개혁

추진 경과

중국은 2008년 공산당 제15차 전국대표회의에서 "2개의 100년 구상[16]과 중국몽中國夢"이라는 국가전략 목표를 설정했다. 또한, 2012년 11월 중국의 시진핑習近平 주석은 '중화민국의 위대한 부흥'이라는 중국몽을 제시했다. 중국은 이를 실현하기 위한 국가전략의 일환으로서, 세계적인 군사혁신 추세에 부응하여 군사 분야의 연구와 혁신을 꾸준히 추진해왔다. 2013년 11월, 중국공산당 총서기로 추대된 시진핑 주석은 중국 실정에 맞는 국방개혁을 추진하기 위해 '국방군대개혁 영도소조'를 설치했다. 이와 병행하여 중국군의 고질적인 비효율성을 개선하기 위

16　2개의 100년 구상은 중국공산당 창건 100주년이 되는 2021년까지 소강사회(小康社會)를 전면적으로 실현하고, 건국 100주년이 되는 2049년까지 부강하고 민주적이며 문명적인 사회주의 국가를 완성하겠다는 것이다.

해 군의 규모와 구조의 최적화, 군종 및 병종 간 균형의 모색, 비전투 조직과 인력의 감축 등을 선언했다.[17]

이에 따라 중국군은 미국과 러시아 등 선진국의 국방개혁과 군사혁신 사례를 연구하고, 중국 실정에 맞는 국방군대개혁을 강력하게 추진했다. 중국은 당 중심으로 국가 무장을 효과적으로 통제할 수 있도록 중앙군사기구를 대폭 보완했으며, 과거 7개 군구軍區를 5개 전구戰區로 재편하면서 이들의 임무와 책임 지역을 조정했다. 또한, 군 조직 개편과 첨단 무기의 개발과 도입, 지휘체제 정비 등은 물론, 관련 법규와 제도의 정비, 국방 운용 분야의 쇄신 등 국방 전반에 대한 쇄신을 위해 노력해왔다. 이러한 개선 노력은 군사력 분야뿐만이 아니라 군사력의 운용을 뒷받침하는 모든 영역에서 폭넓게 이루어지고 있다. 이를 위해 중국은 공고한 국방 및 강한 군대를 건설하기 위해 노력하되, '당의 지휘를 따라야 하며, 싸울 수 있고 싸워서 이겨야 하며, 법에 근거한 엄격한 군대 관리'를 강조하고 있다.[18]

〈표 5〉에 열거한 시진핑이 추진하고 있는 군 개혁 조치를 살펴보면, 중국의 국방군대개혁은 군사 분야 전반에 걸쳐 있다. 그뿐만 아니라, 현대 군대에서 강조되는 합동성·협동성의 강화는 물론, 군의 전면적 개편과 첨단 무기의 도입, 군 운영의 혁신, 법·제도의 정비 등 모든 분야를 망라하고 있다. 따라서 중국의 국방군대개혁은 특정 분야에 치우치지 않고 지휘체제, 군구조, 교육훈련, 인재 양성, 국방 운영, 법령

---

17 방준영·양정학, "중·일의 국방개혁 현황과 한국에의 함의", 전략연구 통권 제75호, 2018년 7월호, p.91.
18 앞의 자료, p.93.

- 지휘관리체계 개혁 추진, 중앙군사위원회 기구 및 기능 재편성 재조정
- 중앙군사위원회 부서제 실행
- 육군지휘기구 창설, 군종 지휘관리체제 완비
- 군 병종 지휘관리체제 정비, "중앙군사위-군종-부대"의 지휘관리체제 구축
- 중앙군사위 연합작전지휘기구 및 전구 연합작전지휘기구 설치, "중앙군사위-군종-부대" 작전지휘체제 구축
- 군 규모/구조 최적화, 기관 및 비전투기구 인원 감축, 30만 감군 달성
- 부대 편제 개혁, 충실·합성·다기능·융통성 있는 방향으로 발전 추진
- 엄격한 권력 운용 견제 및 감독체제 구축, 새로운 군사위 기율위원회 설치, 군사위 심계서(감사위 기능) 정비, 새로운 군사위 정법위 조직
- 군사교육기관, 부대훈련, 군사직업교육, '삼위일체'의 신형 군인재양성체계 구축
- 군 정책제도 개혁 추진, 군 인력자원정책제도 및 후근정책제도 정비
- 심도 있는 군민융합 발전 추진, 관련기구 정비
- 무장경찰부대구조 및 지휘관리체제 재정비
- 전구(戰區) 획정 등

과 규정 등 전 분야에 걸쳐 변화와 혁신을 추진하는 것이다. 무기체계의 현대화는 군사력 발전의 한 부분으로서, 꾸준히 이어지는 활동이므로 별도로 명시하지 않아도 문제가 없다고 인식하고 있는 것으로 판단된다. 특히, 중국은 국방군대개혁을 중국몽 실현을 위한 주요 방향으로 인식하고 있으며, '정보화 조건 하 국부전쟁에서의 승리'라는 목표를 달성할 수 있는 능력을 건설함으로써 싸워 이길 수 있는 군대를 육성하

기 위해 전력투구하고 있다. 중국군의 국방군대개혁의 주요 내용은 아래 〈표 6〉과 같다.

〈표 6〉 중국군 국방군대개혁의 주요 내용

구 분	주 요 내 용
개혁 목표	정보화 조건 하에서 국부전쟁 승리
군종 개편	육·해·공·제2포병 4군 체제에서 육·해·공·로켓군·전략지원부대 5군 체제로 전환

군 개편	• 7개 군구 → 5개 전구
	 - 5개 집단군 해체, 30만 명 감축
	 - 책임지역 내 육·해·공·로켓군 전력을 통합 운용하는 통합전투사령부 개념의
	   전구로 개편
	 - 집단군 예하에 보병, 기갑, 포병, 항공, 방공, 특수전, 공병, 화학방어 등
	   다양한 여단급 부대 편성
	• 항공모함 증강 : 1척 → 3척
	• 해외 군사기지 건설 : 지부티

평가

중국은 2015년 12월 31일 중국군 지휘체제 개혁에 따라 기존의 육·해·공·제2포병 등 4군 체제에서 육·해·공·로켓군·전략지원부대 등 5군 체제로 전환했으며, 인민경찰부대를 별도로 보유하고 있다. 일각에서는 인민경찰부대를 포함하여 6개 군 체제라고 하기도 하는데, 군을 감축하면서 많은 인원이 인민경찰로 전환된 것에서 기인한 것으로 보인다. 이 중에서 새로이 편성된 전략지원부대는 각 군에 흩어져 있던 전자전·사이버전·우주전 부대를 통합하여 만들어진 새로운 군종이다. 중국 육군은 과거 7개 군구에서 5개 전구로 개편하고 5개 집단군을 해체하여 30만 명을 감축했다. 북부전구와 동부전구에 3개 집단군을 배치한 것은 한반도와 대만 방향을 중시하고 있기 때문이고, 남중국해를 담당하는 남부전구사령관을 해군으로 임명한 것은 남중국해에서의 해양 권익 보호에 중점을 두고 있기 때문이다.

또한, 새로 편성된 전구는 책임 지역 내에 배치된 육·해·공군과 로켓군의 전력을 통합해 운용함으로써 지휘·통제 및 합동작전 능력을 강화했다. 중국 육군은 '정보화 조건 하 국부전쟁에서의 승리'라는 군사적 목표를 달성하기 위해 대대적인 부대 개편을 실시하고 교육훈련 체계를 대폭 보강했다. 중국의 집단군은 예하에 보병, 기갑, 기계화 등 다양한 유형의 제병협동여단과 포병여단, 방공여단, 특수작전여단, 육군항공여단, 공병여단, 화학방어여단 개편을 단행했다. 이러한 시도는 집단군이 군단 규모임을 고려할 때, 제병협동 능력과 작전 운용의 융통성을 강화해 군단 중심의 작전체계를 구축하기 위한 것으로 평가된다. 특히, 중국군이 군단 중심의 작전체제를 완성하기 위해 대규모 제병협동훈련을 주기적으로 실시하고 있다는 사실에 주목할 필요가 있다.

시진핑 주석은 2017년 19차 당대회에서 2020년까지 정보화 및 전략적 능력을 대폭 향상하고 '2035년까지 국방과 군의 현대화를 달성함으로써 2050년 세계 일류 군대로 변혁 실현'이라는 보다 장기적이고도 구체적인 구상을 천명했다. 그뿐만 아니라, 2018년 11월에는 정치국원들을 소집하여 집단학습을 통해 인공지능의 중요성을 강조했다. 이에 따라 중국은 인공지능을 범국가적 과제로 선정했고, 이를 군사 분야에 적용하여 '인공지능에 의한 군사혁명의 실현'을 주창^{主唱}했다. 이와 더불어 중국군은 합동 및 제병협동 능력, 정보전 수행 능력, 사이버전과 전자전 등 미래에 다가올 새로운 전쟁을 수행할 수 있는 능력을 적극적으로 구축해가고 있다. 중국의 이러한 노력은 장차 동북아 지역의 안보 상황과 밀접한 관련이 있으므로 그들의 변화와 추진 방향을 관심 있게 지켜볼 필요가 있다.

(4) 일본의 국방개혁

추진 경과

일본은 방위계획 대강防衛計劃 大綱을 통해 방위정책을 발표해왔다. 방위계획 대강은 일본의 방위전략과 자위대 운용지침을 담은 정책서로서, 1976년 처음 제정된 이후, 1995년, 2004년, 2010년, 2013년 등 네 차례에 걸쳐 수정되었다. 일본은 2018년 12월 18일에 2013년 방위계획 대강을 수정한 여섯 번째 '방위계획 대강'과 '중기방위력정비계획(2019~2023)'을 발표했다. 방위계획 대강은 통상 10년 정도의 대상 기간을 염두에 두고 필요에 따라 일본의 방위력과 자위대의 정원, 장비 등에 관한 기본방침을 제시하는데, 5년 만에 개정이 이루어진 셈이다. 2013년 방위계획 대강은 과거의 '동적 방위력 구축' 개념을 대체하는 새로운 '통합기동방위력 구축' 개념을 제시했다. 2018년 방위계획 대강은 2013년 방위계획 대강을 개정하여 '다차원 통합방위력 구축'을 목표로 지상·해상·공중·우주·사이버 등 다중 영역에서의 교차영역작전交叉領域作戰, CDO, Cross Domain Operation을 강조하고 있다. 그러나 2013년의 '통합기동방위력'과 2018년의 '다차원 통합방위력'은 개념적으로 크게 다르지 않다. 교차영역작전은 지상·해상·공중·우주·사이버 등 5차원 공간에서 전투력의 상승synergy 효과를 구현하기 위해 도입한 개념으로서, 미국이 추진하고 있는 다영역작전多領域作戰, MDO, Multi Domain Operation

⟨표 7⟩ 일본의 2018 방위계획 대강의 주요 내용[20]

구 분	주 요 내 용
안보 환경	• 우주·사이버·전자파를 이용한 하이브리드 전쟁 확대 • 중국의 투명성이 보장되지 않는 군사력 증강과 해·공군 활동 영역 확대 • 힘을 바탕으로 한 현상 변경 시도 • 북한의 핵미사일 능력 지속 향상 • 저출산, 고령화, 재정 등 방위 여건 악화
기본방침	• 자위대 군사력과 미일 동맹 강화 • 호주·인도·동남아·한국 등 타국과의 협력 강화 • 다차원 통합방위력 구축
우선 조치사항	• 우주 활용 정보수집 능력 강화 및 우주 공간 감시체제 구축 • 사이버 반격 능력 구축 및 감시·복구 능력 강화 • 전자파 수집·분석 능력 강화 • 단거리 이착륙기 도입 및 이즈모 개조 활용 • 종합 미사일 방어 능력 강화 • 자위대 정년 상향 조정, 퇴직 자위관과 여성 활용, 무인화
자위대 운용 변화	• 각 자위대의 유연한 통합 활용(합동성 강화) • 우주영역전문부대, 사이버방위부대, 탄도미사일방위부대 신설 등

개념과 유사하다.

일본은 2018년에 발표한 방위계획 대강에서 우주·사이버·전자파 이용의 급증과 이를 활용한 하이브리드^{Hybrid} 전쟁의 확대, 중국 및 북한의 군사적 능력 강화, 인구 감소 및 저출산 고령화의 급속한 진전과 재정 악화 등을 미래의 위협으로 명시하고, 이에 대응하기 위한 전략적 기본방침으로 자위대의 자위체제 강화, 미일 동맹 강화, 호주·인도·한국 등 타국과의 협력 강화 등을 명시했다. 또한, 우주를 활용한 정보 수집 능력 향상, 상시적 우주 공간 감시체제 구축, 사이버 반격 능력의

---

20   인터넷 검색 요약 정리.

구축, 사이버 공격 감시 및 복구 능력 강화, 전자파 정보수집분석 능력 강화 및 정보공유 시스템 구축, 상대방의 레이더·통신장비의 무력화 능력 강화 등을 우선적 추진사항으로 설정했다. 이외에도 도서 방어 능력 향상을 위해 무인장비를 포함한 수상·수중 능력의 강화, 단거리 이착륙기 도입, 미사일 방어 능력의 강화 등을 방위력 강화의 목표로 제시하고 있다. 일본이 새로운 방위력 정비계획과 2019년도 예산으로 확보하고자 하는 무기체계들은 크게 두 가지의 작전 능력 향상을 염두에 두고 있는 것으로 보인다. 첫 번째는 본토 및 이격도서離隔島嶼를 포함한 영토권에 대한 해상·공중 공격으로부터 방호 능력의 보강이다. 이는 교차영역작전 개념을 적용한 군사력 운용을 기반으로 전통적인 지상·해상·공중 영역의 전력 보강에 추가하여 우주·사이버·전자전 영역까지 활용하는 통합작전수행체계를 구축하여 영토 방위태세를 강화하려는 것이다. 두 번째는 해양·도서 지역 피탈 시 회복 작전에 대한 증원 능력의 확보이다. 해양 및 도서島嶼지역에 대한 방위 역량은 장거리 공격Stand Off Strike이 가능한 미사일을 주력으로 하는 타격체제를 구축하고, 동북아 전 지역을 감시할 수 있는 감시정찰체계, 대규모 지상·해상·공중 병력을 신속하게 투입할 수 있는 증원 태세 등의 구축에 중점을 두고 있다. 이와 같은 일본의 방위력 증강은 중국과 갈등을 빚고 있는 센카쿠 열도尖閣列島에서 발생할지도 모를 군사 상황에 대한 사전 대비에 주안을 두고 있다.

일본은 기본방침을 구현하기 위해 자위대 병력을 24만 명 수준으로 유지하되, 부대는 대체로 기존의 편성을 유지할 것임을 밝히고 있다. 육상자위대에는 1개 사이버방위대가, 항공자위대에는 기존 부대 이외

무기체계명		용 도	비 고
지대함미사일		본토 미사일 방위(BMD)	거리 200~300km
기동전투차량		공수 가능 전투차량	도서 방위
V-22 오스프리(Osprey)		상륙작전	도서 방위
헬기항공모함(이즈모급)		방위력 증강	수직이착륙 F-35 탑재 예정
이지스함		미사일 방어	8척 체제
프리킷함(3,900톤급)		MK-41 VLS 탑재	22척
잠수함		3,000톤급	리튬이온전지형
F-35 전투기		제공	147기(+105)
공중급유기		공중급유	8대 체제(+4)
미사일	SM-3 Block2A	지상체계용 이지스	사거리 2,500km
	AGM-158 B/C	공대지/공대함미사일	480~1,600km
	BGM-109 Block4	토마호크 미사일(도입 미정)	사거리 1,700~2,500km
	고속활공탄	도서방위용 미사일	(개발 중)

에 1개 우주전문부대와 1개 무인비행대, 탄도미사일방위부대가 새롭게 편성될 예정이다. 주요 장비의 증강은 전차와 자주포의 도입, 신형 호위함과 잠수함의 건조, F-35 신규 도입과 F-15 성능개량 등 첨단 무기의 도입이 반영되어 있다.

일본은 미래 군사력 증강을 위해 주변국보다 앞선 과학기술을 적극적으로 활용하는 전략을 채택하고 있다. 2016년 일본 방위성이 발간

---

21 인터넷 검색 요약 정리.

한 『방위기술전략防衛技術戦略』은 향후 20년간 ① 무인화 무기체계 개발, ② 스마트-네트워크화 추진, ③ 고출력 에너지 무기 개발, ④ 현존 장비 성능개량 추진, 이 4개 분야를 선정하여 중점적으로 추진하는 국방과학기술발전지침을 제시했다.[22] 같은 시기에 발간한 방위장비청의 『헤이세이 28년도 장기기술견적平成28年度 長期技術見積』에서도 중점 과제별로 요구되는 주요 기술들의 연구개발에 중점적으로 투자할 방침임을 밝혔다. 특히, 이 문건은 '통합기동방위력의 구축'을 지향하는 방위계획대강에서 요구하는 무인장비, 우주 및 사이버 전장 공간을 활용한 전쟁 양상에 대응하기 위해 13개의 중·장기 중점 추진과제를 제시했다.[23] 중점 추진 대상이 되는 13개 요구 기능 및 능력을 나열해보면, ① 경계감시 능력, ② 정보 기능, ③ 수송 기능, ④ 지휘·통제·정보통신 기능, ⑤ 주변 해·공역에 대한 안전 확보, ⑥ 도서 지역 공격에 대한 대응, ⑦ 탄도미사일 대응, ⑧ 게릴라·특수부대 공격에 대한 대응, ⑨ 우주공간에서의 대응, ⑩ 사이버 공간에서의 대응, ⑪ 대규모 재해 대응, ⑫ 국제평화협력활동에서의 대응 ⑬ 연구개발의 효율화 등이다.

일본 방위장비청이 이 계획에 따라 중점적으로 투자하고자 하는 기술 개발 분야는 다음과 같다. 첫째, 지상무인체계UGS, 공중무인체계UAS, 해상무인체계UMS와 같은 무인 무기체계와 관련된 기술 분야이다. 일본 방위장비청은 도시작전, 재해·재난 구조 등 다양한 환경에서 임무 수행이 가능한 다지多肢형 무인기구, 곤충형 소형 로봇 등의 무인체계를

---

22 일본 방위성, 『防衛技術戦略: 技術的優越の確保と優れた防衛装備品の創製を目指して』 2018년 8월 발행.

23 일본 방위장비청, 『平成28年度長期技術見積』, 2016년 8월 발행, p.17.

전력화하기 위해 무인체 이동 기술, 영역 인식sensing 기술, 자율주행 기술, 휴머노이드 로봇 기술 등을 선정했다. 둘째, 네트워크 기반 장거리 원격 정밀타격 능력 향상을 위해 발사 시스템, 지향성 에너지 레이저, 전자기파, 입자 빔 등을 활용한 공격무기, 전자기 펄스EMP, Electro-Magnetic Pulse, 레일건rail gun, 나노nano 소재 등과 관련된 기술 분야이다. 이러한 기술에 중점적으로 투자하는 것은 미래 전장의 판도를 바꿀 게임 체인저game changer 개발을 위한 주도권을 장악하기 위해서다. 셋째, 우세한 공중전투를 위해 항공기 탐지 회피 스텔스 및 스텔스 탐지, 데이터 링크data link를 이용한 네트워크Network, 수직이착륙 항공기 등과 관련된 기술 분야이다. 넷째, 우주 공간의 활용을 위해 위성 탑재형 적외선 센서, 우주 관측 및 감시, 항공기를 이용한 위성 공중발사 등 우주 개발과 관련된 기술 분야이다. 이외에도 일본은 2017년 마하 3 정도의 초음속으로 비행할 수 있는 사거리 200km의 공대함 순항미사일을 개발하여 보유하고 있음에도 불구하고, 사거리 400km 이상의 신형 장거리 초음속 순항미사일을 자국 내에서 개발한다는 방침을 굳혔다고 한다.[24] 이와 더불어, 일본은 오랫동안 극초음속 기반 기술인 스크램제트scramjet 기술 개발을 위해 노력해왔음은 잘 알려진 사실이다.

평가

일본은 국방개혁이라고 하는 별도의 정책 목표를 가지고 추진하는 계획은 없는 것으로 보인다. 그럼에도 일본은 방위계획 대강과 중기방위

---

24 박세진 기자, "日, 사거리 400km 이상 순항미사일 개발 추진", 연합뉴스, 2019년 3월 17일.

력정비계획을 중심으로 군사력 개선을 위한 노력을 꾸준히 경주해왔다. 일본의 자위대가 양적으로는 작은 규모이지만, 질적으로는 세계 최고 수준을 지향하고 있음은 잘 알려진 사실이다. 그뿐만 아니라, 일본은 대부분의 무기를 해외 도입보다는 국내 개발을 통해 자급자족한다는 기조를 그대로 유지하려는 명확한 정책 목표를 가지고 있다. 전 세계에서 미국에 이어 수위首位를 다툴 정도로 군사과학기술 수준이 우수한 일본은, 이러한 우수한 기술력을 바탕으로 첨단 군사기술 개발을 위해 꾸준히 노력하고 있음을 『방위기술전략』과 『헤이세이 28년도 장기기술견적』 등을 통해 밝히고 있다. 따라서 일본은 장기적으로 꾸준히 군사과학기술력을 향상시킴으로써 주변국에 대한 기술적 우위를 유지하면서 단기적으로 예상되는 군사적 갈등에 대비하기 위해 방위력 향상을 일관성 있게 추진하고 있는 것으로 평가된다.

일본 자위대는 고유의 군사사상에 입각하여 과거부터 미군에 비해 적은 7,000명 또는 9,000명 규모의 사단을 유지해왔다. 일본 자위대는 근래에 들어 일부 사단을 여단으로 개편하는 등 기동성을 강화하기 위해 노력하고 있으며, 최근에는 사이버, 우주, 탄도탄방어 등의 영역에 대한 대응 능력을 강화하고, 무인기 운용을 확대하기 위해 부대를 새롭게 편성하고 있다. 이러한 사실들은 일본 자위대가 이들 분야에 대한 중요성을 인식하고 있음을 드러내는 것으로 우리에게 시사하는 바가 크다.

일본의 계속되는 군사력 강화 움직임은 중국의 급속한 군사력 증강과 북한의 핵·미사일 위협에 대응하기 위한 것이라는 대외적 명분에 기반을 두고 있다. 그러나 군사기술 개발과 관련된 많은 분야의 예산이 문부성 등 다른 정부기관의 예산에 포함되어 있는 사실을 통해 미루어 짐작할 때, 일본은 군사력 증강을 위한 노력과 투입 예산 등을 투명하게 공개하기를 꺼리는 것으로 보인다. 자국의 방위력 증강을 위한 노력은 주권국가의 당연한 권리임에도 불구하고, 일본이 이러한 태도를 보이는 이유는 과거 침략행위에 대한 진정성 있는 반성 없이 또다시 군사력을 증강하려는 일본을 주변국이 경계의 시선으로 바라보고 있기 때문인 것으로 생각된다.

4
/
소결론

지금까지 살펴본 바와 같이, 많은 국가들이 자국의 상황에 맞게 국방의 효율성을 개선하기 위해 국방개혁을 추진하고 있음을 알 수 있다. 각국이 추진하는 국방개혁 분야는 군사제도, 군사전략, 군사력 운용 개념, 부대구조 개편, 무기체계 획득, 신기술 개발 등 다양하다. 그렇다면 우리의 국방개혁은 어떠한가? 우리는 이처럼 참고하고 배울 수 있는 각국의 사례가 많이 있고 실제로 여러 번에 걸쳐 국방개혁을 시도한 경험이 있음에도 불구하고 왜 만족스러운 성과를 거두지 못했을까?

여러 가지 이유를 들 수 있겠지만, 스스로에게서 문제를 찾고 해결방안을 모색하기보다는 남탓으로 돌리는 경향에서 비롯된 바도 적지 않다. 우리는 우리의 국방개혁을 저해하는 장애요인과 문제점을 내부에서부터 찾아 해결해나가야 한다. 만약 우리가 개혁의 주체인 군 내부가 아닌 외부에서 원인을 찾으려 한다면, 변명이나 핑계에 머물게 되고 올바른 해법을 찾아낼 수 없게 될 것이다. 우리가 국방개혁이 부진한 이유를 외부 또는 환경적 요인 탓으로 돌린다면, 시행 과정에서의 과오나 미흡한 점을 덮을 수 있을지는 모르지만 올바른 해법은 찾아낼 수 없다. 또한 군과 정치권, 군 상층부와 하층부가 서로의 탓만 한다면 문제 해결에 올바르게 접근할 수 없다. 군은 군대로, 정치권은 정치권대로, 군 상층부는 상층부대로, 군 하층부는 하층부대로 그동안의 국방개혁이 미흡했던 많은 이유를 나열할 수 있을 것이다. 예를 들면, 정치권은 군이 잘못해서, 군은 정치권이 정치적 목적이 담긴 지침을 남발하고 수시로 정책을 바꿔서, 또 예산이 약속한 대로 지원되지 않아서라고 할 것이고, 군 상층부는 업무를 뒷받침할 수 있는 제대로 된 전문가가 군 하층부에 없어서, 군 하층부는 상층부가 무능해서라고 할 것이다. 현재의 시점에서 그러한 이유나 변명은 아무런 의미가 없다. 가장 중요한 것은 관계자 모두가 함께 머리를 맞대고 허심탄회한 반성과 분석을 통해 문제점을 찾아내고 극복방안을 찾아가는 것이다.

국방개혁은 최종적으로 달성하고자 하는 목표가 분명해야 하며, 변화하는 상황과 여건에 따라 목표에 부합^{符合}하도록 실행방안을 탄력적으로 조정해나가는 능력과 지혜가 필요하다. 또한, 국방개혁은 국방태세와 관련한 하드웨어와 소프트웨어를 잘 식별하고, 이러한 요소들을 조화롭게 담아낼 수 있어야 한다. 만약 설정된 목표를 달성하는 데 많은 시간과 예산이 소요된다면, 최종상태로 가기 위한 중간 목표의 설정도 고려해야 한다. 국방개혁을 추진하는 기간은 가시적인 목표 달성이 가능하도록 너무 길지 않게 설정하는 것이 바람직하다. 최종 목표까지의 기간이 너무 길면, 일관성 있는 방향 유지와 개혁 성과에 대한 평가가 어려워진다. 그뿐만 아니라, 담당자의 반복적 교체와 예산 부담의 증가 등으로 인해 개혁 업무의 관리와 연속성 유지가 어렵고, 개혁의 피로감, 저항감, 무력감 등을 불러일으키기 쉽다. 예산도 현실적으로 확보 가능한 수준이어야 하며, 추진 간 비용 증가를 억제할 수 있도록 현명하게 제도를 운용해야 한다.

여러 차례에 걸쳐 추진했던 국방개혁 중에서 가장 성공적인 사례는 '818계획'이라고 할 수 있는데, 그 이유는 '합동참모본부 중심의 작전수행체제 정립'이라는 분명한 성과를 거두었기 때문이다. 이러한 성과 달성은 오랫동안 반복되었던 각 군의 경쟁과 비협조, 갈등 문제를 해소하기 위해 1986년 골드워터-니콜스Goldwater-Nicols 법안에서 출발한 미국의 합동성 강화 노력에 자극을 받은 바 크다. 우리가 추진했던 국방개혁은 운영 혁신이나 병영문화 개선 등 소프트웨어 분야가 없지 않았지만, 대부분 군구조 개편과 부대 배비 검토, 병력 감축, 첨단 무기 도입을 통한 군의 현대화 등과 같은 하드웨어 요소에 치중했음을 부인할 수 없다. 특히, 소프트웨어 분야에서 심층 검토해야 할 군사력 운용과 관련된 부분의 논리체계가 식별되지 않는 것은 중대한 결함이라고 할 수 있다. 국방개혁은 국방 전반에 걸친 혁신이어야 하며, 특히 운용 개념의 혁신은 군구조 혁신의 핵심이자, 출발점이 되어야 한다. 국방개혁은 하드웨어 요소보다는 소프트웨어 요소를 검토하고 정립하기가 훨씬 더 어렵다. 국방의 소프트웨어 부분은 비용이 적게 들지라도 훨씬 더 많은 시간과 노력이 요구되며, 국방의 전 분야에 지대한 영향을 끼친다. 그러므로 국방의 소프트웨어 요소와 하드웨어 요소는 동시에 검토·발전시켜야 한다.

국방개혁은 국방 전반에 대한 성찰을 바탕으로 주어진 여건에서 달성 가능한 추진 범위와 고려 요소, 목표 설정 등에 대해 치열한 논의 과정을 거쳐야 한다. 또한, 국방개혁을 위한 계획은 전문가 집단이 수립해야 하고, 군사적 전문성을 갖춘 리더가 이끌어갈 때, 성공할 수 있다. 국방개혁은 실무진에서 작성한 계획을 승인하거나 의견을 가감加減하는 수준의 리더십으로는 성공할 수 없다. 국방개혁의 목표는 제한된 자원을 가지고 변화하는 환경에 대응할 수 있도록 국방 전반에 걸친 혁신을 끌어냄으로써 '싸워 이길 수 있는 군대 육성, 효율적인 국방태세로의 전환'으로 이어질 수 있어야 한다.

그러려면, 국방개혁은 '군구조 개편 중심'이 아닌 '어떻게 싸울 것인가에 대한 개념 정립'을 기초로 전투발전 7대 요소를 망라한 군사력 운용 전반에 관한 혁신을 추구해야 한다. 군구조 개편은 단순히 '병력 감축에 따른 외형적 변화'만을 의미하지 않는다. '개념에 기초한 군구조의 혁신'이 이루어져야 한다. 이와 함께 이를 뒷받침하기 위한 국방운영체제 정비와 군의 의식 전환, 상황 변화와 주어진 여건에 맞는 군 조직 문화를 개선하기 위한 다층적 노력이 함께 추진되어야 한다. 진정한 국방개혁은 미래 환경과 싸우는 방식에 맞는 군 문화의 정착으로 비로소 완성되기 때문이다.

제2장

군사력
운용체계

1
/
개요

(1) 문민통제란

우리는 국방개혁을 논의하기 전에 먼저 군사력 운용체계에 대해 알아볼 필요가 있다. 왜냐하면, 군사 문제를 다루기 위해서는 군사력 운용체계에 대한 이해가 선행되어야 하기 때문이다. 군사력 운용체계에는 군사력의 구성과 운용 방법, 통수統帥 개념 등이 모두 담겨 있다. 또한, 군사력은 국가가 운용하는 최후의 무력 수단이므로 문민통제文民統制, civilian control of the military 원칙의 준수는 물론, 국민이 선출한 정치 권력에 의해 엄격한 통제가 이뤄져야 하며, 정치의 마지막 수단으로 신중하게 사용되어야 한다.

여기서 우리는 '문민통제'라는 개념에 대해 정확히 이해해야 한다. 우리는 문민통제를 국방 분야에 민간관료의 비율을 높이면 달성할 수 있는 것으로 착각하는 경향이 있다. 군에 대한 문민통제란 국가 통치권력에 대한 군부의 개입이 거부되고, 민간인이 군에 대한 최고의 지휘권을 가진다는 원칙이다.[25] 서양에서는 흔히 정치적 통제political control 또는 군대에 대한 민주적 통제democratic control over the military라고 표현한다. 2010 년 6월, 오바마Barack Obama 대통령이 행정부의 다른 안보팀과 정부의 정 책을 비판한 데 대해 책임을 물어 아프간 주둔 미군 사령관 스탠리 맥 크리스털Stanly McChrystal 장군을 해임했다. 당시, 오바마 대통령은 "해당 사령관이 민주주의 시스템의 핵심인 군에 대한 민주적 통제를 훼손했 고, 또 아프간에서의 목적을 달성하기 위해 우리 팀이 함께 일하는 데 필요한 신뢰를 무너뜨렸다"라고 경질 배경을 설명했다. 이것은 사령관 을 교체하면서 대내적으로는 민주주의와 문민통제, 대외적으로는 전쟁 중의 팀워크와 신뢰 문제 등을 중대한 판단 기준으로 삼은 것이라고 평가되고 있다.[26]

군사력 운용은 정치와 불가분의 관계가 있으며, 정치지도자가 군사 문제에 대해 제대로 이해하고 있지 않으면 군사력을 올바르게 통제하 고 운용하기 어렵다. 베트남전에서 미군이 실패하게 된 중요한 원인 중 하나가 정치권이 개별 작전에 지나치게 간섭했기 때문임은 잘 알려진 사실이다. 베트남전에서 미국은 전장에서 벌어지는 다양한 군사 상황 에 대해 군사적 전문성이 없는 정치권력이 사사건건 개입함으로써 수 많은 전술적 승리에도 불구하고 전쟁 목적을 달성할 수 없었으며, 종국 에는 정치적 실패에까지 이르게 되었던 것이다. 이처럼 전문성 없는 집 단이 왜곡된 시각을 가지고 군사 문제에 지나치게 개입하게 되면, 국가

---

25 인터넷 검색을 통해 위키백과사전에서 인용.

26 앞의 자료.

안보라는 근본 가치가 훼손되는 것은 물론이고 전쟁 목적을 달성할 수 없다. 정치권력은 군에 대한 민주적 통제를 통해 군사력을 관리하고 일반적 지침을 부여하는 것만으로 충분하며, 개별 사안에 대한 군사적 판단에 대해 간섭하거나 관여해서는 안 된다. 국방개혁을 추진하려는 정치지도자는 본인이 추구하고자 하는 국방개혁에 관한 올바른 지침과 방향을 명확히 제시할 수 있어야 한다. 그러려면 군사력 운용체계에 대해 이해하고 있어야 하며, 군사 문제 전반에 대해 꾸준히 관심을 가져야 한다.

(2) 전문성의 중요성

문민통제는 군의 운용運用과 관련된 것이며, 민간관료의 비율을 높인다고 해서 달성되는 것이 아니다. 국방 분야에서 민간관료의 비율을 높이는 것은 필요할 수도 있겠지만, 전문성이라는 부분을 간과해서는 안 된다. 군사적 전문성은 하루 이틀에 길러지지 않으며, 평시에는 군사적 전문성의 차이가 분명하게 드러나지 않는다. 그러나 유사시 군사적 전문성의 차이는 임무의 달성 여부, 전투원이 감당해야 하는 위험의 수준, 생존 가능성 등에 직접적인 영향을 끼친다.

국방 분야의 전문성은 단순히 몇 차례의 관련 직책을 경험했다고 해서 거저 얻어지는 것이 아니며, 우수한 교육체계와 필요한 전문교육과정의 이수, 개인적 노력 등이 오랫동안 축적되지 않으면 갖출 수 없다. 국방 분야에는 국가의 모든 구성 요소들이 내재되어 있으므로 전문성을 갖추기가 매우 어렵다. 그러므로 국방 분야에서 전문성을 발휘하기 위해서는 관련 분야에 대한 이론적 배경 지식과 풍부한 경험, 논리적 구성 및 설득력, 문제의 본질을 파악할 줄 아는 통찰력 등을 두루 갖추지 않으면 안 된다. 특히, 수준 높은 전문성은 끊임없는 자기 발전 노력이 뒤따르지 않으면 결코 갖출 수 없다. 전문성이 결여되면 업무 수행 역량은 저하될 수밖에 없다. 특히 국방 분야의 전문성 결여는 군사력 운용에 심각한 부작용과 국가적 위기를 초래할 수 있다.

국방운영 분야에 종사하는 민간관료의 전문성은 전쟁수행의 효율성과 직접적인 관련이 있으며, 민간관료의 우수한 전문성은 적시적인 조치와 군사적 운용을 보장하고 촉진한다. 군사적 전문성이 우수한 지휘관이 지휘하는 부대는 최소의 희생과 손실로 전투를 치를 수 있지만, 군사적 전문성이 낮은 지휘관이 지휘하는 부대는 막대한 희생을 치를 수밖에 없는 상황에 내몰릴 수밖에 없다. 군사적 전문성을 갖춘 전문가를 양성하기 어려운 것은 효율적인 인재 양성 시스템을 구축하여 인재를 기르는 데 많은 노력과 시간이 필요하기 때문이다. 우리가 1970년대부터 전문성의 부족을 절감해왔으면서도 아직까지도 여전히 전문성의 부족을 논하고 있는 것은 안타까운 일이 아닐 수 없다.

2 / 정치와 국가안보

(1) 정치와 군사

인류 역사가 시작된 이래로 국가 통치는 정치라는 개념으로 정립되었고, 국가를 지탱하는 두 축은 언제나 경제와 국방이었다. 국가는 이 두 가지 요소가 견고할 때, 사회가 안정되고 문화를 꽃피웠다. 그러나 경제와 국방 중에서 어느 하나가 흔들리게 되면 혼란이 발생했고, 급기야 쇠락의 길을 걸어왔다. 그뿐만 아니라, 정치 권력이 경제와 군사 문제에 지나치게 개입하게 되면 국가의 발전은 혼돈과 퇴보의 길을 걸어왔다. 역사적으로, 경제가 시장 논리에 충실하고 국방이 군사적 판단이 존중될 때, 국가는 번영할 수 있었다. 정치는 경제와 군사가 잘 작동할 수 있도록 순기능적인 방향타方向舵 역할을 해야 한다. 만약 정치가 정치적 목적을 위해 경제와 국방을 악용하게 되면 그 국가는 미래지향적인 발전이 불가능해진다.

정치는 "국가의 권력을 획득하고 유지하며 행사하는 제반 활동"이다.[27] 정치지도자는 국민으로부터 위임받은 권력을 수단으로 국가를 운영한다. 정치가는 정치활동을 통해 국민이 인간다운 삶을 영위하게 하고, 이해를 조정하며, 사회 질서를 바로잡는 따위의 역할을 한다. 자유민주주의 국가에서는 국민에 의해 선출된 정치지도자가 국민으로부터 권한을 위임받아 국가 운영을 위한 경제, 국방, 사회, 문화 등 제반 지침과 정책을 수립하며, 정부의 수반이 군통수권자가 된다. 그러나 공산주의 국가의 군은 당의 군대이므로, 당의 지도 방침에 따라 운용된다는 점에서 자유민주주의 국가의 군과 큰 차이가 있다.

어떤 형태의 국가든, 군통수권자는 올바른 역사의식과 국가안보에 관한 소신과 철학이 있어야 한다. 특히, 군통수권자는 자신의 정치적 이해에 따라 편향된 국방정책지침을 하달하거나, 이를 국방책임자가 추진하도록 강요해서는 안 된다. 군통수권자의 안보의식은 국가가 추구하는 가치 및 국가 이익과 합치되어야 하며, 국민 다수가 공감할 수 있어야 한다. 일부 정치세력은 정치적 목적에 따라 일부 국민의 성향이나 여론을 임의 해석하거나 왜곡함으로써 정치적 명분을 만들고 영향력을 확대하려고 시도하기도 한다. 만약 군통수권자가 정치적 목적을 가지고 편향된 시각으로 국가안보 문제를 다루게 되면 국가의 안위가 위태롭게 됨은 물론, 국론이 분열되고 혼란이 빚어지게 된다. 국가운영체제가 견고한 국가는 정치지도자의 개인적 능력과 성향에 따라 국가체제가 쉽게 흔들리지 않지만, 국가운영체제가 허술한 국가는 정치지

---

27 네이버 표준국어대사전

도자의 개인적 능력과 성향에 따라 국가체제가 많은 변화의 과정을 겪게 된다. 우리나라처럼 대통령 단임제인 국가는 정권이 바뀔 때마다 정권의 정체성에 따라 정책의 변화가 커서 경제, 국방 등 모든 분야에서 정책의 일관성을 유지하고 지속적인 발전을 이어가기 쉽지 않다.

(2) 군통수권자의 역할

군통수권자는 국가안보에 관한 올바른 이해에 기초하여 국방지침을 제시할 수 있어야 한다. 국가안보는 흔히 정치권에서 말하는 것처럼 국가안보에는 여당과 야당의 구분이 없다는 막연한 수사적^{修辭的} 표현만으로 담보되는 것이 아니다. 군통수권자는 국방체계가 어떻게 구성되어 있고, 어떻게 작동하는지 이해하고 있어야 하며, 전문가의 도움을 받아 상황에 부합하는 지침을 내릴 줄 알아야 한다. 역대 어느 왕이나 정치 지도자 중에서 국가안보를 강조하지 않은 사람은 없었다. 군통수권자가 안보의 중요성을 막연히 강조한다고 해서 국가안보태세가 공고해지는 것은 아니다. 군통수권자는 국가안보에 대한 올바른 이해와 식견, 지식을 가지고 있어야만 참모진의 건의와 전문가의 조언을 참고로 해서 상황에 맞는 올바른 판단과 적절한 지침을 내릴 수 있다.

예를 들어, 천안함이나 연평도 포격과 같은 적의 도발 상황이 발생하면 해당 부대의 지휘관은 상황을 파악한 후 즉각적인 대응조치를 취하고 최신 상황을 상급 부대에 신속하게 보고해야 한다. 또한, 도발 지역을 담당하는 중간 제대 지휘관은 즉각적인 상황 파악과 상황 발전에 대응할 수 있도록 예하부대를 지원하기 위한 태세^{態勢}를 점검하고, 대응 수단을 준비해야 한다. 작전사급 이상 제대의 지휘관은 상황 평가와 추가적인 정보수집 등을 통해 차후에 상황이 어떻게 발전할지를 분석하고 대응 방안을 검토해야 하며, 예하부대에 하달할 작전 지침, 언론 공보 지침 등을 구상해야 한다. 군통수권자는 참모진의 조언을 받아 도발이 정치·경제·사회·국방 등 국내 전반에 미치는 영향을 검토하여 대국민 공보 및 군사적 대응 지침 등 국가 차원의 정책적·군사적 지침을 구상하여 제시해야 한다. 또한, 차후에 예상되는 위협과 상황 발전 가능성 등을 종합적으로 분석하여 동맹국 또는 우방국과 협력방안, 외교적 조치사항, 국제 사회에 어떤 메시지를 전달할 것인지에 대해 면밀히 검토해야 한다.

위기 상황을 관리하는 과정에서 군통수권자가 부적절한 지침이나 정치적 수사에 불과한 수준의 지침을 남발하는 등 제대로 역할을 하지 못한다면, 수습은커녕 오히려 위기를 고조시키거나 혼란을 자초할 뿐이다. 군통수권자의 위기 대응 조치는 관련 부서 또는 기관의 의견과 검토가 종합된 것이어야 하며, 시간 종속적임을 잊어서는 안 된다. 부적절하거나 뒤늦은 조치의 남발은 혼란을 가중시킬 뿐만 아니라, 국민의 신뢰 상실로 이어지며, 자신의 정치 생명에도 부정적 영향을 미치게 된다.

아마도 위기 발생과 관련한 상황 조치 체제가 가장 잘 작동하는 국가는 이스라엘일 것이다. 이스라엘은 예상되는 상황에 기반하여 정치, 군사, 외교, 공보 등이 협조된 종합적 대응 조치를 사전에 준비한다. 만약 위기 상황이 발생하면 관련 기관들이 상황을 공유하면서 정해진 절차에 따라 기관 간 협력을 통해 사전 검토된 대응 방안을 보완·조치함으로써 혼란을 방지하고, 이해관계가 있는 대상 국가들에게 정확한 메시지를 전달하고자 노력한다.

국가안보와 관련된 포괄적 지침은 위기 상황 발생 전에 군통수권자가 참모진의 도움을 받아 구상한 후 하달해야 하며, 위기 상황이 발생하면 사전 하달된 지침을 검토하여 상황에 맞게 수정하거나 사전 하달된 지침을 보완하는 추가 지침을 하달해야 한다. 또한, 임무를 부여받은 작전 최고책임자는 군통수권자의 지침에 따라 가용한 자원을 활용하여 국가를 보위(保衛)하고, 국민을 보호하며, 제시된 정책 목표를 달성하기 위해 노력해야 한다. 군은 가용한 자원을 활용하여 부여된 임무를 효율적으로 수행할 수 있도록 최적화되어야 하고, 최고 수준의 대비태세를 유지할 수 있도록 준비되어야 하며, 군사력 운용 역량을 꾸준히 배양해나가야 한다.

가용한 자원이란 국가가 군에 할당하는 인적·물적 자원을 모두 포함한다. 인적 자원은 주로 적정 징집 인력의 가용 여부에 따라 결정되며, 부족한 부분은 가급적 빠른 시간 안에 동원으로 충원할 수 있어야 한다. 의무복무 기간은 인적 자원의 가용성을 결정하는 중요한 요소 중 하나이다. 물적 자원은 예산과 장비, 시설, 토지 등이 해당한다. 특히 예산은 주요 수단인 무기체계의 확보·숙달·운용, 그리고 전·평시 군의 운영에 직접적인 영향을 미친다. 군은 국가로부터 할당받은 자원을 기초로 하여 군의 구성과 운용을 결정하며, 가용한 자원을 운영하여 최상의 준비태세를 발전시켜나가야 한다. 따라서 군의 최고책임자는 할당된 인적·물적 자원을 운용하여 최상의 전투력을 발휘할 수 있도록 군을 구성하고, 실전적 훈련을 통해 최고 수준의 준비태세를 갖추도록 해야 한다.

3
/
군사력의 구성

(1) 군구조의 논리 구성

군사력은 인력과 계급구조, 무기체계와 이를 지원하기 위한 장비·물자 등으로 구성된다. 군사력은 인력과 계급구조, 무기체계와 이를 지원하기 위한 장비·물자 등으로 구성되며, 싸우는 개념과 조직 편성, 지휘관계, 무기체계의 배치, 인력 및 계급 할당 등이 균형감 있게 조화되어야 한다. 군사력은 교리, 편성, 장비·물자, 인재 양성, 리더 개발, 교육훈련, 시설 등의 전투발전 요소가 유기적으로 결합하여 작동할 수 있을 때, 비로소 군사력 구성이 완료되고 운용할 수 있는 여건이 갖춰진다. 군을 구성할 때에는 하드웨어 요소와 소프트웨어 요소가 함께 조화를 이루도록 해야 한다. 하드웨어 요소와 소프트웨어 요소를 전체적으로 관조하지 못한 상태에서 어느 한쪽으로만 치우쳐 구성하면, 구성 요소 간의 부조화로 인해 기대하는 능력을 발휘할 수 없다. 따라서 군을 제대로 구성해 운용하기 위해서는 소프트웨어 요소(교리, 운용체계, 운

〈그림 1〉 군구조의 분류

용 능력 등)와 하드웨어 요소(편성, 장비·물자, 시설 등) 간의 상호관계와 작용에 대해 충분히 이해하고 있어야만 한다.

군사력을 제대로 구성하기 위해서는 먼저 군구조에 대해 명확히 이해해야만 한다. 그런데 사실, 군구조에 관해 명확히 정립된 이론을 찾아보기 어려운 데다가 군구조라는 용어에 대한 정의도 자료마다 서로 다른 표현으로 기술되어 있어서 일관성을 찾아보기 힘들다. 그렇다면, 군구조란 무엇인가? '편제용어집'에서는 군구조를 "군사 임무 수행과 관련된 전반적인 군사력의 구성 관계"[28]라고 정의하고 있다. 이 정의를 따른다면, 군구조에는 군사 임무 수행과 관련된 모든 하드웨어 요소와 소프트웨어 요소가 포함되어야 한다. 달리 표현하면, 군구조에는 인력과 장비·물자, 시설 등의 하드웨어 요소는 물론이고, '어떻게 싸울 것인가'라는 개념 차원의 운용 논리와 병종·제대·기능별 운용 개념을

---

28 신명철, 편제용어집, 국방부 e知샘, 2010년 10월

구체화한 교리 등의 소프트웨어 요소가 융화되어야 한다는 것이다. 결국, 군구조란 '군사력 구성에 관한 관련 요소 간의 상관관계를 규정하는 것'이라고 포괄적으로 정의할 수 있다.

군구조는 〈그림 1〉과 같이 각 제대 간 책임, 권한 등을 규정하는 지휘구조, 제대·유형·기능별 임무와 기능에 적합하도록 무기체계와 이를 운용하기 위한 장비와 물자를 배비하는 전력구조, 병종과 부대의 유형 및 규모, 전장 기능에 따라 인적·물적 요소를 유기적으로 연결해 기능하는 부대구조, 각 조직과 할당된 수단을 운용하기 위해 적절한 특기와 능력을 갖춘 인적 자원을 배치하는 병력구조로 세분화된다.

군구조 업무를 올바르게 수행하기 위해서는 지휘구조, 전력구조, 부대구조, 병력구조 등 관련 용어와 개념을 명확하게 정의해야 한다. 그러나 아무리 훌륭한 개념적 틀을 적용한다고 해도 수준 높은 업무를 수행할 수 있느냐의 여부는 전문성 수준에 따라 결정된다. 높은 수준의 군구조 업무를 수행하기 위해서는 군사사상, 교리, 조직, 무기체계, 인력 운영, 과학기술, 전쟁사뿐만 아니라, 자국의 정치체제에 대해서도 깊은 이해가 전제되어야 한다.

군구조를 구성하는 지휘구조, 전력구조, 부대구조, 병력구조에는 유형의 결과물인 편제와 무형의 결과물인 운용 개념과 교리 등이 융합된다. 유형의 결과물인 편제는 편성·장비표TO&E, Table of Organization & Equipment 와 물자배당표TD&A, Table of Distribution & Allocation 로 나타내는데, 편성·장비표에는 조직의 형태, 각 직책별 계급과 인원, 무기체계의 종류와 수 등이 표시되며, 물자배당표에는 부대와 배비된 무기체계의 운용을 지원하기 위한 장비와 물자 등이 명시된다. 무형의 결과물은 군사력의 기본 운용 논리인 싸우는 방법을 기술하는 운용 개념과 METT+TC를 반영하여 제대 또는 기능, 부대 유형별 운용지침을 기술하는 전술 지침서인 교범의 형태로 발간發刊한다. 이처럼 군구조는 지휘구조, 전력구조, 부대구조, 병력구조가 서로 밀접한 연관관계를 가지므로 대관세찰大關細察할 수 있는 능력을 갖추어야만 최상의 결과물을 도출해낼 수 있다.

우리는 국방개혁이라는 시대적 과제를 현명하게 이끌어가야 하는 중요한 시기에 직면해 있다. 이러한 상황에서 한반도를 둘러싼 안보 환경, 현존하는 위협과 미래 위협, 군 감축 요구, 한정된 병력과 예산, 군사과학기술 역량 등은 군구조 발전에 큰 영향을 미친다. 현재, 우리는 병역자원의 감소로 인해 불가피하게 군 규모를 감축해야 하는 상황에 봉착해 있다. 유사시 군사적 요구를 충족시키기 위한 군 규모는 최소한 어느 정도여야 하고, 군을 어떻게 편성할 것인가? 제병협동 기본제대는 어떻게 구성할 것이며, 어떤 유형의 부대가 얼마만큼 필요한가? 제한된 가용재원과 향후 예상되는 전력화계획을 고려할 때 무기체계 구성은 어떻게 해야 할 것인가? 이외에도 검토해야 할 사항이 많다. 이러한 요소들은 복합적이고 상호 영향을 주기 때문에 군구조 업무를 수행하려면 높은 전문성이 필요한 것이다.

따라서 상비전력의 규모는 국가가 관리하고 유지할 수 있는 능력과 위협, 전시에 요구되는 부대 소요 등을 기초로 판단해야 하며, 군구조는 국가의 능력과 군사사상, 군사적 필요 등을 고려해 결정하되, 가용한 자원을 가지고 효율적인 구조로 발전시키기 위해 노력해야 한다. 만약 상비전력의 규모를 전시 소요보다 적게 유지할 수밖에 없다면, 동원제도를 잘 만들어야 하고, 평시 체제와 전시 체제가 유기적으로 잘 연결될 수 있도록 준비하고 훈련해야 한다.

(2) 지휘구조

정의

편제용어집에서는 지휘구조란 "국방부 및 합참으로부터 전투부대에 이르기까지 형성되어진 지휘관계 구조"라고 포괄적으로 정의하고 있다.[29] 여기서는 군사적 관점에서 국방부와 합동참모본부(줄여서 합참. 이하 합참으로 표기)를 지휘구조의 정점頂點으로 함께 표현하고 있으나, 국가 차원에서 군사 지휘의 정점은 군통수권자이다. 지휘구조는 군통수권자를 제외하고 국방부부터 말단 분대급까지의 지휘관계와 책임을 규정하는 것이다. 통상, 국방부부터 작전사까지를 상부 지휘구조, 작전사부터 분대급까지를 하부 지휘구조라고 구분한다.

'지휘구조'라는 용어의 정의는 좀 더 명확하게 재정립할 필요가 있다. 편제용어집에 나오는 지휘구조의 정의에 국방부와 합참이 지휘구조의 정점인 것처럼 표현되어 있는데, 엄밀히 말하면 합참은 국방부의 지휘를 받는 최상위 군사조직이다. 우리의 군 지휘체제는 군통수권자가 최고 정점에 있고, 그 다음은 국방부장관, 합참의장 순이며, 국방부를 기점으로 군령과 군정으로 구분된다. 그러므로 국방부와 합참을 같은 위상에 놓는 것은 적절하지 않다. 또한, 지휘구조 정의에 사용된 전투부대라는 용어에 대해서도 생각할 필요가 있다. 전투부대란 '전투를 주 임무로 하는 부대'라는 뜻을 가진 상당히 일반적이면서 개념적인 용

---

29 신명철, 편제용어집, 국방부 e知샘, 2010년 10월

어이다. 이렇게 막연한 뜻을 가진 전투부대라는 용어보다는 지휘계선 상에 있는 제대^{梯隊}를 특정하는 단위의 명칭으로 명확하게 표현할 필요가 있다. 이러한 점들을 감안하여 '지휘구조'를 다시 정의하면, "국방부로부터 분대에 이르기까지 형성된 제대의 지휘 관계와 책임 범위를 규정하는 것"이라고 표현하는 것이 가장 바람직할 것이다.

지휘구조와 군제

역사적으로 군은 육군이라는 단일 형태로 출발한 후 식민지 개척시대에 해양 패권의 중요성이 부각^{浮刻}되고 해양이 하나의 전쟁 영역으로 등장하면서 해군을 만들었다. 그 후, 근대에 들어 해군은 원양에서의 독립 작전 수행과 항공모함의 등장으로 인해 항공전력의 필요성과 중요성이 강조되면서 항공력을 독립적으로 운영하게 되었다. 제2차 세계대전이 끝난 후, 공중 공간을 통제하는 항공력의 중요성이 강조되면서 육군에서 항공대를 분리하여 공군을 독립적으로 편성함으로써 비로소 육·해·공 3군이 탄생하게 되었다. 현대에 접어들면서 해군과 해병대는 작전의 특수성을 고려하여 독자적으로 항공전력을 운용하게 되었고, 공군은 작전지역에서의 제공권 장악과 중심 표적 공격, 적 지상군 저지를 위한 항공차단, 지상군 지원 역할 등을 수행하게 되었다. 이로 인해 한때 미군에서는 공중 작전의 대부분이 지상 작전과 밀접하게 연계되므로 공군과 육군을 하나의 군으로 다시 통합해야 한다는 의견이 제기되기도 했다. 이처럼 육·해·공·해병대 등 군종의 발전과 더불어, 지휘구조는 각 군의 예하에 구성되는 각 제대의 지휘관계와 책임 범위를 규정하기 위해 오랜 시간에 걸쳐 발전해왔다.

한동안 정부 또는 국방부 차원에서 이루어진 지휘구조 논의의 중점은 상부 지휘구조, 즉 군제에 관한 것이다. 상부 지휘구조는 어떤 형태의 군제를 선택하느냐에 따라 달라진다. 군제는 국가의 정치체제와 직접적인 관련이 있다. 군제는 선택이며, 그 국가가 처한 안보 환경과 정치 상황에 따라 변형되기도 한다. 군은 국가의 가장 강력한 무장집단으로서, 한 사람의 군인에게 권한이 집중되면 자칫 정정政情 불안으로 이어질 수 있으므로 엄격한 문민통제 아래 관리되어야 한다. 이러한 이유로 인해, 다수의 자유민주주의 국가가 국방참모총장제 또는 합동군제를 채택하고 있으며, 공산권 국가들은 총참모장제를 채택하고 있다. 작전사급 이하 제대의 하부 지휘구조는 전술 운용 개념을 서술하는 교리에서 예속, 배속, 파견, 작전 통제, 직접 또는 일반 지원 등 다양하게 상호 관계를 규정하고 있다.

국방참모총장제는 제2차 세계대전 발발 이전부터 영국의 국방참모본부 등의 형태로 유럽에서부터 발전되었다. 국방참모총장제는 육·해공군을 독립된 군종으로 편성하지만, 각 군 참모총장이 국방부장관으로부터 위임된 권한 범위 내에서 각 군을 지휘하되, 작전지휘계선에서 배제된다. 작전 임무를 부여받은 지휘관은 부여받은 임무 수행에 필요한 부대 소요를 제기하고, 각 군 참모총장이 전투력을 제공하면 통합전투사령관으로서 작전을 지휘한다. 각 군 참모총장은 작전 수행에 필요한 군사력을 제공하는 전력 제공자force provider의 역할로 국한된다. 다만, 각 군 참모총장은 군사 업무를 효율적으로 수행하고 합리적인 의사결정을 위해 구성되는 협의체의 구성원으로서 각 군을 대표하여 의사결정에 참여한다. 국방참모총장 혹은 합동참모의장, 각 군 참모총장은 군을 대표하되, 통상 작전지휘권을 갖지 않는다.

최초의 합동군제는 미국이 제2차 세계대전을 효율적으로 수행하기 위해 1942년에 육군과 해군을 통할하는 최고사령관을 임명하면서 태동했다. 미국은 1947년에 국방부 예하에 육군과 해군을 통할하는 합동참모본부를 편성하고 초대 합동참모의장으로 윌리엄 D. 리히^{William D. Leahy} 제독을 임명했다. 그 후, 1947년 9월 공군이 육군에서 분리되고, 1949년에 오마 브래들리^{Omar Bradley} 대장을 합동참모의장에 임명하면서 비로소 오늘날과 같은 형태의 합동군제가 완성되었다. 우리가 통합군제라고 칭하는 군제는 1960년대 말 육군을 중심으로 1967년에 발발한 제3차 중동전쟁의 전훈을 분석하는 과정에서 이스라엘의 총참모장제를 통합군제라고 잘못 해석한 것에서 비롯되었다.

국가 차원에서 육·해·공군 등 모든 군사력이 군인 한 명에게 집중되는 군제는 바람직하지 않다. 그것은 군인 한 명에게 국가의 무장력이 집중되는 것이 문민통제의 원칙과 정면으로 배치^{背馳}되기 때문이다. 통합군제를 주장하는 내용을 살펴보면, 총참모장제와 유사한 논리 구조로 구성됨을 알 수 있다. 총참모장과 통합군사령관의 차이는 작전지휘권이 있느냐, 없느냐의 차이라고 보는 경향이 있다. 그러나 총참모장에게 작전지휘권이 있다고 해서 통합군제라고 하지는 않는다.

총참모장제는 군인 한 명에게 국가의 무장력이 집중되지 않도록 당 중앙군사위원회 또는 내각이 군을 지휘하는 군제로서, 작전지휘권은 통상 총참모장이 아니라 각 지역의 전투사령부를 지휘하는 사령관에게 부여한다. 각 지역을 담당하는 사령관은 책임 지역에 배치된 모든 병종과 병과가 통합된 전투사령부를 이끌면서 당 중앙군사위원회 또는 내각의 지침에 따라 책임 지역 내의 모든 작전 요소를 통합·지휘한다. 군의 최고 선임자인 총참모장은 군을 대표하지만, 작전지휘계선에 포함되지 않는다. 총참모장제를 채택한 많은 국가가 육·해·공군 등 각 군이 아닌 지·해·공군사령부를 편성하여 운용하며, 임무와 기능 등을 고려하여 각 지역을 담당하는 전투사령부를 편성하여 운용한다.

국방참모총장제, 총참모장제, 합동군제 등 어떤 군제를 선택하더라도 넓은 국토와 규모가 큰 군을 보유한 국가에서는 통상 지역을 분할하여 각 지역의 작전을 책임지거나 특정 임무를 부여받아 수행하는 통합전투사령부를 편성·운용하고 있다. 미군은 전 세계를 6개의 구획으로 나누어 지역 작전을 책임지는 통합전투사령부unified command를 편성하고 있다. 이 통합전투사령부는 통상 지상구성군사령부, 해군구성군사령부, 공군구성군사령부, 해병구성군사령부, 특수전구성군사령부 등 5개의 예하 구성군사령부로 구성된다. 지역 책임을 부여받은 사령부의 지휘관은 책임 지역 내의 모든 작전 요소를 통합·지휘하며, '통합전투사령관Unified Combatant Commander'이라고 호칭한다. 중국의 5개 전구사령부와 러시아의 4개 통합전투사령부도 이와 크게 다르지 않다. 이처럼 특정 지역을 담당하거나 특정 임무를 수행하는 사령부를 설치하고 그 사령부를 이끄는 지휘관에게 작전지휘권을 부여하는 방식은 흔히 존재한다.

군제의 선택

자유민주주의 국가는 문민통제의 원칙을 유지하기 위해 국방참모총장제 또는 합동군제를 채택한다. 반면, 공산주의 국가에서는 군이 당 중앙군사위원회가 지휘하는 당의 군대이기 때문에 군사 문제에 관해 직업적 전문성을 갖춘 집단인 총사령부가 당을 보좌하는 형식의 총참모장제를 채택한다. 자유민주주의 국가든 공산주의 국가든 문민통제를 구현하기 위해 한 명의 군인에게 국가의 무장력을 행사할 수 있는 권한을 부여하지 않는다. 그렇기 때문에 통상적으로 군의 최고 선임자인 국방참모총장이나 합동참모의장, 총참모장에게 작전지휘권을 부여하지 않고 있다.

그러므로 군제는 '국방참모총장제'와 '총참모장제'가 먼저 만들어졌으며, 제2차 세계대전을 거치면서 발전한 합동군제가 추가되면서 '국방참모총장제', '총참모장제', '합동군제', 이 세 가지로 정립되었다고 보는 것이 옳다. 모든 국가는 이 세 가지 군제에 기반하여 자국의 실정實情에 맞게 군사력 운용을 위한 지휘 권한을 조정하여 적용하고 있다. 우리나라와 미국이 같은 합동군제를 채택하고 있음에도 불구하고 차이가 있는 것은 이와 같은 이유 때문이다. 결국, 군제는 자국의 상황에 맞게 설정하여 적용하는 선택의 문제인 것이다.

이스라엘은 20만 명 이하의 상비군을 유지하면서 총참모장제를 채택하고 있다. 이스라엘군의 홈페이지에 게재된 내용을 보면, 이스라엘군은 지상군사령부와 3개 지역사령부, 해군사령부, 공군사령부 등으로 구성되어 있으며, 지상·해·공군사령부는 모두 작전부대이기 때문에 사령관을 Chief of Staff가 아닌 Commander라고 호칭한다.[30] 이스라엘은 독특한 안보 환경과 국가의 한정된 자원을 고려하여 유사시 예비

---

30 https://www.idf.il/en/minisites/idf-units/, https://www.idf.il/en/minisites/general-staff/

군을 동원하는데, 예비군은 상비군보다 규모가 클 뿐만 아니라 전면전 수행과정에서 결정적인 역할을 수행한다. 국방부장관은 예비군 운영과 동원에 직접 관여함은 물론, 총참모장^{Chief of the General Staff}을 지휘한다. 현지 소식통에 의하면, 최근 이스라엘은 상부 지휘구조를 검토하면서 총사령부의 기능을 일부 개정^{改定}하고 있다고 하는데, 아직 구체적인 내용은 파악되지 않고 있다.

터키의 경우에는 총사령관제라고 하는 독특한 군제를 채택하고 있다. 터키가 오늘날과 같은 군제를 채택하게 된 것은 20세기 초에 오스만 제국을 침략한 영국, 프랑스, 그리스 등의 외세를 몰아내고 제국이 붕괴되면서 터키 공화국이 수립되는 과정에서 겪은 역사적 경험과 깊은 관련이 있다. 터키의 국부^{國父}로 추앙받는 케말 파샤^{Kemal Pasha}는 터키 공화국을 수립한 후 정치와 종교를 분리하고 세속주의를 채택했으며, 군부는 케말 파샤의 유훈^{遺訓}에 따라 세속주의를 수호하는 임무와 전통을 이어왔다. 터키군의 총사령관은 군 최고책임자로서 지상군, 해군, 공군, 치안군 등 국가의 모든 무장력을 장악하고 있으며, 대통령, 국회의장, 총리에 이어 국가서열 4위로 11위인 국방장관보다 훨씬 높은 지위를 차지하고 있다. 터키는 총사령관이라는 한 사람에게 군의 지휘권이 집중됨에 따라 잦은 쿠데타 위협에 시달려왔다. 터키에서는 1960년 첫 번째 쿠데타가 발생한 이후, 총 여섯 번의 쿠데타가 발생했다. 2014년 내각책임제에서 5년 중임의 대통령 직선제를 도입한 터키의 정치체제 변화는 군의 위상에도 영향을 끼치게 될 것이므로, 향후 군의 위상이 어떻게 변할 것인지에 관해 관심을 가지고 지켜볼 필요가 있다.

우리의 군제와 지휘구조

통상 군사 업무는 양병養兵 기능을 중심으로 하는 군정軍政 분야와 용병用兵 기능을 중심으로 하는 군령軍令 분야로 나눈다. 많은 국가가 군정과 군령을 하나로 통합하지 않고 각각 독립된 업무 영역으로 관리하고 있다. 군정은 인적·물적 자원의 획득과 관리, 교육훈련 등을 관장하는 양병의 영역이며, 군령은 준비된 무장력을 배비하고 전략·작전·전술적으로 운용하는 용병의 영역이다.

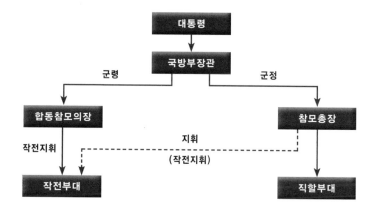

〈그림 2〉 우리 군의 군정과 군령 권한 배분

그러나 분명히 기억해야 할 것은 "제도는 선택이며, 절대 선善의 제도나 절대 악惡의 제도는 없다"는 것이다. 제도는 그 형식보다도 지혜롭게 운영하는 것이 더 중요하다. 하나의 제도를 선택하고 운영하는 과정에서 나타나는 문제점은 개선하여 그 제도가 보다 나은 방향으로 나아갈 수 있도록 하는 것이 가치 있는 일이다. 특정 사건이나 상황이 발생했을 때, '어떤 일이 발생했고, 무엇이 문제이었으며, 그것을 어떻게 해결할 것인지'에 대해 충분히 고민하지 않고 모든 문제를 제도나 남 탓으로 돌리는 것은 바람직하지 않다. 대부분 경우, 제도 개선은 특정 집단이나 개인의 권한 배분과 관계된다. 그러므로 조직의 기능적 배분은 신중하게 다룰 필요가 있다. 조직을 운영하는 사람은 제도의 좋고 나쁨에 관한 논쟁이나 책임 소재 규명 등에 휘둘리지 말고 문제의 본질을 파악하고 해결방안을 모색해나가는 것에 집중할 줄 알아야 한다. 만약 조직을 관리하 는 책임자가 문제를 식별하고 문제 해결을 위한 해법을 찾아낼 줄 모른다면, 한번 발생한 과오過誤는 근원적으로 해소되지 않고 반복적으로 되풀이되기 마련이다.

군은 군사사상과 교리에 관한 합의된 원칙을 공유해야 한다. 그래야만 상·하급 제대의 지휘관들이 합의된 원칙에 따라 교육훈련을 시행하고, 상황에 맞게 창의성을 발휘하여 작전술과 전술을 융통성 있게 운용할 수 있으며, 상호 존중과 예측에 의한 부대 지휘가 가능해진다. 만약 합의된 원칙이 아니라 한 사람의 의지와 논리에 따라 좌지우지된다면, 그 군대는 최고책임자가 바뀔 때마다 큰 혼란에 빠지게 될 것이다. "훈련한 대로 싸워야 하는데 교육훈련을 담당하는 각 군 참모총장이 작전지휘계선에서 벗어나 있는 것은 커다란 문제"라고 말하는 사람들이 있다. 그러나 그것은 맞는 말이 아니다.

군의 교육훈련은 한 사람의 생각과 논리에 좌우되어서는 안 된다. 2년 미만의 단기간 임무를 수행하는 참모총장의 지휘 방침에 따라 교육훈련 방향과 방침이 빈번하게 변화한다면 군은 혼란에 빠질 수밖에 없다. 참모총장은 정병精兵 육성을 위해 교육훈련의 특정 분야를 강조하거나 새로운 훈련 방법을 연구하고 교육체계를 개선하는 등 양병과 관련된 업무는 적극적으로 발굴하고 창의적으로 발전시켜야 하지만, 용병의 근간이 되는 교리의 변경은 작전지휘관과 충분한 숙의熟議 과정을 거쳐야 하며, 예하부대에 작전적 지침을 하달하거나 작전에 간섭하는 등 작전지휘권에 개입하는 행위를 해서는 안 된다.

천안함 사건을 처리하는 과정에서 군정과 군령을 분리하는 것이 적절한 것인지에 관한 논쟁이 벌어졌다. 당시 각 군 참모총장이 작전지휘계선상에 없는 것이 마치 커다란 문제인 것처럼 말하는 사람들이 있었다. 참모총장은 최고의 전문성을 가진 사람인데 작전지휘계선에서 빠져 있기 때문에 상황 조치에 문제가 있다는 논리였다. 그러나 그것은 구난·구조 업무를 작전 또는 지원 업무 중에서 어느 영역으로 판단하고, 누가 주도할 것인가의 문제일 뿐이다. 구난·구조 업무가 군정의 영역이라고 판단되면 참모총장이 필요한 자원을 지원받아 임무를 수행하고, 군령의 영역이라는 판단되면 필요한 자원을 합동참모의장 또는 지정된 지휘관이 통제하여 수행하면 되는 것이다. 구난·구조 업무에 대한 권한과 책임 한계는 관련 규정에 명확히 명시하면 될 일이다.

각 군 참모총장은 군사력 건설을 위한 소요를 제안하고 획득된 장비·물자를 예하 부대에 배비排比하며, 각 군의 운용 교리를 발전시킨다. 또한, 교육기관 운영을 통해 인적 자원을 양성하며, 작전부대에 대한 교육훈련 지침을 하달하는 등 양병에 필요한 군정 기능을 수행한다. 이에 따라 각 군의 참모부와 직할 조직은 참모총장에게 부여된 임무와 기능 수행에 적합하도록 정보·작전 기능보다는 인사·군수 기능 중심으로 편성하고, 교육사령부를 직할 기관으로 편성하여 교리 발전과 교육훈련 업무를 관장케 한다. 각 군 참모총장이 참여하는 합동참모회의는 주로 군사력 건설과 관련된 사항에 대해 심의 의결하는데, 군사력 건설 소요는 각 군에서 제안하고 합동참모회의의 심의를 거쳐 확정한다. 이 과정에서 참모총장은 각 군의 대표자로서 각 군의 의견을 제시하며, 합동참모회의에서는 합동 운용 개념을 고려하여 각 군의 의견을 반영한 군사력 건설 소요를 확정한다. 그러므로 각 군 참모총장은 부여된 임무와 기능 이외의 정보 및 작전 운용과 관련된 사항에 대해서 가용한 조직을 활용하여 상황 파악을 할 수는 있지만, 간섭해서는 안 된다. 일부에서 각 군 참모총장이 최고의 전문성을 가진 사람인데도 불구하고 작전 지휘계선에서 배제되는 것이 문제라고 주장하는데, 이는 군정과 군령을 구분하는 상부 지휘구조의 편성 취지는 물론, 참모총장의 임무와 기능에도 부합되지 않기 때문에 맞는 말이 아니다. 더욱이 우리의 인사 관행이나 제도는 최고의 전문가를 참모총장으로 선발하지 않는다.

현재의 지휘구조는 국방부장관부터 작전사급까지의 지휘관계를 설정하는 상부 지휘구조와 작전사부터 말단제대까지 전술적 관계 설정에 따라 권한과 책임이 결정되는 하부 지휘구조로 구분한다. 상부 지휘구조는 작전사급 이상 제대의 임무와 기능, 편성, 사무분장 등을 통해 책임과 권한을 규정함으로써 완성된다. 상부 지휘구조를 구성하는 조직에는 각각 설정된 역할과 기능에 맞는 책임과 권한이 배분된다. 어느 조직이든 한번 만들어지면 존재 가치의 부각과 생존을 위해 끊임없이 업무를 새로이 만들어내고 조직을 키우려는 시도가 이루어지기 마련이다. 이를 잘 통제하고 효율성이 높은 조직으로 만들어나가는 것은 조직을 운영하는 최고책임자의 몫이다. 만약 최고책임자가 업무에 정통하지 않으면, 관장하는 조직의 역할을 올바르게 수행하도록 지도·감독하고 관리할 수 없을 뿐만 아니라 예하 조직이 업무의 질 향상보다는 보여주기식 업무 수행이나 개인의 이익에 집착하는 행위 등을 통제할 수 없게 된다.

군사 관련 권한과 업무를 군정과 군령으로 나누는 현재의 상부 지휘구조는 1988년부터 추진된 '장기 국방태세 발전방향 연구', 일명 '818 계획'를 통해 많은 논의 과정을 거쳐 정립되었다. 우리가 채택한 합동군제는 합동참모의장으로부터 각 군 참모총장이 아닌 작전사령관으로 이어지는 지휘계선을 따라 작전 지휘 임무와 기능, 권한과 책임을 배분하고 있다. 만약 각 군 참모총장을 작전지휘계선에 포함한다면, 군정을 담당하는 지휘관이 아닌 군정과 군령 업무를 모두 수행하는 지휘관으로서 자리매김하게 될 것이다. 그렇게 될 경우, 우리의 상부 지휘구조는 군정 및 군령의 개념, 군제, 지휘 계층 구조, 문민통제에 미치는 영향 등을 고려한 대폭적인 변화가 불가피하다. 또한, 국방부장관, 합동참모의장, 각 군 참모총장, 작전사령관 등의 권한과 책임 배분은 근원적으로 다시 설정해야 한다. 문제점이 발견되면 제도를 무조건 뜯어고칠 것이 아니라 먼저 문제를 해결하기 위한 합리적인 방안을 모색하려 노력해야 한다. 제도를 바꾸면 또 다른 문제가 발생할 것이고 그동안 제도를 운영하면서 어렵게 쌓아온 능력know-how마저 물거품처럼 사라지게 될 것이기 때문이다. 그러므로 섣부른 판단과 문제의 본질을 파악하지 못한 상태에서 제도의 근본을 흔드는 시도는 가급적 피해야 한다.

(3) 전력구조

정의

편제용어집에서는 전력구조를 "군사 목표를 달성하고 군사전략 개념을 구현하기 위해 가용한 인력과 예산 범위를 고려하여 전력 배비 개념, 인력 규모, 유형별 부대 수 및 무기체계 등의 전력을 개략적으로 구사하는 것"[31]이라고 정의하고 있다. 세부적으로 살펴보면, "군사 목표를 달성하고 군사전략 개념을 구현하기 위해 가용한 인력과 예산 범위를 고려한다"라는 것은 당연한 원칙이기는 하다. 그렇지만 '전력 배비 개념'은 운용 개념을 기반으로 구성된 군사적 역량을 배비하는 것이므로 군사전략 차원에서 다루어야 한다. 또한, '인력'은 고려사항 중의 하나이기는 하지만, 인력 규모라는 표현은 적절치 않다. 인력은 병력구조에서 병종, 특기, 계급 등을 고려해 별도로 다루어야 한다. 그뿐만 아니라, '유형별 부대 수'는 전체적으로 가용 자원의 영향을 받으며, 어떤 유형의 부대를 얼마나 편성할 것인가의 여부, 즉 부대의 성격과 수는 전력구조가 아닌 부대구조와 군사전략에서 다루어야 할 문제이다. 무기체계는 전술적 필요에 따라 구성되는 부대 능력의 핵심 요소이며, 전력구조에서 우선적 검토 사항 중 하나이다. 또한, "전력을 개략적으로 구사하는 것"이라는 표현은 적절하지 않다. 왜냐하면, '개략적'이라는 표현은 "대충 추려 줄인 것"이라는 의미이며, '구사'라는 단어는 "말이나 기교, 수사법 등을 자유자재로 다루어 쓴다"라는 의미이다. 따라서 "전력을 대충 추리고 줄여서 자유자재로 다루어 쓴다"라는 의미는 적절한

---

31 신명철, 편제용어집, 국방부 e知샘, 2010년 10월

표현이 아니다.

지휘구조와 전력구조, 부대구조, 병력구조는 상호 밀접한 관계가 있으므로 이들 용어는 개념이 중첩되지 않으면서 각각의 범위와 역할을 명확하게 정의할 필요가 있다. 전력구조를 어떻게 설정할 것인가는 '어떻게 싸울 것인가', 즉 운용 개념과 직결되며, 다른 구조와도 깊은 관련이 있다. 전력구조는 어떤 운용 개념을 발전시키든 간에 전장 기능과 각 제대에서 필요한 요소들이 어떻게 작동하고 상호 작용하는지에 대한 이해를 바탕으로 검토해야 한다. 전력구조는 운용 개념과 구성요소의 능력, 작동 원리, 지원 소요 등을 기반으로 각 구성요소 간의 상관관계相關關係를 살펴봄으로써 상호 어떤 연관성이 있는지를 구체적으로 파악할 수 있어야 논리적인 접근이 가능해진다. 그러려면 전장 인식—지휘통제—기동—정밀타격—지속지원 등 각 제대의 전장 기능은 기능별 내부 구성요소 및 외부 기능과 수직·수평적으로 연결되어야 한다. 그렇기 때문에 '어떻게 싸울 것인가'라고 하는 운용 개념이 중요한 것이다. 그러므로 전력구조는 "군사 목표 달성을 위한 군사전략 개념을 구현하기 위해 가용한 인력과 예산을 고려하여 장비와 물자를 할당하고 할당된 자원 간의 상호 관계를 설정設定하는 것"이라고 정의하는 것이 적절하다.

전력구조의 특성

전력의 구성은 수직·수평적으로 연계되어야 하므로 전체와 부분을 함께 볼 수 있어야 한다. 만약 부분이 부실하면 전체에 부정적인 영향을 줄 수 있고, 전체의 조화가 부실하게 되면 기대하는 능력을 발휘할 수 없기 때문이다. 그뿐만 아니라, 어느 한 부분에 첨단 기술을 적용한다고 하더라도 다른 부분의 기술적 수준이 낮으면, 전체의 조화와 균형에 부정적 영향을 미치게 된다. 그러므로 전력구조는 분야별 요구 능력을 충족할 수 있는 수단을 검토하되, 기능적·기술적 균형과 조화가 이루어질 수 있도록 배비해야 한다.

전력구조와 부대구조, 병력구조는 독립적으로 작용하는 별개의 구성이 아니다. 3개의 구조는 모두 '설정된 작전적·전술적 목표 달성'이라는 하나의 목적을 위해 만들어진다. 통상, 군단급 이상 제대에는 다수의 무기체계와 기능, 운용 인력이 통합된 사단과 여단 등의 부대, 미사일사령부와 같이 독립된 기능을 수행하는 단일 무기체계로 구성된 부대, 이를 지원하는 기능 부대, 지휘·관리하는 참모조직 등이 편성된다. 사단급 이하 제대는 적과 직접 접촉하는 제대로서, 근접전투에 사용되는 무기체계와 운용 인력으로 구성되며, 전술적 필요에 따라 배속, 지원, 파견 등의 전투력 할당을 통해 전투, 전투지원, 전투근무지원 등의 능력이 추가된다. 결국, 장비와 물자를 할당하는 전력구조와 전술적 목적에 따라 편성되는 부대구조, 할당된 장비와 물자를 운용하는 계급과 특기 등 인력을 할당하는 병력구조는 상호작용을 통해 요망하는 작전적·전술적 능력을 발휘하는 것이다.

전력구조에서는 무기체계가 우선적 고려사항이 되는 경향이 있다. 그것은 무기체계가 핵심적인 요소이기 때문이다. 무기체계의 능력은 작전요구성능^{ROC, Required Operational Capability}으로 표현되며, 작전요구성능은 범위형, 이상 또는 이하형, 오차형, 범위형, 기술형, 정량화형 등 다양한 형태로 설정한다. 그러나 전력구조에서 무기체계는 주요 고려사항이기는 하지만, 전력구조 업무에 종사從事하는 사람은 부대구조와 병력구조를 함께 볼 줄 알아야 한다. 그러려면 전력구조 업무에 종사하는 사람은 운용 개념과 교리, 편제, 무기체계와 기술의 발전 추세 등 군사 분야 전반에 관해 정통해야 한다. 그렇지 않으면 각 구조 간의 연계와 전체의 모습을 관조觀照할 수 없다. 또한, 전력구조 업무는 다양한 요인에 영향을 받기 때문에 배경 지식이 부족하거나 어느 한 분야에 편향된 지식을 가지고 있으면, 전체의 흐름을 그르치기 쉽다. 그러므로 전력구조를 검토할 때에는 부대의 전술적 요구와 구성요소의 능력, 제한사항, 보완 방안 등을 동시에 고려해야 한다.

이와 더불어 현재 운용 중인 무기체계를 비롯한 지원 장비와 물자의 상태 및 예상 교체 시기, 새로 도입되는 장비와 물자의 능력과 도입 시기 및 물량, 새롭게 등장하거나 변화하는 운용 개념, 업체의 능력 등 모든 요소를 함께 볼 수 있어야 한다. 그렇지 않으면, 의사결정 과정에서 시행착오試行錯誤가 되풀이될 수밖에 없다. 전력구조 업무는 고도의 전문성이 요구되는 분야이므로 업무 경험도 필요하지만, 교리는 물론, 편성, 교육훈련, 과학기술, 발전 추세 등 다양한 분야에 대한 이해와 충분한 배경 지식을 갖추는 것이 중요하다. 그러므로 전력구조 관련 업무를 수행하는 사람은 무엇보다 자기 발전을 위한 노력을 꾸준히 하지 않으면 높은 수준의 업무 역량을 갖출 수 없다. 관련 직무 분야에서 몇 차례 업무를 경험했다고 해서 저절로 전문가가 되는 것이 아니다.

(4) 부대구조

정의

편제용어집에서는 부대구조를 "전력구조를 기초로 합동부대, 제병협동부대, 전투부대, 전투지원 및 전투근무지원부대로 구분하여 단위 제대별 전투력을 발휘하는 데 필요한 인원과 장비를 배분하고 지휘관계를 설정하는 것"[32]이라고 정의하고 있다. 여기서 '전력구조를 기초로'라는 의미는 부대구조에 전력구조가 온전히 담겨야 함을 의미한다. 부대는 교리를 기반으로 인력과 계급구조, 무기체계, 지원 장비와 물자 등 다양한 자원을 담는 그릇과 같은 역할을 하기 때문이다. 앞서 전력구조의 개념을 재정의한 것도 이와 무관하지 않다.

부대구조는 운용 개념과 교리에 근거하여 부대의 임무와 기능에 따라 가용 자원의 배치함으로써 완성된다. 그러나 여기서 언급한 '합동부대, 제병협동부대'는 부대를 운용 주체와 방식에 따라 구분한 것이고, '전투부대, 전투지원 및 전투근무지원부대' 등은 부대를 임무 유형에 따라 분류한 것이다. 그러므로 부대구조의 정의에 이러한 용어가 들어가는 것은 적절하지 않다. 또한, 부대구조는 작전적·전술적 목표 달성을 위한 단위부대의 세부 구성을 운용 개념과 교리에 논리적 기반을 두고 결정해야 한다. 따라서 부대구조란 "운용 개념과 교리에 근거하여 전술적 요구에 따라 가용한 인적·물적 자원을 배비한 부대의 유형과 구성을 결정하고 상호관계를 규정하는 것"이라고 다시 정의할 필요가 있다.

---

32 신명철, 편제용어집, 국방부 e知샘, 2010년 10월

부대구조의 발전 과정

부대구조는 운용 개념과 교리, 무기체계, 인적 구성 등이 반영된 군사사상軍事思想의 결정체이다. 부대구조가 전력구조와 다른 점은 전력구조가 무기체계의 구성에 초점이 맞추어져 있는 데 비해, 부대구조는 장비와 물자, 인력이 포함된 구체적이고 복합적인 단위부대의 유형과의 구성에 초점이 맞추어져 있다는 것이다. 그렇기 때문에 우리는 부대구조 분석을 통해 어떠한 군사사상과 운용개념을 가지고 있으며, 어느 정도의 군사적 능력을 발휘할 수 있는지를 유추해볼 수 있다.

미군의 경우에는 제2차 세계대전 이후 5각 편제사단Pentomic Division, 임무목적재편성사단Reorganized Objective Army Division, '86 육군사단Army Division, 디지털사단Digital Division, 스트라이커여단Strike Brigade, 운용단위unit of employment[33]와 제병협동단위unit of action[34] 등 여러 차례 부대구조의 변화를 시도해왔다. 우리는 미군의 변화를 관찰하면서 우리 나름대로 독자적인 변화를 추구해왔다.

우리 군은 6·25전쟁 이후 군사력을 정비하는 과정에서 미군이 제공한 7-ROKA 사단 편성을 기초로 하여 1973년에 미군의 임무목적재편성사단 개념을 적용한 기계화보병사단을 편성했고, 1970년대 중반에 전방 방어력 강화를 위한 4각 편제를 도입했으며, 1983년에 웅비사단 편제를 연구했고, 1990년대 중반에 차기 보병사단 개편 등을 추진했다. 지금도 국방개혁의 일환으로 새로운 변화를 추구하고 있지만, 기

---

33 employment는 사용, 고용 등으로 번역할 수 있으나, unit of employment는 의미에 충실하도록 '운용단위'라고 번역했다.
34 unit of action은 의미에 적합하도록 '제병협동단위'라고 번역했다.

계화사단은 임무목적재편성사단의 편성 개념과 별반 달라진 것이 없으며, 보병사단 역시 1990년대 중반에 도입한 차기 보병사단의 편성 개념과 크게 달라진 것이 없다. 보병사단 예하의 연대 명칭이 여단으로 변경되었다고 하지만, 편성 및 운용개념을 바꾸지 않으면 명칭 변경은 의미가 없다. 그 외에도 현재 추진 중인 국방개혁의 군구조 분야에서는 신속대응사단, 기동사단 등 일부 새로운 명칭이 식별되고 있지만, 그 내용을 들여다보면 기존의 개념에서 벗어나지 못하고 있다. 부대의 명칭은 부대의 기능과 성격이 드러나는 명칭으로 신중하게 결정해야 한다.

부대구조의 특성

통상, 사단은 23개의 병과와 100~150여 개의 다양한 무기체계가 결합된 제병협동부대이다. 지상·해상·공중 전력을 통합·운용하는 합동 차원에서는 합동성이 중요하지만, 지상군은 23개 병과의 협조된 능력 발휘가 요구되므로 협동성이 중시되어야 한다. 그러므로 다양한 병종으로 구성되는 지상군 제대는 협동성을 강화하는 방안을 꾸준히 모색해야 한다. 지상군이 협동성을 발휘하기 위해서는 병과별·기능별 운용 개념과 무기체계, 업무수행 절차 등이 잘 조화되어야 한다.

　현재, 우리의 지상군 보병사단은 임무에 따라 가용한 제병협동 자산들을 할당하여 임시 편성하는 연대 전투단 개념을 적용하고 있다. 국방개혁 2.0에서는 '연대'라는 제대 명칭을 '여단'으로 변경했다고 하나, 어떠한 운용 개념을 적용하는지에 대해 구체적으로 알려지지 않고 있다. 만약, 명칭만을 바꾼 것이라면 아무런 의미가 없다. 임시 편성하는 제병협동 개념은 강력한 조직 결속력의 발휘를 기대하기 어렵고, 매번 부대 구성이 달라질 뿐만 아니라, 제병협동을 위해 할당되는 부대의 임무 수행 능력 또한 가늠하기 어렵다는 문제가 있다. 또한, 고정 편성하는 제병협동 개념은 평시부터 구성함으로써 서로의 능력을 잘 이해하고 결속력이 강하다는 강점이 있는 반면, 여러 병종이 혼합 편성됨으로 인해 부대 및 장비 관리 측면에서 어려움이 있다. 따라서 전술적 운용 측면만을 고려한다면, 평시부터 하나의 팀으로 편성되어 훈련된 고정 조직이 필요에 따라 임시 편성되는 조직보다 전술제대의 제병협동 능력을 더 잘 발휘할 수 있기 때문에 바람직하다. 그러나 부대 관리 측면에서는 단일 병종으로 구성하는 것이 더 효과적이다. 그러므로 전술제대의 편성은 제병협동 능력 발휘와 교육훈련, 장비의 정비·유지, 부대 관리 등을 함께 고려해 결정해야 한다. 최근 전 세계 국가들의 전술제대 편성 동향을 살펴보면, 대부분의 국가들이 네트워크의 구성과 제병협동의 중요성을 고려하여 고정 편성하는 제병협동 개념을 채택하고 있는 것을 볼 수 있다.

최근의 부대구조는 계층구조의 단순화, 임무에 따라 조합이 용이한 모듈화가 핵심 화두이다. 미국의 군사학자인 더글러스 맥그리거[Douglas A. Macgregor][35]는 "군사령부-군단-사단-여단-대대-중대로 이어지는 현재 한국군의 부대구조는 지휘·통제하는 C2 제대가 너무 많아 결심 과정이 매우 느리고, 고가의 현대화 비용이 소요될 뿐만 아니라, 대량파괴무기에 취약하므로 지휘계층 단축이 필요하다"라고 주장했다. 그는

---

35 더글러스 맥그리거(Douglas A. Macgregor)는 미 육군에서 대령으로 예편했으며, 군사 컨설턴트이자 텔레비전 해설자 등으로 활동하기도 했다. 2020년 11월에는 미 국방부 수석고문으로 임명되었다. 그의 저서로는 『Breaking the Phalanx』(1997), 『Transformation under Fire』(2003), 『Warrior's Rage』(2009), 『Margin of Victory』(2016) 등이 있다. 『Breaking the Phalanx』와 『Transformation under Fire』는 우리나라에는 번역·소개되지 않았으나, 일본과 중국에서 번역되어 널리 읽혀진 것으로 알려져 있다.

이러한 문제점을 해소하기 위해 단축된 C2 구조, 빨라진 결심 주기, 현대화 비용의 대폭적인 절감 등이 가능한 합동군사령부—증강된 여단전투단—대대—중대로 이어지는 구조로 변경해야 한다고 제안한 바 있다. 미군의 경우에는 지역별로 설치되는 통합전투사령부—군—군단—사단—여단에서 통합전투사령부—UEy군단급—UEx사단급 전투지휘사령부—UA제병협동여단으로 변경하여 지휘 계층을 단축했다. 여기서는 편의상 UEy를 군단급, UEx를 사단급 전투지휘사령부라고 표현했으나, UEy는 야전군과 군단의 중간 규모, UEx는 군단과 사단의 중간 규모에 해당된다고 보는 것이 적절하다. 이러한 계층 구조는 경우에 따라서 통합전투사령부—UEy가 하나의 조직으로 편성될 수도 있다. 미군의 제병협동 전술의 기본 단위는 견고한 네트워크 운용 필요성과 제병협동 능력을 강화하기 위해 사단에서 여단으로 변경되었다. 그뿐만 아니라, 미군의 제병협동 개념은 기존의 '편조編造, Task Organization에 의한 임시 편성 제병협동 개념'에서 여단을 기준제대로 하는 '고정 편성 구조의 제병협동 개념'으로 변경되었다.

부대구조와 운용 개념

편조에 의한 제병협동 개념은 1960년대 임무목적재편성사단이 등장하면서 처음 채택되었으며, 공지전투 개념과 '86 육군사단 편성에서도 그대로 유지되었다. 그러나 제병협동 기본 단위와 개념은 1990년대 후반부터 전투실험을 통한 검증, 네트워크 중심전 개념의 도입 등으로 인한 운용 개념의 변화, 발전하는 현대 기술의 적용 등을 통해 변화의 과정을 거쳐왔다. 오늘날 미군의 여단급 이하 제대는 임시 편성하는 편조 개념이 아닌 고유의 기능을 가진 병과의 단위부대를 혼합 편성하는 고정 편성 개념으로 발전되었다. 이에 따라 군단급 제대인 UEy에는 보병, 기갑, 기계화, 공수, 항공, 화력, 지속지원 등 여러 유형의 여단급 부대를 편성하고, 사단급 전투사령부인 UEx 예하에 UEy 예하의 여단을 임무에 따라 레고 블록처럼 조합하여 운용하는 형태로 변화했다. 이러한 변화는 C4I 체계의 발전과 네트워크의 안정적 운용, 실시간 데이터의 중요성 등에서 기인한 바가 크다.

정보통신기술의 발전은 전장 상황의 공유, 우군 자원의 가시화, 부대 편성, 전술 운용 등 전장 운영에 직접적인 변화를 가져왔다. 이와 병행하여 군수 운영, 보급, 정비, 수송, 의무 등 전투근무지원 분야에서도 기술 발전의 이점을 활용한 사전예측보급제도, 정비 계단의 변경, 재고 관리의 과학화, 팔레트^{pallet} 단위 적재 및 수송 등 새로운 개념이 대폭적으로 도입되었다. 새로운 기술의 도입과 개념의 적용은 전투실험 등 객관적 검증을 통해 최선의 방안의 발전과 선택을 가능하게 해주었다. 전투실험은 고려할 수 있는 방안의 효율성을 비교 검토하기 위한 하나의 방법론이다. 부대구조에는 운영 개념이 잘 녹아 들어가야 하므로 부대구조와 운영 개념의 효과적 융합 여부를 판단하기 위해 과학적 기법을 이용한 검증 과정을 거쳐야 한다.

미군은 부대구조를 발전시키는 과정에서 전투실험을 통해 다양한 형태의 부대구조와 각 제대 편성의 적절성 여부 등을 검증하여 그 결과를 대부분 수용했다. 전차소대 편성 시 4대형과 3대형을 비교 검토하여 4대형으로 결정한 것이 대표적인 사례이다. 이와 같이 미군은 1996년 디지털사단 개념의 검토, 1999년 스트라이커여단 개념의 도입 등을 거쳐 2000년 초에는 또다시 새로운 부대구조를 검토했다. 그 결과, 탄생한 것이 통합전투사령부-UEy-UEx-UA로 표현되는 현재의 미군 부대구조이다.

일반적으로 UEy는 군사령부와 군단급의 중간 규모에 해당하는 사령부 기능을 수행하며, 임무와 배치 지역의 정치적 필요에 따라 중장 또는 대장이 지휘한다. 통합전투사령부와 UEy는 동시에 설치될 수도 있고, 필요에 따라 어느 한 가지만 설치될 수도 있다. 통합전투사령부란 2개 군 이상의 군사 자산으로 구성되어 독자적인 책임 구역을 가지고 임무를 수행하는 사령부급 부대를 지칭한다. UEx는 전투를 지휘하는 사령부로서 군단과 사단의 중간 규모이며, 통상 기존 사단의 고유 명칭을 사용한다. UEx 예하에는 사령부와 지휘통제체계와 통신망을 관리·유지하는 대대급 규모의 부대가 편성되며, 임무와 부대의 가용 여부에 따라 수 개의 UA가 배속된다. UA는 기존의 여단보다 증강된 규모의 제병협동부대로서, 여단의 형태에 따라 예하에 대대 또는 대대보다 적은 수 개의 전투·전투지원·전투근무지원부대가 고정 편성된다. UA는 통상 여단으로 지칭되며, 보병 UA, 기계화 UA, 기갑 UA, 화력 UA, 항공 UA, 특수전 UA, 지속지원 UA 등 다양한 형태의 UA가 있다. 그러나 UEy, UEx, UA 등은 부대 형태와 제대의 크기를 나타내는 명칭이 아니라, 실험적 차원에서 제안된 것이므로, 실제 부대 명칭으로 사용하지는 않는다. 실제 명칭은 부대의 전통을 계승하고 혼란을 방지하기 위해 사단 또는 여단을 사용한다.

이러한 구조는 중동전쟁 과정에서 이스라엘이 운용한 총사령부-지역사령부-우그다^Ugda-여단의 형태와 유사한 측면이 있다. 우그다^Ugda

는 히브리어로 사단이라는 뜻이다. 이스라엘의 우그다는 동원된 사단급 지휘부 예하에 보병, 기갑, 기계화, 공수 등 여러 유형의 2, 3개 여단을 배속해서 운용하는 임시 편성된 사단급 특수임무부대Task Force이다. 이스라엘이 평시에 지역사령부 예하에 여단을 기본제대로 편성·운용하고 있다가 전시에 우그다를 편성하는 것은 전시 운용의 효율화와 평시 비용 절감을 위한 것이라고 한다. 중동전쟁사를 살펴보면, 우그다의 지휘관으로는 현역 또는 동원된 예비역의 소장급 장군이 임명된다. 오늘날에는 세계 여러 국가가 국방개혁을 통해 여단급 부대를 제병협동 기본제대로 변경하고, 이에 따라 제병협동 개념을 수정하고 있다. 중국과 러시아, 터키도 미국의 사례를 벤치마킹하여 제병협동 기본단위를 여단으로 변경했으며, 제병협동 능력을 강화하기 위해 교육훈련체계를 보완하는 등 적극적인 조치를 취하고 있다.

육군의 부대구조는 상황에 따라 운용 목적에 적합한 전술적 역량을 구현할 수 있어야 한다. 운용 개념의 변화는 전투, 전투지원, 전투근무지원 등 모든 분야를 망라한 총체적 관점에서 검토해야 한다. 부대구조는 운용 개념뿐만 아니라, 전술적 부대 운용과 지휘·통제의 효율성을 함께 고려해야 한다. 각 기능을 구성하는 병종은 다양한 특성과 운용 구조를 가지므로 기능 내에서의 역할과 다른 병종과의 협조 절차, 전술적 책임 한계 등을 명확히 규정해주어야 한다. 또한, 각 제대는 제대별 전술적 임무와 운용 목표에 부합되게 전투, 전투지원, 전투근무지원 요소가 적절히 구성되어야만 전술적 능력을 발휘할 수 있다.

예를 들면, 가장 규모가 작은 분대의 경우에도 분대의 전술적 운용 개념을 기초로 인원과 장비가 편성되어야 한다. 그러려면, 먼저 분대의 운용 개념에 대해 정확히 이해해야 한다. 일반적으로 보병분대는 8명, 9명, 10명, 13명 등 다양한 형태로 편성되며, 기계화보병분대는 승차조와 하차조로 구분하여 2+7명, 2+8명, 3+6명, 3+7명, 3+9명 등 다양한 형태가 있다. 분대는 사격과 기동을 기본으로 하는 전술 운용 단위이다. 그러므로 통상 8명 분대는 분대장조와 부분대장조 등 2개 조組로 분할해 운용하며, 9명인 경우에는 2개 조 또는 3개 조로 분할해 운용하는 방식을 채택한다. 분대는 운용 개념에 맞는 장비로 편성해야 효과적으로 능력을 발휘할 수 있다. 그러므로 2개 조로 운용하는 미군은 분대용 자동화기Squad Automatic Weapon를 2정, 3개 조로 운용하는 러시아군은 3정을 편성한다.

우리 군은 1990년대 중반에 차기 보병사단으로 개편하면서 병력 차출을 위해 보병소대와 기계화보병소대에서 화기분대를 편성에서 삭제하고 소대 본부에 분대용 자동화기 2정을 편성했다. 또한, 우리 군은 보병분대의 편제를 8명으로 결정했다. 8명 편성의 전술 운용 개념을 고려할 때, 5.56밀리 분대용 자동화기는 2정을 편성해야 한다. 그러나 우리의 보병분대는 1정, 기계화보병분대는 1정도 편성하지 않았다. 또한, 소대 편성에서 화기분대를 삭제하면서 보병부대 편제에서 7.62밀리 다목적 기관총Multi Purpose Machine Gun도 함께 사라지게 되었다. 2008년 필자는 소대의 전술적 능력을 회복해야 한다는 의견을 제시했다. 이에 따라 육군은 7.62밀리 다목적 기관총을 다시 보병부대의 편제에 반영하기 위해 2008년부터 2012년 4월까지 4년여의 긴 기간 동안 논의를 거듭해야만 했다. 물론, 7.62밀리 다목적 기관총을 다시 생산하여 야전에 배치하기까지는 더 많은 시간이 걸렸다. 이것은 운용 개념과 편성

구조가 일치하지 않는다는 것을 의미하며, 분대와 소대의 전술적 운용 개념과 분대용 자동화기의 능력, 분대장과 소대장의 전투 지휘 등 전술적 운용을 충분히 고려하지 않음으로 인해 빚어진 것이다. 이러한 과오를 범하지 않기 위해서는 부대구조 검토 과정에서 전장 환경, 적의 능력, 제대별 전술적 운용 및 지휘 개념, 무기체계의 특성과 능력, 가용 자원 등을 함께 감안勘案해야 한다.

부대구조 발전 방향

그렇다면, 미래 우리 군의 부대구조는 어떻게 발전시켜나가야 할까? 첫째, 부대구조는 수직적 운용 구조와 수평적 협력 구조를 함께 고려해야 한다. 수직적 운용 구조는 군단부터 분대까지 각 제대의 전술적 능력이 임무와 역할에 맞게 상호 연계성 있는 조화로운 구성을 하기 위함이며, 수평적 협력 구조는 병과·기능별 역할의 구분, 업무 흐름 등의 합리적 설정을 통해 최적의 협력관계를 이끌어내기 위한 것이다. 수직적 운용 구조는 계층구조를 단축하고 제대별 유기적 연계를 강화하기 위해 노력해야 하며, 수평적 협력 구조는 병과·기능 간 균형과 조화를 이루기 위해 노력해야 한다. 편성에서 특정 기능이 결핍되거나 과다하면 전체의 균형이 깨지게 되고, 이것은 결국 전장에서 전술적 부조화와 실패로 나타난다. 그러므로 부대구조는 상위 지휘 제대부터 말단의 분대에 이르기까지 전투, 전투지원, 전투근무지원 기능을 잘 배비하고, 기능별 운용 개념을 조화롭게 구성해야 한다.

둘째, 부대구조는 전술적으로 요구되는 임무와 기능을 구현할 수 있어야 한다. 통상, 전술적 요구는 전장에서 영향을 미치는 전장 감시와

화기의 사거리, 기동력 등을 고려한 전투 정면과 종심으로 표현한다. 전투 정면은 감시장비, 통신장비, 편성 화기 등의 능력과 함께 각 개인 및 조별·제대별 이격 가능거리 등을 고려하여 결정하고, 종심은 편제 화기와 감시 능력 등을 고려하여 결정한다. 전술적 목적이 분명하지 않은 구상은 혼란을 불러일으키고 자원을 효율적으로 사용할 수 없는 등 전체 시스템의 균형과 건전성을 해치는 결과를 가져오게 된다.

셋째, 부대 명칭의 결정과 용어의 사용은 신중해야 한다. '작전사령부'라는 명칭을 무분별하게 사용하는 것이 그 일례이다. 작전사령부라는 명칭은 일견 그럴듯해 보이지만, 적절한 명칭이 아니다. '국어사전'과 '위키백과사전'에서는 작전을 "군사적 목적을 달성하기 위해 행하는 전투, 수색, 보급 따위의 조치나 방법", 또는 "어떤 목표를 달성하기 위해 전략 계획에 따라 실행되는 전투 행동"이라고 기술하고 있다. 또한, '작전'은 제대의 위상에 따라 작전적 또는 전술적 차원으로 구분되는 전술 행동을 의미한다.

세계 모든 나라가 숫자 또는 담당 지역의 고유 명칭을 부대 명칭으로 사용한다. 우리는 예하부대를 지휘하는 '지상작전사령부', '제2작전사령부', '항공작전사령부', '해군작전사령부', '공군작전사령부' 등 사령부급 부대의 명칭에 '작전'이라는 기능 명칭을 덧붙여서 사용하고 있다. 그뿐만 아니라, 제1작전사령부가 없는데도 제2작전사령부라는 명칭을 사용하고 있으며, 나머지 사령부의 명칭에도 모두 작전이라는 호칭을 일률적으로 넣어 사용하고 있다. 물론, 작전이라는 호칭을 사용하지 말라는 법은 없다. 하지만 사령부급 부대는 인사, 정보, 군수, 동원, 기획 등 다양한 참모 기능이 편성되고, 참모 기능 간 협조를 통해 임무를 수행하는 지휘조직이다. 그러므로 전투 작전을 지휘하는 사령부급 부대의 명칭은 '작전'이라는 용어를 덧붙여서 제대의 성격을 규정할 이유가 없다.

우리가 검토하는 제대의 부대구조는 앞의 세 가지 요건을 충족하는 복수의 대안을 발전시켜 과학적 검증을 통해 최적의 결과물을 창출해 내야 한다. 검증 과정을 해야 하는 이유는 실제 운용과정에서 나타날 수 있는 다양한 문제들을 사전에 걸러내기 위함이다. 통상, 설정된 부대 구조의 검증은 실 기동, 워게임[36]을 이용한 전투실험[37], 델파이 기법Delphi technique[38] 등을 활용한다. 이러한 검증 노력은 전술적 능력을 발휘하기 위한 최적의 조합을 찾아내고, 가용한 능력의 효과적인 통합을 보장하기 위한 것이다.

제병협동 단위와 계층구조

부대구조를 발전시키는 과정에서 반드시 검토해야 할 것 중 하나는 '제병협동의 기본단위를 사단과 여단 중에서 어느 제대로 할 것인가'를 선택하는 일이다. 최근 여단을 제병협동의 기본단위로 설정하는 국가가 증가하고 있다. 이러한 경향은 여단급 제대가 사단급 제대에 비해 관리 요소 및 무기체계의 특성 변화에 따른 부대 운영 부담이 적고, 전술

---

36 워게임은 합리적인 의사결정을 위해 과학적으로 추정한 가상 데이터를 컴퓨터에 입력하여 전장과 유사한 상황을 모의하는 기법이다. 군사 분야에서 적용하는 워게임의 종류는 의사결정 지원을 위한 분석용 워게임과 지휘관 및 참모의 조치 절차 숙달을 위한 훈련용 워게임이 있다.

37 전투실험은 전장에서 발생할 수 있는 다양한 상황을 조성하여 미래 무기체계, 교리 및 조직 등에 대한 개념과 능력을 과학적 분석 과정을 거쳐 유성성 평가를 통해 검증하는 기법이다.

38 델파이 기법은 집단의 의견을 조정·통합하거나 특정 사안을 개선하기 위한 방법론으로, 전문가들을 대상으로 반복적인 피드백을 통한 하향식 의견 도출로 문제를 해결하려는 미래 예측 기법이다. 전문가 설정-질문-응답-결과 분석 후 재질문-정리 등의 과정을 거치며, 1회로 끝나는 것이 아니라 응답과 재질문 과정은 수차례 반복된다.

적으로 유리한 이점을 제공하는 측면이 있기 때문이다. 그뿐만 아니라, 네트워크 중심전과 같은 새로운 운용 개념의 도입, 정보의 공유와 실시간 데이터 동기화의 필요성, 그에 따른 네트워크의 안정성 보장, 계층구조의 단순화, 자원 관리의 가시화 등이 복합적으로 영향을 미친 결과이다. 특히, 미래 군사력의 운용은 네트워크의 안정성이 핵심적인 고려요소가 되고 있다. 이에 따라 군단급 제대는 기동, 화력, 항공, 지속지원 등 다양한 유형의 여단이 다수 편성되는 단위 제대로, 사단급 제대는 수개의 여단을 배속받아 전투작전을 지휘하는 레고형 조직으로 변모하고 있다.

지휘계층은 외형적으로 '군단-사단-여단-대대'로 현재와 유사하지만, 사단이 예속 부대가 없는 지휘조직으로 변경됨에 따라 평시 부대 운영은 '군단-여단-대대'로 단축된다. 전투지원요소 중 하나인 포병은 포병연대/여단과 야전포병단에서 화력의 통합 운용이 용이한 화력여단으로 변화하고 있다. 다양한 유형의 화포로 구성되는 화력여단은 전술적 목적에 따라 자유자재로 조합과 전환이 가능한 장점이 있으며, 통상 대구경 화포와 다연장로켓 등으로 편성한다.

대대급 이상의 부대는 참모조직을 편성하는데, 이때 참모조직은 단속 없이 24시간 연속으로 부여된 기능을 수행할 수 있어야 하므로, 교대근무가 가능하도록 편성해야 한다. 통상, 조직 편성 기능을 가진 상부 지휘구조는 참모조직을 방만하게 편성하고, 통제를 받는 하부 지휘구조는 참모조직을 지나치게 축소 편성하는 경향이 있다. 모든 조직은 기능 발휘와 부여된 역할에 주안을 두고 권한과 책임을 배분하고 적정 인원을 배치해야 한다. 그러려면, 상위 제대의 참모조직일수록 절제된 편성을 유지해야 하며, 하급 제대일수록 시간 종속적인[39] 업무에 즉각 대응할 수 있도록 여유 있는 참모조직을 편성해야 한다. 왜냐하면, 상급 제대는 주로 시간이 많이 소요되는 예하 부대의 상황 모니터링과 검토, 계획 수립 업무 등을 수행해야 하기 때문에 시간적 여유를 가질 수 있는 반면, 하급 제대는 주로 짧은 시간 안에 즉각적인 반응과 조치가 필요한 업무를 수행해야 하기 때문이다.

IT 및 소프트웨어 기술의 빠른 발전은 무기체계의 설계 개념에도 변화를 가져와서, 이제는 기계적 수명만을 고려하던 과거 정비 개념에서 탈피해서 기술적 수명까지 함께 고려해야 하는 상황이 되었다. 또한, 무기체계의 첨단화는 야전 정비를 어렵게 하는 직접적인 요인이 되고 있다. 이로 인해 가까운 미래에 전투장비를 운용하는 부대의 사용자는 장비의 기능 점검과 진단 이외의 정비업무 수행이 제한될 것이다. 또한, 야전 정비를 담당하는 정비부대도 고장 진단과 카드 또는 모듈 단위의 교환정비나 제한된 수리정비만 가능하게 될 것이다. 따라서 정비개념은 사용자 정비−부대 정비−직접지원정비−일반지원정비−창정비 등 5개의 계단에서 교환정비−수리정비−해체정비 등 3개의 계단으로 단순해지고 있다. 이러한 변화는 부대구조의 변경을 필요로 하며, 계층구조의 단순화를 촉진하는 요인이 되고 있다.

그뿐만 아니라, 발전하는 기술의 전투근무지원 분야 적용 확대는 작전 속도tempo의 증가와 구난 및 후송체계의 개선, 사전 예측에 의한 추

---

39 '시간 종속적'이라는 말은 '시간이 흘러감에 따라 시시각각으로 변화하는'이라는 의미로서, 여기서는 하급 제대의 임무가 상급 제대에 비해 수시로 변화하는 상황에 맞춰 새로운 판단과 조치를 끊임없이 즉각 강구해야 하는 속성이 훨씬 더 큼을 강조하기 위한 것이다.

진보급, 추진보급과 보급소 분배의 병행, 수송시간 단축을 위한 적재 및 수송지원 방식의 변화 등을 유발誘發하고 있다. 그로 인해, 전투부대의 전투근무지원 조직은 교환정비를 담당하는 여단의 지속지원대대와 수리정비를 담당하는 군단의 지속지원여단으로 개편되고 있다. 또한, 사물인터넷IoT, 모바일Mobile 등 새로운 기술은 자원의 가시화를 가능케 함으로써 군수 분야에서 물류의 혁신을 불러일으킬 것이다. 그러므로 부대구조를 제대로 창출創出하기 위해서는 전장 환경에 대한 이해, 미래 전장 환경에 부합하는 운용 개념, 제대별 운용구조와 지휘·통제의 특성, 무기체계의 능력과 운용 등에 대해 통찰洞察할 수 있어야 한다.

(5) 병력구조

정의

병력구조는 "전력구조나 부대구조의 일부이므로 별도의 구분이 필요 없다"라는 의견에서부터 "엄연히 군구조의 한 부분을 차지하기에 부족함이 없다"라는 등 여러 가지 의견이 있다. 이처럼 병력구조는 다양한 의견이 존재할 뿐, 지금까지 하나로 정리된 정의를 찾아보기 어렵다. 일부 의견처럼 병력구조는 부대구조의 업무 영역에서 다룰 수도 있다. 그러나 병력구조는 부대에 배치되는 무기체계의 운용과 임무 수행에 필요한 인원, 계급, 특기를 할당하고, 어떤 자격 요건을 갖춘 인원을 배치할 것인가를 결정하는 중요한 영역으로 다루어져야 한다. 그러므로 병력구조는 다른 구조와의 연계성을 검토하면서 별도의 영역으로 다루는 것이 효과적이다. 그렇다면 병력구조를 어떻게 정의할 것인가?

앞에서 정의한 지휘구조와 전력구조, 부대구조는 각 직위에 부여된 책임과 역할을 감당하고 편성된 무기체계를 운용하기 위한 인력을 배치하는 병력구조와 밀접한 관계가 있다. 부대에 편성된 무기체계를 효과적으로 운용하기 위해서는 직위에 적합한 병종, 계급, 특기, 직책별 요구되는 전문기술과 숙련도 등을 고려하여 적정 능력을 갖춘 인력과 인원을 할당해야 한다. 부대가 전술적 능력을 발휘하려면, 임무를 수행할 수 있는 자격을 갖춘 병종, 계급, 특기의 인력을 배당配當하고, 주기적인 교육훈련을 통해 숙련도를 높여나가야 한다. 결과적으로, 병력구조는 편성된 조직과 배치된 수단을 운용하기 위해 적합한 기능과 자격을 갖춘 인적 자원을 배치한 모습으로 나타난다. 그러므로 병력구조는 "편성된 조직과 배치된 무기체계를 운용할 목적으로 구성되는 각 직위와 기능에 적합한 병종과 계급, 특기, 인원 등을 배당하는 것"이라고 정의할 수 있다.

인재의 육성

국가 차원에서 인재人材는 분야별로 고르게 선발해 국가의 균형 발전을 도모하는 것이 이상적이다. 국가는 국가의 안보와 경제, 사회적 여건 등을 모두 고려한 종합적인 관점에서 사회 각 분야에서 활약할 인재를 고르게 선발하고 체계적으로 양성해야 한다. 청년의 병역 부담 완화와 장병의 사회 진출 시기를 앞당기려는 정치권의 시도는 개인의 행복과 이익 추구, 인적 자원의 효율적 활용을 위해서도 필요하지만, 여기에는 군 생활이 유익하지 못하다는 부정적 인식도 함께 작용하고 있다. 국방 분야에 배치되는 인적 자원은 군 경력과 전역 후의 사회 진출이 연계되도록 적합한 전공 인원의 선발, 능력 개발을 위한 체계적인 교육, 적재적소 활용 등을 고려한 총체적 관점에서 관리해야 한다. 그러나 군은 입영 자원 모두를 체계적으로 관리할 수 없으므로 중점 분야를 선정하여 목적에 맞게 집중 관리하는 것이 바람직하다. 군에 입대한 자원에게 군 생활을 통해 배양된 역량이 사회 진출에 도움이 된다면, 군 복무에 대한 국민의 인식이 현저히 개선될 것이다. 특히, 장교는 무료 교육의 혜택이나 장학금과 같은 사사로운 동기가 아닌 평생 직업군인으로서 생활하고자 하는 각오와 자질을 갖춘 사람을 선별하여 체계적으로 양성해야 한다. 그래야만 군은 직업군인으로서 적합한 자질을 가진 자원을 확보하여 장교집단을 양성할 수 있으며, 이를 바탕으로 우수한 전투력을 가진 군대를 육성할 수 있게 된다.

의무복무기간의 설정

국가의 생존과 번영을 위한 군사력은 평시부터 적정수준을 유지해야 한다. 그렇기 때문에 국가는 자국의 안보 상황과 병역 자원 등을 고려하여 적정수준의 상비 군사력을 유지할 수 있는 병 복무기간을 설정한다. 2005년 당시, 국방개혁 2020을 작성하면서 중·장기 병력 획득 전망을 검토한 결과, 결정된 국가정책 범위 안에서 50만 명 수준을 유지하는 것은 가능할 것이나, 2020년 이후에는 어려울 것으로 판단되었다. 추진 중인 군 복무기간의 단축은 병 중심의 병력구조를 개선하고, 50만 명이라는 상비전력 수준의 유지를 어렵게 하는 중요한 요인이었던 것이다. 이에 따라 정치권에서 제시한 50만 명 수준으로 유지하는 방안을 검토하면서 간부의 비율을 높이는 방안을 검토했다.

육군의 간부 비율은 19% 수준에 불과했으며, 해군과 공군은 각각

63%, 56% 수준을 유지하고 있었다. 육군의 낮은 간부 비율은 작전 임무와 교육훈련, 부대 관리 등 제반 부대 활동을 어렵게 만드는 주된 요인임이 드러났고, 높은 숙련이 요구되는 전차와 같은 첨단 고가 장비를 병사가 운용하는 경우도 다수 식별되었다. 이에 따라 간부로 전환되어야 할 주요 직위와 주요 선진국의 간부 편성 비율, 북한의 병력 운영 실태 등을 분석한 결과, 육군의 간부 비율은 최소 40% 이상이 유지되어야 한다는 결론에 도달했다. 그러나 해·공군은 장비를 운용하는 기술 중심의 군으로서, 본래 높은 간부 비율을 유지하고 있었으므로 간부 비율을 상향 조정하지 않아도 문제가 없는 것으로 판단했다.

주요 국가의 간부 비율은 가장 낮은 프랑스가 45% 수준이었으며, 미국, 영국, 독일, 일본 등은 모두 50%를 상회^{上廻}했다. 또한, 북한은 병의 복무기간이 7년 이상으로 매우 길고, 간부 비율 또한 높아서 장기 복무 인력이 대부분을 차지하고 있었다. 이처럼 주요 국가의 사례를 검토하고 전술적 운용과 부대 관리, 핵심 전투장비 운용 인원의 숙련도와 연계한 적정 계급 등을 분석하고 난 뒤 육군의 간부 비율을 상향해야 한다고 판단하게 된 것이다. 기획자들은 육군의 간부 비율을 최소한 40% 이상 유지해야만 대대급 이하의 부대에서 나타나는 병영 관리 부담을 해소하고, 전투력 유지 및 향상이 가능할 것이라는 결론에 도달하고, 간부의 증원을 결정했다. 간부가 증원되어야 할 주요 부대는 전차, 자주포, 미사일 등 고가 장비를 운용하는 고가치 부대와 특수전사령부 등이었다.

이와 더불어, 육군은 병력의 대폭 감축으로 인한 물리적 공백을 무기체계의 첨단화와 높은 숙련도로 보완하고자 시도했다. 그러나 육군을 첨단기술군으로 변모시킨다고 해서 병력 감축으로 인한 문제를 모두 해결할 수 있는 것은 아니다. 책임지역과 감당해야 할 임무를 조정하지 않은 상황에서 병력의 감축을 첨단장비로 보완하는 것은 분명한 한계가 있을 수밖에 없었다. 첨단기술군은 듣기 좋은 용어이기는 하지만, 그 개념을 정의하기도 어렵고, 달성 가능한 목표도 아니다. 왜냐하면 무기체계는 진화하는 과정을 꾸준히 반복하면서 성능이 향상되지만, 일정 기간이 지나면 기술적 진부화와 장비의 노후화가 진행되기 때문이다. 또한, 첨단이란 특정 대상과 비교되는 상대적인 개념이기도 하다. 2006년부터 오랫동안 국방개혁을 추진했음에도 불구하고 어느 정도 달성했는지 평가하기 어려운 것은 첨단기술군 건설이라는 개념이 막연하고도 추상적인 목표에 불과하고, 실체가 분명치 않은 데에서 비롯된 것이기도 하다. 아마도 첨단기술군에 대해 설득력 있게 설명할 수 있는 사람은 없을 것이다.

국방개혁 2.0과 국방인력구조 개편

국방개혁 2.0[40]에서는 전투효율화 중심의 국방인력구조 개편을 위해 상비병력 감축, 작전·전투 중심의 국방인력구조 재설계, 예비전력 내실화 등 세 가지 방향을 제시하고 있다.

첫 번째 방향은 2022년까지 상비병역을 50만 명 수준으로 감축하는 것이다. 그러나 상비병력 감축은 일방적으로 추진해서는 안 된다. 가장 바람직한 것은 먼저 전력을 보강한 후에 병력을 감축하는 것이지만, 이

---

[40] "국방개혁 2.0 이렇게 바뀝니다", 2018년 7월 27일 국방부 발표, 인터넷 검색.

것이 현실적으로 어렵다면 최소한 병력 감축과 전력 보강을 함께 추진하는 방안을 강구해야 한다. 물론, 이 경우에도 전력 운용 능력을 갖추기 이전까지 발생하는 전력 공백의 발생을 어떻게 보완할 것인지에 대한 의문은 여전히 남지만, 그나마 이것이 우리가 문제를 최소화할 수 있는 방안이다. 병력집약형 군대를 과학기술 기반의 정예화된 군으로 전환하기 위해서는 병력 감축을 보완할 수 있는 전력 보강을 함께 추진해야 한다. 그러나 병력 감축과 전력 보강을 함께 추진한다 하더라도 적응 및 숙달을 위한 기간이 필요하므로 안정적인 전투준비태세를 유지하는 데에는 많은 어려움이 발생할 수 있다. 그 이유는 군이 수행해야 할 경계, 작전 등 기존의 고유 임무는 변함없는데, 병력이 일방적으로 감축되면 많은 부분에서 공백과 부조화가 발생하고, 준비태세가 심각하게 손상될 수 있기 때문이다.

두 번째 방향은 작전·전투 중심의 국방인력구조 재설계를 통해 최상의 전투력을 발휘할 수 있는 인력구조로 개편하는 것이다. 이를 위해 군은 간부 인력을 증원하여 전투 및 작전 숙련도를 강화하고 전투임무 중심으로 배치하며, 비⁺전투 분야에서 민간 인력을 확대하여 전문성 강화를 추진한다고 한다. 여기서는 두 가지 의문점이 있다. 하나는 간부 보강의 양적·질적 목표가 무엇이고, 전투 임무 중심의 배치를 어떻게 추진할 것이며, 그 목표를 계획대로 추진하고 있느냐 하는 것이다. 또 다른 하나는 비전투 분야에서 민간 인력 확대로 전문성을 강화할 수 있느냐와 그 효과를 어떻게 측정할 것인가의 문제이다.

2005년 국방개혁 2020 수립 당시, 간부 비율은 40% 이상으로 높이고, 전투 임무를 중심으로 병력을 재배치하는 방안을 확정했다. 여기에는 전투 임무가 아닌 분야, 즉 특정경비구역에 배치된 병력의 철수, 해안경계 개념의 변경, 향토사단의 구조 변경과 전력의 재배치 등이 포함되었다. 그러나 이러한 개념과 시도는 국방개혁을 추진하는 과정에서 흔적도 없이 사라졌을 뿐만 아니라, 국방개혁 2.0에서도 찾아볼 수 없으며, 간부의 증원 목표도 계획에 비해 현저히 지연되고 있다. 인력구조 개편이 성공하려면, 계획 수립과 추진 점검을 통한 보완, 실천 방안의 효과 평가, 피드백feed back 등을 통해 계획의 추진과 그 결과에 대한 분석과 평가, 보완 조치가 내실 있게 이루어져야 한다. 그러려면 계획을 추진하면서 진도 점검과 더불어 정성적·정량적 평가 요소가 반영된 평가도구를 개발하여 분석 결과를 계획에 충실히 반영해야 한다. 모든 계획은 실효성 있는 실천 방안을 수립하여 추진하면서 진도 점검과 성과 평가를 병행하지 않으면 목표에 도달할 수 없다. 계획의 실행 및 평가는 수립보다 훨씬 더 어려운 과제이다.

세 번째 방향은 예비전력 내실화를 위해 선택과 집중을 통해 핵심전력 중심으로 전력 강화를 추진하는 것이다. 최초 수립 당시와 비교해볼 때, 주목해야 할 사항은 예비전력의 예산을 1% 수준까지 단계적으로 증액한다는 구체적인 수치가 제시되었다는 것이다. 국방개혁 2.0에서 예비전력에 투자할 예산을 명시적으로 제시한 것은 바람직한 현상이다. 그렇지만 이것의 성패는 '달성하고자 하는 목표를 분명히 설정했는가, 어떤 우선순위에 따라 어떤 분야를 어떻게 보강할 것인가, 이러한 노력들이 어느 정도의 성과를 낼 수 있는가'에 달려 있다. 예비전력의 혁신은 분명한 개념과 목표를 설정하여 집중력 있게 추진하지 않으면 안 된다. 과거에도 예비군 정예화를 위해 예비군 규모 감축, 장비 개선 등 여러 방안이 제시되었으나, 제대로 추진되지 못했다. 또한, 국방개혁 2.0에서 예비전력과 관련하여 새롭게 '총체적 국방인력 운영'이라는 개념이 제시되었으나, 실체가 무엇인지 명확하지 않아 이해하기 어렵다. 그러므로 총체적 국방인력 운영이 무엇인지에 대해 명확히 제시해야 한다. 그리고 나서 현 조건 하에서의 예비전력의 적정 규모, 편성, 장비 및 물자 준비, 훈련체계, 인력 지정 및 관리, 보수체계 등을 종합적 관점에서 검토하고 실천방안을 구체화하지 않으면 추진하기 쉽지 않을 것이다. 특히, 예비전력의 규모는 상비전력의 규모, 전시 소요되는 전력 및 인력 판단 등과 밀접한 관계가 있으므로 상비전력과 예비전력의 적정 규모 판단과 전시 운용 목표 등을 종합적으로 고려한 총체적 관점에서 판단해야 한다.

병력구조와 간부 및 병의 역할

국방개혁 2.0에서 병력 운영 개념의 전환은 병이 수행하던 높은 숙련도가 요구되는 특정 임무를 간부가 수행함으로써 임무 수행의 효율을 개선하고, 감축된 병의 역할을 과학화 장비로 보강하는 것이다. 군에서 간부와 병의 역할은 분명히 다르다. 병과 간부는 임무 영역과 역할, 양성 목표와 교육체계, 양성 기간 등 모든 면에서 큰 차이가 있다. 간부는 지휘 또는 조직관리 업무, 높은 숙련도가 요구되는 기능 분야 등에 배치된다. 간부를 중심으로 한 병력 운영으로의 전환은 단순히 간부 비율을 늘리는 것을 의미하지 않는다. 또한, 병의 역할을 간부로 대체하는 것은 특정 분야와 직위에서 임무 수행 능력의 향상으로 이어질 수 있지만, 근본적으로 군의 감축으로 발생하는 문제를 모두 해소할 수는 없다. 그 이유는 임무 수행 능력의 향상을 통한 질적 개선이 병력의 수적 감축을 보완하기 어렵고, 그 성과를 측정하기도 어렵기 때문이다. 그러므로 추진하고자 하는 방향과 개념을 명확히 정의하고, 병력 감축으로 발생하는 문제를 극복하기 위해서 전략적·작전적·전술적 운용 개념, 조직, 무기체계, 교육훈련, 예비전력 등 군 운영 전반에 걸친 종합적 검토가 필요하다.

병력구조는 전력구조와 부대구조에서 지향하는 목표를 달성할 수 있도록 적절한 계급과 특기, 전문성을 갖춘 인력이 배치됨으로써 완성된다. 모든 조직은 적재적소에 인력을 배치한다는 원칙이 적용되어야 하며, 꾸준한 능력 향상이 전제되어야 한다. 모든 직위에는 그에 상응하는 책임과 권한이 부여되어야 하며, 해당 직책을 수행할 수 있는 능력을 갖춘 인력이 배치되어야만 조직이 추구하는 목표를 달성할 수 있다. 상위 직위일수록 이것을 구현하는 유일한 방법은 능력 위주의 인사 관리이다. 인사 관리는 조직에 필요한 인재를 엄정한 평가와 기회의 균등, 공정한 경쟁을 통해 발굴하고 선발하고 양성하여 적재적소에 배치함으로써 바람직한 결과를 만들어낼 수 있어야 한다. 결국, 완성된 병력구조란 전력구조와 부대구조를 구상하는 과정에서 설정된 직위에 적절한 병종과 계급, 특기, 전문성을 갖춘 인력이 배치된 최종상태를 의미한다. 그러므로 병력구조는 지휘구조, 전력구조, 부대구조와 함께 국방의 효율화라고 하는 하나의 목표 아래 설계해야 하는 중요한 과제인 것이다.

4
/
군 지휘체계

(1) 지휘체계의 기능 배분

우리의 선배들은 어려운 여건에서도 우리의 안보 환경과 군사력 규모에 적합한 군사제도를 발전시키기 위해 노력해왔다. 1948년에 창설된 우리 군은 해방과 함께 찾아온 극심한 혼란 속에서 소규모로 구성한 군사력이 모체가 되었으며, 1949년 6월 8개 연대를 사단으로 증편하면서 오늘날의 모습을 갖추기 시작했다. 1950년 6월, 한국전쟁이 발발勃勃하자, 한국군에 대한 작전통제권[41]은 1950년 7월 유엔군사령관에게 이양되었다. 그 후, 1978년 11월 한미연합군사령부가 창설되면서 작전통제권은 다시 유엔군사령부로부터 한미연합군사령부로 전환되었다. 이에 따라 한국군과 미군이 같은 비율로 구성된 한미연합군사

---

[41] 작전통제권이란 군대를 총괄적으로 지휘하고 통제할 수 있는 권한을 의미한다. 우리는 이것을 평시 작전통제권과 전시 작전통제권으로 구분하고 있으며, 평시 작전통제권은 우리 군이 행사하고, 전시 작전통제권은 한미연합군사령부에서 공동으로 행사하고 있다.

령부가 작전통제권을 공동으로 행사하게 되었으며, 한국군 대장이 한미연합군 부사령관을 맡으면서 지상구성군사령관을 겸직하게 되었다. 1992년에 열린 24차 한미 연례안보협의회의 합의에 따라, 1994년 12월 평시 작전통제권은 다시 한국군에게 환수되어 오늘날과 같이 한국군이 행사하고, 전시 작전통제권은 한미연합군사령부에서 공동으로 행사하는 체제를 갖추었다.

우리는 한미 연합체제와 합동군제에 기반하여 작전사급[42] 이상 제대의 작전 수행 권한을 배분하며, 작전사급 이하 제대는 설정된 교리에 기초하여 권한을 배분하고 있다. 이와 별개로 평화유지작전 수행을 위해 다국적군을 편성할 경우에는 관련 국가 또는 구성된 다국적 군사지휘기구와 합의된 원칙과 절차에 따라 편성하고 운용한다. 우리의 작전사급 이상 제대는 우리가 정한 합동군제와 한미 간에 합의된 국가지휘군사기구NCMA, National Command Military Authority의 운용 절차에 기반하여 운용한다. 그러나 작전사급 이하 제대는 부여된 임무 수행을 위해 교리에 근거한 예속, 배속, 작전통제, 직접지원, 일반지원 등 전술적 임무 설정에 따라 권한과 책임을 배분하여 운용한다. 이에 따라 한미 연합방위체제에서는 국가지휘군사기구에서 합의된 절차와 설정된 지휘관계의 적용을 받고, 한국군 내부에서는 합동군제에 의해 설정된 군정과 군령의 권한 배분에 따른다. 전투작전을 수행하는 작전사급 이하 제대는 예속隸屬을 기본으로 임무 수행에 필요한 배속配屬, 작전통제, 직접 또는 일반

---

[42] '작전사급' 부대란 육군의 지상작전사령부와 제2작전사령부, 특수전사령부, 해군의 해군작전사령부, 해병대사령부, 공군의 공군작전사령부 등을 의미한다.

지원, 파견 등 전술적 관계를 설정하여 필요한 능력과 권한을 추가적으로 할당받을 수 있다.

(2) 전시 작전통제권의 실상

현재, 한국군에 대한 작전통제권은 평시에는 한국군이 수행하다가, 데프콘^{DefCon}–III가 발령되면 한미 간 사전 합의된 절차에 따라 한미연합군사령관에게 작전통제권을 이양하게 된다. 한국군에 대한 작전통제권은 평시에는 한국군이 수행하고, 전시에는 합의된 절차에 따라 한미연합군사령관이 수행하는 구조인 것이다. 이에 따라 한국군에 대한 전시 작전통제권은 위기가 발생하여 한미 간 권한 이양에 관한 협의가 이루어지면 한미연합군사령관이 한국의 합동참모의장에게 신고 절차를 거쳐 인수하게 된다. 한미연합군사령관은 전시에 지상구성군사령부, 해군구성군사령부, 공군구성군사령부, 해병구성군사령부, 연합특수전사령부, 연합심리전사령부 등을 지휘하는 통합전투사령관의 역할을 수행한다.

전시 작전통제권을 한미연합군사령관에게 이양하는 것은 지휘권의 이양만이 아니라, 7개의 유엔사 후방기지 운영과 유사시 증원될 수 있는 유엔군 등 해외 증원전력의 수용·대기·이동·통합^{RSOI, Reception-Staging-Onward movement-Integration}의 시행과 밀접한 관련이 있다. 전시에 증원되는 유엔사 등 해외 증원전력은 상황에 따라 한반도로 직접 증원하기도 하겠지만, 많은 전력이 일본에 있는 유엔사 후방기지에서 수용과 대기 과정을 거치게 된다. 그러므로 유엔사 후방기지는 한반도 방어 임무를 수행하기 위한 중요한 역할을 담당한다. 결국, 한미연합군사령관은 유엔사 후방기지를 활용하여 한반도 방어 임무를 수행하고 있는 것이다. 그러므로 전시 작전통제권을 환수할 경우, 유엔사 후방기지 운영과 RSOI를 '누구의 책임 하에 어떻게 시행할 것인가'에 대해서도 함께 숙고熱考해야 한다. 유엔사 후방기지 운영은 미군사령관이 주도할 수밖에 없을 것이나, RSOI는 유엔사 후방기지에서 시작하여 한반도 내에서 종결되어야 하기 때문이다.

한미 합동참모의장은 양국 대통령의 지침과 양국 국방부장관이 운영하는 안보협의회의SCM, Security Consultative Meeting 협의 결과를 반영하여 군사위원회MCM, Military Committee Meeting를 통해 한미연합군사령관에게 전략지침stragetic guidance[43]을 하달한다. 한미연합군사령관은 군사위원회에서 하달된 전략지침에 따라 전시 임무를 수행한다. 평시, 한미연합군사령부는 전시 임무 수행을 준비하기 위해 사전 합의된 연합위임사항CODA, COmbined Delegated Authority[44]인 ① 전쟁 억제 및 방어, 정전협정 준수를 위한 연합 위기관리, ② 전시 작전계획 수립, ③ 한미 연합 합동교리 발전, ④ 한미 연합 합동훈련 및 연습의 계획 및 실시, ⑤ 조기 경보를 위한 한미 연합 정보관리, ⑥ C4I 상호운용성 등 여섯 가지의 권한 위임사항을 수행한다. 이를 도식화하면 아래 〈그림 3〉과 같다.

---

43 전략지침이란 정치적 목표 구현을 위한 군사전략 차원의 군사력 운용에 관한 일반적 지침을 의미한다.

44 한미연합위임사항이란 전시 작전통제권을 행사하는 한미연합군사령부가 전시 임무수행을 위해 평시부터 수행하고 발전시켜야 할 주요 업무를 식별하여 평시에 수행할 수 있도록 규정하고 위임한 여섯 가지 업무를 말한다.

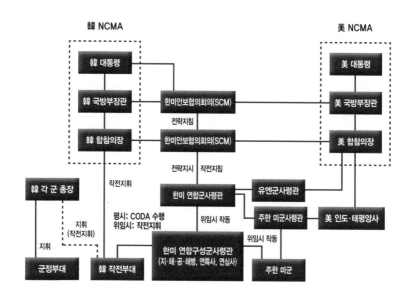

<그림 3> 한미 연합 국가지휘군사기구

(3) 우리의 합동군제

우리 군은 '장기 국방태세발전방향 연구', 소위 '818계획'을 통해 합동 군제를 강화·발전시켜 오늘에 이르고 있다. 현재 우리의 합동군제는 군사적 조치를 위한 시간이 가장 중요한 요소로 작용하는 우리의 안보 상황을 고려하여 '신속한 결심과 대응'에 주안을 두고 합동참모의장에 게 다음과 같은 권한을 부여하고 있다. 그 권한의 내용은 ① 야전부대 에 대한 전·평시 직접적인 '지휘통제권', ② 국가 비상사태 시 계엄사령 관의 직책과 점령지역에 대한 '민사군정권', ③ 작전 수행에 직접적인 영 향을 주는 탄약, 유류, 통신, 수송 등 전투근무지원 분야에 대한 '운용통 제권', ④ 주요 작전지휘관에 대한 '임명 및 해임 동의권' 등이다.

그뿐만 아니라, 합동참모의장은 군의 최고 선임자로서 군을 대표하고 각 군 참모총장이 참여하는 합동참모회의를 운영하며, 각 군의 전력 증강 업무를 협의·조정하는 역할을 수행한다. 이 내용을 구체적으로 살펴보면, 합동참모의장은 전·평시 지휘통제는 물론, 민사군정권, 전투근무지원에 관한 운영통제권, 합동부대장[45]에 대한 인사거부권 등을 가지고 있다. 이처럼 합동참모의장은 통상의 통합작전사령관보다 훨씬 많은 권한을 갖고 있으며, 데프콘-III가 발령되면 가진 권한 중에서 작전통제권을 한미연합군사령관에게 양도하는 것임을 알 수 있다. 유사시 한미연합군사령관에게 작전통제권을 이양하는 이유는 한반도 내의 전력보다도 훨씬 규모가 큰 해외 증원전력을 효과적으로 지휘하기 위한 것이기도 하다. 해외 증원전력은 유엔[UN]이라는 국제기구와 다수의 참여국가, 일본에 위치한 7개의 유엔사 후방기지 등이 정치·군사적으로 관여되어 있어 그 운용구조가 매우 복잡하다. 따라서 유사시 한미연합군사령관에게 작전통제권을 이양하는 것은 우리의 생존과 직결된 문제로서, 단순히 국가적 자존심을 내세우는 것만으로 해결할 수 있는 문제가 아니다.

이처럼 우리의 합동군제는 다른 국가의 합동군제와 달리, 우리의 실정에 맞게 변형·발전된 것이다. 우리의 합동참모본부는 미국과 달리, 대응시간의 단축과 강력한 합동성 발휘를 위해 전쟁보좌기구인 '합동참모본부'와 전쟁지휘기구인 '전구사령부'의 기능을 결합한 것이다. 일부에서는 합동작전을 책임지는 합동군사령부를 별도로 편성해야 한다

---

45 합동부대란 2개 군 이상의 기능과 인력을 통합하여 구성된 부대로서, 합동참모의장이 직접 지휘하는 유도탄사령부, 국군통신사령부, 국군화생방사령부, 국군 수송사령부 등을 말한다. 이 중에서 유도탄사령부는 육군으로만 편성되어 있으나, 부대의 역할과 기능을 고려하여 합동참모의장이 직접 지휘한다.

고 주장하기도 하지만, 먼저 현재의 제도를 잘 이해한 후, 조직의 기능 중복 여부와 작전 수행의 효율성 등을 고려하여 신중하게 검토해야 한다. 또한, 전시 작전통제권을 환수하게 되면 한국군 장군 중에서 한미 연합군사령관을 임명한다고 한다. 그렇게 된다고 하더라도 전시 합동 참모의장의 역할, 한미연합군사령관의 역할, 연합방위체제 하에서의 지상군구성군사령관의 역할, 전방지역을 책임지고 있는 지상작전사령관의 역할 등을 종합적으로 검토해야 한다. 자칫 잘못하면, 옥상옥屋上屋의 불필요한 계층구조를 만들 뿐만 아니라, 시간이 핵심 요소로 작용하는 긴박한 상황에서 조치의 지연과 갈등을 유발하는 비효율적인 지휘구조가 될 수 있다.

제도의 발전은 현재의 문제점을 부각하여 새로운 제도를 구상하는 것보다 기존 제도의 문제점을 식별하여 보완해나감으로써 효율적인 제도로 발전시켜나가는 것이 더 바람직하다. 제도의 취지를 정확히 이해하지 못한 상태에서 제도의 전면적 수정이나 변경은 발전은커녕 오히려 혼란과 비효율을 증폭시키는 요인이 될 수 있으므로 신중해야 한다. 본래 제도의 취지를 이해하지 못한 상태에서 부분적인 수정이나 변경이 이루어진다면 제도의 왜곡은 피하기 어렵다. 천안함 도발 당시에도 합동군제에 대한 많은 문제가 제기되었으나, 많은 논란에도 불구하고 실질적으로 변화한 것은 없었다. 제기된 대부분의 결함은 운영의 문제였을 뿐, 제도의 결함이라고 판단할 만한 것은 별로 없었기 때문이다. 조직의 운용은 정해진 제도의 틀 안에서 목표 달성을 위해 힘과 지혜를 모아가는 과정이다. 특히, 군사력의 운용은 지향하는 최종 상태에 도달하기 위해 창의적인 사고, 융통성 있는 대응, 건전한 결론에 도달하기 위한 치열한 논의 등을 통해 봉착한 상황을 극복하고 부여된 과업을 해결해나가는 과정이다.

제3장

'어떻게 싸울 것인가'와 국방개혁

1
/
'어떻게 싸울 것인가'란
무엇인가

(1) 개요

클라우제비츠^{Carl von Clausewitz}가 그의 저서 『전쟁론^{Von Kriege}』에서 설파한 것처럼 전장^{戰場}은 마찰과 안개로 뒤덮여 있고, 다양한 요소들의 상호 작용으로 인해 새로운 현상이 수시로 명멸^{明滅}하는 현장이다. 전장에서는 누군가가 의도했든 의도하지 않았든 간에 오류, 오인, 누락, 왜곡, 기만 등 다양한 요인에 의해 정보 전달이 늦어지거나 왜곡되고 상황을 오판하는 현상이 반복적으로 벌어진다. 또한, 전쟁은 피아간의 생존을 위한 싸움이며, 생존을 위해서는 수단과 방법을 가리지 않는다.

군사 분야는 이처럼 매우 복잡한 요인들이 난마처럼 얽혀 있기 때문에, 전체를 관조하면서 각 구성 요소와 그것들 간의 상호작용을 검토하는 것은 매우 어렵다. 그러므로 국방과 군사에 관한 이론과 실제에 관해 개인의 주장을 논리적으로 설파하는 것은 쉽지 않은 일이다. 그럼에도 불구하고 국방과 군사 문제에 관한 연구는 꾸준히 이어져야 하며,

그러한 노력의 결과가 축적되면 국방과 군사 분야 발전에 분명한 도움이 될 것이다.

우리는 지난 십수 년 동안 '어떻게 싸울 것인가How to Fight'에 대한 많은 논쟁을 거듭해왔음에도 불구하고, 지금까지 모두가 공감할 수 있는 명확한 논리의 틀을 만들어내지 못하고 있다. 이처럼 '어떻게 싸울 것인가'는 미래 군사력의 구성과 운용의 논리적 기반이 되는 교리의 방향과 내용을 결정하는 매우 중요한 요소임에도 지금까지 명확한 이해와 공감대를 갖지 못하고 있음은 안타까운 일이다. 그러므로 우리는 '어떻게 싸울 것인가'에 대해 충실한 논의 과정을 거쳐 누구나 이해하기 쉽고 공감할 수 있는 결론에 도달해야 한다. 특히, 우리가 국방개혁을 추진하는 과정에서 길을 잃지 않고 올바른 방향으로 나아가기 위해서도 '어떻게 싸울 것인가'에 대한 정립은 반드시 필요하다.

(2) 용어와 개념의 정의

먼저, 운용 개념Operational Concept과 '어떻게 싸울 것인가', 전략 개념, 작전 개념 등 유사한 목적으로 기술하고 있는 개념의 정의와 적용 분야, 용어에 대한 검토가 필요하다. 운용 개념이라는 용어는 우리가 정확하게 개념을 정의하지 않고 매우 광범위하게 사용하고 있음에도 불구하고 자주 혼란을 겪고 있다. 통상, Operation Concept는 운영 개념, 운용 개념 또는 작전 개념 등으로 다양하게 번역한다. 어떻게 번역하여 사용할 것인지는 앞뒤의 문맥과 상황에 따라 선택해야 하는데, 앞뒤 문맥을 생각하지 않고 용어만을 적당히 번역하게 되면 혼란이 생길 수밖에 없다. 이러한 혼란은 Operation 또는 Operational을 우리가 번역하는 과정에서 흔히 벌어지는 현상이다. 한때, Joint Operation Concept 를 '합동운용 개념' 또는 '합동작전 개념'의 두 가지로 번역하면서 논리 체계의 이해와 업무 주도 부서 선정 등에 있어서 상당한 혼란이 발생 하기도 했다.

우리가 외국으로부터 새로운 개념이나 제도를 도입할 때, 혼란을 줄 수 있는 단어 또는 용어, 개념은 먼저 그 의미를 명확하게 이해한 후에 활용해야 한다. 또한, 활용 과정에서도 의미가 정확하게 전달될 수 있 도록 문맥의 흐름에 맞는 용어를 선택하고, 이해를 돕고 공통된 인식을 형성하는 데 필요하다면 선택한 용어에 대한 설명을 추가해야 한다. 외 국어의 번역은 앞뒤 문맥으로 보아 어떤 의미로 사용했는지 정확히 이 해하지 않고 번역하게 되면 많은 오해와 왜곡을 불러일으킬 수 있으므 로 해당 분야 전문가의 자문을 받아야 한다.

Operation은 운영, 운용, 작전 등 여러 가지로 번역하고 있는데, 운 영은 "조직, 기구 따위를 운용하여 경영함"을, 운용은 "물건, 제도 따위 를 적절하게 사용함"을, 작전은 "어떤 일을 이루기 위해 조치나 방법을 짜는 것"을 뜻한다.[46] 따라서 Operation을 제도의 적용이나 조직의 활 용 관점에서는 '운영'으로, 군사력의 구성과 활용에 관한 기본 논리를 제공하는 개념을 표현하거나 무기체계의 사용을 설명하는 부분에서는 '운용'으로, 작전과 전술의 적용 차원에서는 '작전'으로 번역한다면, 대 부분 경우 그 의미가 비교적 정확히 전달될 것이다. 국내에서 외국 서 적을 번역해 소개하는 과정에서도 이러한 오류는 흔히 관찰된다. 번역

---

46 인터넷 국어사전 검색.

된 용어를 앞뒤 문맥에 비추어 해독해보면 많은 부분에서 오류를 발견할 수 있다. 이러한 혼란은 문장의 이해를 어렵게 만들 뿐만 아니라 저자의 본래 취지가 왜곡되는 결과를 불러오기도 한다.

우리는 차후 논의를 이어가기 전에 먼저 '운용 개념'과 '어떻게 싸울 것인가'에 관한 의미와 향후 적용을 어떻게 할 것인지에 대해 먼저 정리할 필요가 있다. 우리는 1970대 후반부터 1980년대를 거쳐오면서 미군이 사용하던 How to Fight와 전장 운영 개념^{Battlefield Operational Concept}이라는 용어를 사용했다. 한때, Battlefield Operational Concept은 '전장 운용 개념'으로 번역하여 사용하다가 '전장 운영 개념'으로 변경하기도 했다. 전장戰場이라는 용어는 확대전장^{Extended Battlefield}, 통합전장^{Integrated Battlefield} 개념이 등장하면서 함께 사용되었다. 그 후, 합동성이 강조되고 걸프전의 교훈을 받아들여 군사혁신을 추진하면서 미군은 Operation Concept 또는 Concept of Operations이라는 용어를 사용했으며, 우리는 이를 운용 개념, 작전 개념 등의 용어로 번역하여 사용하면서 혼란을 반복해왔다. 지금 미군은 How to Fight와 전장 운영 개념이라는 용어를 사용하지 않는다. 그러나 우리 군은 1970년대부터 지금까지 'How to Fight'와 '전장 운영 개념'라는 용어를 사용해왔고, 1990년대에 미군이 군사혁신 과정에서 사용한 Operation Concept를 운용 개념과 작전 개념으로 번역해 혼용함으로써 혼란을 거듭하고 있다. 이러한 결과는 우리가 군사사상의 정립과 외국군의 교리 도입, 새로운 교리의 개발 등의 과정을 거치면서 충분한 토의와 검증을 하지 않음으로 인해 빚어진 것이다.

미군이 How to Fight와 Battlefield Operational Concept(전장

운영 개념)이라는 용어를 더 이상 사용하지 않는 것은 새로운 운용 개념을 검토·도입하면서 충분한 논의를 거쳐 Operational Concept이라는 용어로 정립하는 과정을 거쳤기 때문이다. 지금도 미군은 다영역작전MDO, Multi Domain Operation[47], 모자이크전Mosaic Warfare[48]과 같은 새로운 운용 개념에 대한 논의를 진행하고 있다. 미군의 발전 과정을 지켜보면서, 우리가 용어와 개념을 빠른 시일 내에 정리하지 않으면 이 같은 혼란이 끝없이 되풀이될 것이라는 생각을 지울 수 없다. 그렇다면 어떻게 정리하는 것이 바람직할까? 운용 개념은 대단히 포괄적인 개념이므로 다양하게 적용할 수 있는 용어이다. 군사력 구성과 운용의 방향성을 제공하는 운용 개념은 하드웨어와 긴밀하게 융합되어야 하는 기반적 소프트웨어이므로 자신의 능력에 맞는 설득력 있는 논리 구조를 가질 수 있도록 설정하는 것이 매우 중요하다. 따라서 운용 개념을 중심으로 용어를 정리할 필요가 있다.

(3) 운용 개념의 발전

미군은 1977년에 중동전쟁의 교훈을 반영하여 지상군 교리를 전면 재발간했다. 이와 함께 1970년대 후반부터 미군의 운용 개념은 적극

---

47 다영역작전의 핵심 개념은 지상·해상·공중·사이버·우주 등 영역 간 통합을 통해 물리적·비물리적 차원에서 효과적인 군사력 운용을 추구하는 것이다. 다영역작전이라는 운용 개념은 미 육군이 공지전투에서 진화한 AirLand Power 2.0을 구상하면서 JOAC에서 강조된 A2AD 및 Cross Domain Synergy 개념을 수용한 것이 기초가 되었다고 한다.[국방논단 제1809호 (20–26), 2020.7.13., 한국국방연구원]

48 새로운 전쟁수행방식으로 주목받고 있는 모자이크전은 다양한 정의가 있으며, 지금도 논의가 진행 중인 개념이다. 한국국방연구원에서 발행한 국방논단[제1818호(20–35), 2020. 9.14]에서는 CBSA보고서에서 정리한 "인간지휘(Human Command)–기계통제(Machine Control)를 활용하여 신속한 구성과 재구성이 가능하고, 보다 분산된 전력(Disaggregated Force)으로 미군에게는 적응성(Adaptibility)과 유연성(Flexibility)을 주는 반면에, 적에게는 복잡성(Complexity)과 불확실성(Uncertainty)을 부과하는 전쟁수행 개념"이라는 정의를 가장 대표적인 것으로 제시하고 있다.

방어Active Defence, 종심공격Deep Attack, 확대전장Extended Battlefield, 통합전장Integrated Battlefield, 공지전투Air-Land Battle, 공지작전Air-Land Operation 등과 같은 다양한 개념들이 제기되고 검토되면서 보완과 발전 과정을 거쳐왔다. 이 당시에는 How to Fight와 전장 운영 개념이라는 용어를 사용했다. 군사혁신에 관한 활발한 논의가 이루어졌던 1990년대 후반에는 운용 개념을 "적을 찾아 저지·격멸한다"라는 의미로 "Find-Fix-Finish" 라는 표현으로 요약해 사용하기도 했으며, 오언스William Owens 제독의 복합체계System of Systems, 세브로스키Arthur Cebrowski 제독의 네트워크 중심전, 신세키Eric Shinseki 총장 시절의 스트라이커여단 등 새로운 개념이 등장했다. 이러한 개념은 2000년대 초반에 들어서면서 네트워크 중심전 Network Centric Warfare라는 정식 교리로 정립되었다.

이처럼 미군의 운용 개념은 오랫동안 논의 과정을 거쳐 발전을 거듭해왔다. How to Fight라는 용어는 미군이 새로운 싸우는 방법에 대한 논의를 활발하게 진행하던 1970년대 중반부터 1980년대 초반까지 전장 운영 개념과 함께 사용했다. 그 후, 미군은 1991년 걸프전을 치르고 나서, 소련이 주장하던 군사기술혁명MTR과 걸프전의 교훈을 도출하여 군사혁신을 추진했다. 미군의 군사혁신은 복수의 대안을 선정하여 전투실험, 시뮬레이션 등 과학적 기법을 이용한 검증 과정을 거쳐 2000년대 초반에 교리, 편성 등 군사 전반에 걸쳐 새로운 개념과 교리로 정립되었다. 그 결과로 탄생한 것이 '네트워크 중심전'이라는 운용 개념과 UEy-UEx-UA로 표현되는 편성 개념이다.

미군의 사례에서 살펴본 바와 같이, 군사력 구성과 운용을 위한 논리의 틀을 제공하기 위한 목적으로 사용하는 '어떻게 싸울 것인가'는 운용 개념이라 표현해도 무방할 것이다. 운용 개념이라는 용어는 어떻게 싸울 것인가, 전략 개념, 작전 개념 등의 의미를 포괄할 수 있다. 그러나 전략 개념과 작전 개념은 적과 지형, 기상 등이 특정된 조건에서 적에 대해 어떻게 대응하고, 적을 어떻게 격멸할 것인가를 나타낸다는 점에서 일반적인 조건에서 군사력 운용 논리를 기술하는 '어떻게 싸울 것인가', 즉 운용 개념과 다르다. 전략 개념은 "특정한 적 또는 가상의 위협에 대해 어떻게 대응할 것인가", 작전 개념은 "특정한 적과 지형, 기상 조건에서 적을 어떻게 격멸할 것인가"라는 논리로 구성된다. 만약 새로운 용어의 정의가 필요하다면, 조건과 개념에 맞는 적절한 용어를 정의하여 적용하면 된다. 따라서 운용 개념은 "일반적인 상황과 조건에서, 즉 적과 지형, 기상 조건 등을 특정하지 않은 상태에서 아군이 적을 저지·격멸하기 위해 군사력을 어떻게 운용해 전투를 전개하고 종결할 것인가를 제시하는 군사력의 기본 운용 논리"라고 정의해서 전략 개념이나 작전 개념과 혼동하지 않도록 구별할 필요가 있다.

따라서 군사력의 구성을 발전시키기 위한 운용 개념의 논리 구조는 "일반적인 조건 하에서 가용한 수단을 어떻게 조화시킬 것인가?"라는 내용으로 구성된다. 그러나 실행단계인 전략과 작전·전술 차원의 운용 개념인 전략 개념과 작전 개념은 교리에 입각立脚하여 "구체적으로 싸워야 할 대상, 부대가 임무를 수행해야 할 지역과 기상조건 등이 특정된 상태에서 전투를 수행하는 방법론을 제시하는 것"이다. 이와 같이 우리 군이 사용하는 용어는 개념에 기초하여 명확히 정립하고, 구성원 모두가 공감하는 공통의 인식을 가질 수 있을 때 개념의 공유는 물론, 혼란을 방지할 수 있다. 이러한 관점에서 앞으로는 '어떻게 싸울 것인가'와 운용 개념은 운용 개념이란 용어로 통일해서 사용할 것이다.

　우리는 국방개혁을 추진하면서 하드웨어 요소에 치중해 군사 분야 중 군구조에만 너무 집중한 나머지 소프트웨어 분야의 핵심인 운용 개념을 어떻게 할 것인지에 대해서는 언급하지 않고 있다. 국방개혁을 제대로 추진하려면 군사력 운용에 관한 기초적인 개념, 즉 미군의 Capstone Concept[49]와 같은 기본 개념Umbrella Concept을 충분히 검토하여 정립하고, 변화하는 상황과 발전하는 기술을 녹여낼 수 있어야 한다. 이러한 과정을 통해 하드웨어와 소프트웨어가 잘 융합되어야만 국방개혁을 성공적으로 추진할 수 있다. 군사력 운용에 관한 기본 개념, 즉 운용 개념을 설득력 있게 제시하는 것은 국방개혁에서 대단히 중요한 부분이다. 따라서 우리의 운용 개념을 전략 또는 작전 개념과 혼동하지 않도록 Capstone Concept과 같은 기본 개념으로 발전시켜 적용해야 한다.

---

[49] 미군은 Capstone Concept가 군사력을 운용하는 방법에 대한 가장 높은 차원의 비전이며, 미래 심각한 도전에 대응하기 위한 잠재적 운용 개념(potential operational concepts)이라고 밝히고 있다.(Capstone Concept for Joint Operations: Joint Force 2020, 10 September 2012)

2
어떻게 싸울 것인가는
왜 중요한가

(1) 군사 분야의 업무 흐름

군사 분야에는 대단히 복잡한 문제들이 난마처럼 얽혀 있다. 그렇기 때문에 군사 분야에서는 인문학을 비롯한 이·화학, 자연과학 등 다양한 학문이 활용되고 있으며, 특히 근대에 들어서면서 물리학의 발달과 더불어 전쟁의 승리를 위해 과학기술이 적극적으로 활용되기 시작했다. 제1차 세계대전 전후前後에는 노벨상을 수상한 저명한 과학자들이 독가스 개발에 참여하기도 했으며, 20세기 후반부터는 과학기술 역량이 군사력의 우열을 판가름하는 중요한 요소로 부각되었다. 특히, 1980년대 이후 기술의 발전 속도가 빨라지면서 국가 간의 기술적 격차는 더욱 벌어지고 있으며, 과학기술의 발전은 군대를 더욱 치명적이고 수준 높은 전문성을 갖춘 조직으로 변모시키고 있다. 오늘날 초전에서의 결정적 승리는 전쟁의 승패를 좌우하는 매우 중요한 요소로 강조되고 있는데, 초전에서의 결정적 승리에 큰 영향을 미치는 것 중 하나가 과학기술이다. 모든 국가가 군사혁신을 추진하면서 기술적 요소를 높이 평가하고 특별히 강조하고 있는 것은 바로 이 때문이다. 그럼에도 우리는 오랫동안 미국의 군사전략을 이끌어왔던 앤드류 마셜Andrew Marshall이 강조한 바와 같이, 혁신의 초기에는 운용 개념의 발전과 조직의 설정, 과학적 검증 기법의 도입 등 지적인 문제가 가장 중요하다는 점을 결코 잊어서는 안 된다. 이것이 개념의 중요성을 강조하는 이유이기도 하다.

미국의 경우에도 이에 대한 논쟁이 있었다. 미군의 혁신을 주도했던 앤드류 마셜 박사는 가장 중요한 것은 제도적 혁신 방식을 찾아내는 것이며, 과거의 혁신적 변화를 추구하는 과정에서도 가장 큰 도전은 기술적技術的인 것이 아닌 지적知的인 것이었음을 지적指摘했다. 또한, 운용 개념의 혁신을 통해 현재의 기술과 가까운 미래의 기술을 최대한 이용할 수 있도록 조직을 변화시키는 것은 모두 지적인 임무라는 점을 강조했다. 그러면서 장교단이 최상의 방법을 찾아내야 하는 책임감을 가져야 한다고 주장했다.

미군은 1992년과 1993년 2년간에 걸친 군사혁신에 관한 검토를 통해 가장 어렵고 중요한 부분은 기술이 아니라 새로운 군사체계에 맞는 적절한 운용 개념을 개발하고 이를 가장 잘 전개할 수 있는 전력조직을 만드는 것임을 인식하게 되었고, 그 이후부터 '군사기술혁명MTR'이라는 용어 대신 '군사혁신RMA'이라는 용어를 사용하기 시작했다.[50] 그러나 윌리엄 오언스William Owens 제독은 군사혁신의 근본은 운용 개념과 조직의 혁신이 아니라 기술이라고 주장하면서 센서 및 ISR, C4I, 정밀타격능력 등의 기술 발전을 강조했다.

지금까지 나타난 군사혁신은 개념 주도형, 기술 주도형, 조직 주도형,

무기체계 주도형 등 다양한 형태로 구분할 수 있다. 개념 주도형은 테베의 사선진斜線陣 대형, 마케도니아의 망치와 모루, 독일의 전격전 등과 같은 새로운 운용 개념의 도입으로 군사혁신을 선도하는 경우이다. 기술 주도형은 IT기술을 활용하는 네트워크 중심전과 같이 특정 기술 또는 발전하는 다양한 기술의 조합을 통해 새로운 수단을 발전시키면서 군사혁신을 추구하는 경우이다. 또한, 조직 주도형은 고대 그리스의 팔랑크스Phalanx, 고대 로마의 레기온Legion, 근대 군대 편성의 근간이 되는 삼각 편제의 출현, 전격적 수행을 위한 기계화부대 편성 등과 같이 군 조직의 변화에 혁신의 비중을 두는 경우이다. 무기체계 주도형은 중세기 영국의 장궁長弓, 핵 또는 정밀유도무기 등 특정 무기체계가 군사혁신을 주도하는 경우이다. 그러나 이러한 군사혁신의 유형 구분은 연구를 목적으로 필요할지는 모르지만, 실제로 이들 사이에는 분명한 경계가 존재하지 않으며, 어느 하나의 유형에 군사혁신의 특징을 모두 담아내기 어렵다.

왜냐하면 운용 개념이 주도하는 군사혁신을 구현하기 위해서는 새로운 수단의 개발과 편성의 도입, 무기체계의 발전 등이 뒤따라야 하기 때문이다. 또한, 기술 주도형 군사혁신을 추진하기 위해서도 기술적 능력을 구현하기 위한 개념의 설정이 필연적으로 뒤따라야 하며, 조직과 무기체계의 변화가 함께 검토되지 않으면 안 된다. 이처럼 개념과 기

---

50 앤드류 마셜(Andrew Marshall)의 업적을 다룬 『The Last Warrior』의 국내 번역서인 『제국의 전략가』 319~335쪽에서 요약 정리한 것이다. 앤드류 마셜은 1921년에 태어나 1949년부터 1972년에는 RAND, 1973년부터 2015년까지는 국방부에서 근무하면서 총괄평가기법과 군사혁신 개념의 정립 등 많은 업적을 남겼다. 그는 2015년 94세로 퇴임할 때까지 40여 년 동안 국방부에서 8명의 대통령과 13명의 국방장관에게 안보 분야에 관한 폭넓은 조언을 했으며, 2019년 향년 98세를 일기로 별세했다.

술, 조직, 무기체계 등은 한 묶음으로 고려해야지, 각각을 구분해서 어느 한 가지 요소가 주도한다고 평가하기에는 무리가 있다.

어느 시대에나 군사혁신은 어려운 상황에 봉착한 국가나 군대가 이를 타개하기 위해 창의적인 발상을 하면서부터 시작된다. 군사혁신이 성공하려면 군사 문제에 대한 충분한 이해와 군사력 구성 요소의 효과적 연계, 그리고 창의적인 사고가 하나의 일관된 논리로 융화되어야 한다. 개념 주도냐 기술 주도냐 등을 따지는 것은 의미가 없으며, 군사 분야의 전체 흐름을 이해하는 것이 훨씬 더 중요하다. 이러한 흐름을 올바르게 이해할 수 있어야만 현재와 가까운 미래에 적용할 수 있는 새로운 운용 개념을 창안할 수 있고, 이를 바탕으로 각 단계마다 필요한 개념을 만들어나가면서 일관성 있는 흐름을 이끌어낼 수 있다. 이 능력이 곧 군사 분야의 개념 형성 역량이라 할 수 있으며, 개념 형성 역량은 국가가 처한 안보 환경, 직면한 위협 대응, 주어진 여건에 맞는 독자적인 군사력의 발전을 가능케 한다. 우리가 가장 시급하게 갖추어야 할 능력이기도 하다.

〈그림 4〉에서 군사력의 구성과 운용, 소요 제기 및 결정은 군이 전문성을 가지고 수행해야 할 업무 영역이며, 군사력 수단의 획득과 관련된 부분은 정부의 행정적 기능이 포함된 획득 업무의 영역이다. 폐기와 비군사화는 군의 업무 영역이나, 특성화된 기술 능력이 필요한 부분이다. 이처럼 군의 업무 영역과 정부의 업무 영역은 서로 밀접하게 상호작용하지만, 일부 업무는 독립적으로 수행하기도 한다. 또한, 군사 분야의 업무 흐름은 선후先後의 개념이 있지만, 반드시 순차적으로 이루어지지 않을 수도 있다. 군사력의 구성과 획득 단계에서는 개념 형성 역량이,

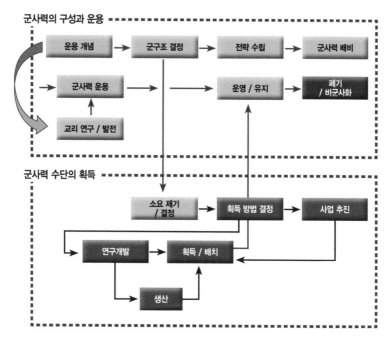

〈그림 4〉 군사 분야의 업무 흐름

운용 단계에서는 실행 역량이 가장 중요하다. 개념 형성 역량의 수준은 지적知的 사고 과정과 산출물을 통해 드러나고, 실행 역량의 수준은 실천 과정에서 행동화 결과로 나타난다. 국방개혁을 위한 구상 단계에서는 운용 개념, 기술의 활용, 조직 편성 등 유효한 군사적 능력을 창출할 줄 아는 능력이 없으면 경쟁국가와 차별화된 혁신을 창조하기 어렵다.

(2) 외국 제도 도입의 한계

우리는 국방개혁을 위해 병역자원의 감소에 대응하기 위한 변화의 적극적 수용, 첨단 무기의 도입, 제도의 효율적 개선, 병영문화 혁신 등 여러 가지 방안을 추진하고 있다. 그럼에도 국방에 관심 있는 사람들은 부대의 해체가 빠르게 진행되고 있는 상황을 다소 우려의 시각으로 바라보고 있다. 국방개혁에 대한 우려와 의구심을 해소하고 폭넓은 국민적 지지를 받으려면, 설득력 있는 사실적 근거를 가지고 적극적으로 의사를 소통하고 공감대를 형성해나갈 필요가 있다. 우리는 국방개혁을 추진하면서 선진국이나 중소국가가 추진하고 있는 다양한 사례를 참고하고 있으며, 유의미한 사례를 벤치마킹하기도 한다. 그러나 다른 국가의 성공과 실패 사례는 우리에게 많은 교훈을 주기도 하지만, 그 기저에 흐르는 정신과 철학, 논리의 구성을 충분히 이해하지 못하고 외형만을 바라보게 되면 유의미한 교훈을 얻기 어렵다.

미군이 제1·2차 세계대전을 치르면서 독일군을 벤치마킹하는 과정에서 수많은 시행착오를 겪었던 것도 독일군의 근본 바탕, 즉 제도에 담겨 있는 정신과 철학을 이해하기보다는 외형적 모방에 그쳤기 때문이다. 미군은 독일군의 교육체계에서 수많은 모범적인 사례와 교훈을 얻었음에도 소수의 기득권자가 임의해석해서 미국적 환경과 목적에 적용함으로써 제대로 접목하지 못했다. 결국, 미군은 두 차례의 세계대전을 치르면서 수많은 시행착오와 희생을 치러야만 했다. 우리가 이스라엘의 탈피오트 제도를 벤치마킹하여 과학기술전문사관제도를 만들면서 시행착오를 겪었던 것도 이와 별로 다르지 않다.

모든 국가는 고유의 안보 환경과 위협, 군사사상, 국가적 기반 등에 부합하는 국방태세를 구축하기 위해 노력하고 있다. 그것은 '자신의 몸에 맞는 옷'을 입기 위함이다. 우리는 외국의 사례나 새로운 흐름을 참고는 하되, 우리의 안보 환경과 위협, 내재적 역량과 문화 등에 맞는 국방태세를 설계해야 한다. 그 결과물은 우리의 사고체계와 문화, 사회적

인식과 가치에 부합해야 한다. 아무리 타국의 제도와 개념, 정신이 훌륭하다고 해도 우리 자신의 내면적 가치로 융화시킬 수 없다면 무의미한 것일 뿐이다. 그러므로 우리는 새로운 안보 환경과 미래의 위협에 대응하기 위해서 우리의 의식구조와 군사적 능력, 미래의 환경에 적합한 개념체계를 발전시켜야 한다. 이를 바탕으로 군구조와 교리가 발전되어 운용할 수 있는 능력을 갖출 때, 우리는 자주국방의 기틀을 마련하고 국가의 지속적인 발전의 틀을 만들어갈 수 있다.

(3) 운용 개념의 중요성

국방개혁 추진 과정에서 군사력 구성의 이론적 기반이 되는 운용 개념을 정립하지 않고 국방개혁을 추진한다면 어떤 문제가 있을까? 그것은 기초 없이 건물을 짓는 것과 다름없다. 기초가 튼튼해야 높은 건물을 지을 수 있음은 분명한 진리임에도 불구하고, 기초 없이 건물을 지으려 한다면 아무리 낮은 건물이라도 붕괴의 위험을 피할 수 없다. 그러므로 군사력의 구성과 운용의 기초가 되는 운용 개념의 정립은 해도 되고 안 해도 되는 선택의 문제가 아니라, 논리적인 사고와 치열한 논쟁의 과정을 거쳐 체화된 결과물을 만들어내야 하는 기본과업이다.

군사적 관점에서 전술관戰術觀의 공유는 매우 중요한 의미가 있다. 전술관의 공유를 바탕으로 구성된 군사력은 운용구조와 부대의 능력에 관한 올바른 이해를 가능하게 한다. 그뿐만 아니라, 전장에서 우군 간 공통의 전술적 인식을 가질 수 있을 때, 예하부대는 상급부대의 명령이나 지시가 적시에 하달되지 않더라도 상황에 맞게 효과적으로 대처할 수 있다. 또한, 상급부대는 뒤늦게 상황 변화를 인식한다고 해도 예하부대의 행동에 대해 합리적 예측을 기초로 적시에 적절한 후속조치를 강구할 수 있게 된다. 공통의 인식은 군사력을 구성하는 기본 논리인 운용 개념의 정립, 공통된 용어의 사용, 논리적으로 잘 정립된 교리를 공유함으로써 형성된다. 운용 개념은 군사력 구성과 운용의 기반이 되는 개념이므로, 누구나 쉽게 이해할 수 있도록 간단명료하게 표현해야 한다. 또한, 운용 개념을 구체화한 교리는 전장 기능, 병종별 특성, 제대별 수준 등에 맞는 전술적 운용지침이 될 수 있도록 표준말과 정의된 용어를 사용해서 이해하기 쉬운 정제精製된 표현으로 기술해야 한다. 교리를 담는 교범은 우수한 자원을 선발하여 명확한 지침을 부여하고 브레인스토밍 brainstorming, 토론, 윤독회 등을 통해 공감대 형성과 공론화 과정을 거쳐 발간해야 한다. 그래야만 구성원의 공감과 개념의 확산을 이끌어낼 수 있다.

국방개혁은 운용 개념을 먼저 정립하지 않고 추진하면, 논리적 기반이 취약해질 뿐만 아니라 일관된 방향성을 유지하기도 어렵다. 만약 기존의 운용 개념을 그대로 적용한다면, 변화하는 전쟁 양상과 기술 발전에 적절히 대응할 수 없을 뿐만 아니라, 부대구조와 전력구조, 병력구조 등에 관한 올바른 결과물을 도출해낼 수 없다. 또한, 아무리 잘 적용한다고 해도 새로운 설계에 기반하여 건물을 짓는 것이 아니라, 낡은 건물을 리모델링하는 수준에 머물게 될 것이며, 성공 확률도 낮아질 수밖에 없다. 따라서 미래의 새로운 전장 환경에 적응하기 위한 국방개혁의 방향을 설계하려면, 운용 개념과 교리, 편성 등과 같은 소프트웨어 분야의 혁신을 먼저 추구追究해야 한다.

(4) 운용 개념의 정립 필요성

미군은 1970년대 중·후반부터 20여 년 이상 다양한 개념을 검토하고, 발전하는 기술을 활용하여 새로운 개념의 무기체계를 개발하고, 시뮬레이션과 전투실험 등을 통한 검증 과정을 거쳐 오늘날과 같은 군사태세를 갖추었다. 우리는 새로운 운용 개념과 교리의 작성을 위해 노력해 본 경험도 적을 뿐만 아니라 인적 자원, 군사적 전문성, 검증 도구 등도 매우 부족한 실정이다. 지금까지 우리의 군사교리는 미군의 군사교리를 바탕으로 발전해왔다. 거기에 더하여 과거에 적용해오던 교리와 새롭게 발전하고 있는 교리, 독일 등 우리와 다른 군사적 배경을 가진 나라에서 단편적으로 도입한 교리 등이 혼재되어 혼란스러운 부분이 많이 있다.

운용 개념은 군사력 구성과 운용의 기초가 되므로 전쟁 양상과 위협의 변화, 현재의 국방 기반, 미래 가용한 국방 자원, 발전하는 국방과학기술 등을 종합적으로 고려해 설정해야 한다. 운용 개념은 군구조와 교리 발전, 무기체계 개념 설계, 기술 개발 방향 등 모든 분야에 영향을 미치므로 우리와 환경 여건이 다른 외국의 사례나 변화하는 흐름을 무작정 받아들일 수도 없다. 따라서 우리는 우리의 군사적 기반과 경험, 자산, 기술 수준 등을 고려하여 우리의 환경에 맞는 독자적인 군사이론을 발전시켜야 한다. 군사지도자는 우수한 자원을 엄선하여 명확한 지침과 임무를 부여하고, 군사적 전문성과 경험을 두루 갖춘 리더십으로 이끌어나가야 한다. 그래야만 바람직한 운용 개념을 창안創案할 수 있다. 창안된 운용 개념은 공론화 과정을 거쳐 내재화할 수 있을 때, 생명력을 가지고 발전할 수 있다.

3
/
어떻게 싸울 것인가의
적용

(1) 운용 개념의 설정

그렇다면 운용 개념은 어떻게 설정해야 할까? 운용 개념은 군사적 수단과 방법을 어떻게 융합할 것인가에 관한 기본 논리를 구성하기 위한 것이다. 운용 개념은 군사력을 구성하는 정보, 기동, 화력 등을 중심으로 전투를 어떠한 논리적 절차에 따라 수행할 것인가에 관해 도식과 서술로 표현한 것이다. 대표적인 사례로 미군의 공지전투AirLand Battle 개념이나 소련의 작전기동단Operational Maneuver Group 개념과 관련된 자료를 참고하면 될 것이다. 운용 개념은 군구조, 교리 발전의 출발점이다. 군구조는 운용 개념으로부터 구성 논리가 도출되어야 하며, 교리 또한 운용 개념에 근거해 발전되어야 한다. 이러한 과정을 통해 발전되는 군구조와 교리는 전략과 작전술, 전술적 운용을 통해 군사적 능력으로 발현發顯되어야 한다. 〈그림 5〉는 운용 개념의 설정과 교리의 발전, 그리고 작성된 교리 적용의 관계를 이해하기 쉽게 정리한 것이다.

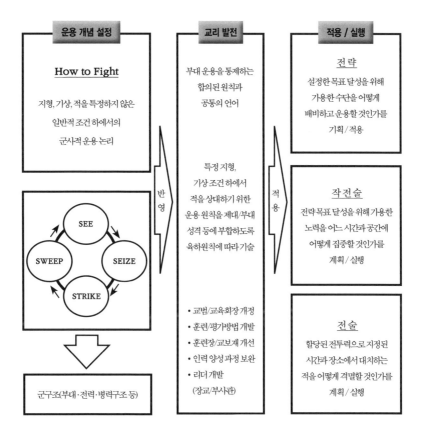

운용 개념 설정	교리 발전	적용 / 실행

운용 개념 설정

How to Fight

지형, 기상, 적을 특정하지 않은
일반적 조건 하에서의
군사적 운용 논리

SEE
SWEEP   SEIZE
STRIKE

군구조(부대·전력·병력구조 등)

교리 발전

부대 운용을 통제하는
합의된 원칙과
공통의 언어

특정 지형,
기상조건 하에서
적을 상대하기 위한
운용 원칙을 제대/부대
성격 등에 부합하도록
육하원칙에 따라 기술

• 교범/교육회장 개정
• 훈련/평가방법 개발
• 훈련장/교보재 개선
• 인력 양성과정 보완
• 리더 개발
  (장교/부사관)

반영   적용

적용 / 실행

전략

설정한 목표 달성을 위해
가용한 수단을 어떻게
배비하고 운용할 것인가를
기획/적용

작전술

전략목표 달성을 위해 가용한
노력을 어느 시간과 공간에
어떻게 집중할 것인가를
계획/실행

전술

할당된 전투력으로 지정된
시간과 장소에서 대치하는
적을 어떻게 격멸할 것인가를
계획/실행

〈그림 5〉 운용 개념과 교리, 적용의 상호관계

　　미군의 공지전투 개념은 전투지역의 편성, 기동과 화력의 운용, 종심 지역에서 수행하는 작전에 관한 육군과 공군의 책임 등을 포함하여 도식圖式과 서술敍述을 함께 사용해서 기술했다. 또한, 소련의 작전기동단 OMG, Operational Maneuver Group 개념은 전술핵과 같은 대량파괴무기에 의한 피해를 줄이고 공격 속도tempo를 높이기 위해 기동과 화력, 특히 현대화 된 기동수단을 어떻게 운용할 것인가에 대한 논리를 도식과 서술 형식 으로 제시했다. 또한, 1990년대 후반, 미군은 운용 개념을 Find(적을 찾아)−Fix(원하는 지점에서 정지시키고)−Finish(화력과 기동으로 격멸) 와 같이 3단계로 제시했다. 〈그림 5〉에서 See(전장을 감시 정찰하고)− Seize(원하는 지점에서 적을 정지시켜)−Strike(충분히 타격하여 약화시키며)−Sweep(결정적 기동으로 섬멸)은 하나의 예로서 작성해본 것이다. 운용 개념은 제시하는 논리에서 추구하는 의도를 정확히 전달해 공유할 수 있게만 한다면, 도식이나 서술, 논리적 절차 등 어떤 형식으로 표현해도 상관없다.

전투력 운용에 대한 논리는 모두가 쉽게 이해하고 공감할 수 있도록 간단명료하게 표현해야 한다. 운용 개념은 전투력 발휘에 영향을 미치는 지형이나 기상, 적 등을 특정하지 않은 일반적인 조건에서 기동과 화력 등을 운용하여 적을 격멸하고 목표에 어떻게 도달할 것인지를 기술하면 된다. 이렇게 작성된 운용 개념은 모든 제대에서 전투력 구성을 위한 기본 논리로 활용함과 아울러, 기준 교범과 각 제대·기능 교범을 작성하는 과정에서 교리 발전을 위한 기초적 논리로 적용해야 한다.

(2) 교리의 발전

교리는 '부대의 전술적 운용을 위해 합의된 원칙'이다. 그런데 간혹 교리를 고정불변의 것이며 반드시 지켜야 하는 규칙이라고 잘못 생각하는 경우가 있다. 그러나 교리는 상황에 따라서 언제든지 수정할 수 있으며 무시할 수도 있다는 것을 잊어서는 안 된다. 교리는 전장 상황에 맞게 선택적으로 적용할 줄 알아야 한다. 이때 필요한 것이 바로 융통성과 창의성이다. 교리로 정해진 원칙이나 준칙은 지침적 성격을 띠며, 전술의 운용은 창의적 사고思考의 영역이기 때문에 상황에 따라 융통성이나 창의성 발휘가 요구될 경우에는 무시할 수도 있다. 이러한 점을 간과하게 되면 교리를 반드시 적용해야 하는 규칙으로 인식하게 되어 고정관념을 갖게 되거나 자칫 교조적^{敎條的}으로 흐르기 쉽다.

미군의 교범은 중학생 수준에서 이해할 수 있도록 쉬운 표현과 잘 정의된 용어를 사용하여 기술하는 것으로 알려져 있다. 모든 문장은 전달하고자 하는 의도를 퇴색시키는 현학^{玄學}적인 용어를 사용하거나 수사^{修辭}적인 문구가 많으면 많을수록 본래의 취지와 의미를 이해하기 어려울 뿐만 아니라, 정확한 의도를 전달할 수가 없다. 그러므로 교리는 이해하기 쉽게 평이^{平易}한 용어를 사용하여 기술하되, 강조하기 위해 불필요한 용어, 수식어, 문장 등을 반복적으로 사용하지 않도록 주의해야 한다.

교리는 특정 부대가 특정 지형과 기상 조건에서 적을 상대하기 위한 운용 원칙과 지침을 제대, 부대 성격, 전장 기능 등에 부합하도록 육하원칙^{六何原則}에 따라 기술하지만, 여섯 가지 요소가 반드시 포함될 필요는 없다. 또한, 교리는 부대의 구성, 무기체계의 특성과 능력, 제한사항 등을 이해한 상태에서 작성해야 한다. 그 이유는 부대에 편성된 장비, 물자, 인력 등의 능력이 운용 원칙, 준칙 등으로 구성된 교리와 유기적으로 통합되어야 하기 때문이다. 교리로 정립되지 않은 원칙이나 준칙, 전투기술 등을 새롭게 적용하려면, 참고자료 형식으로 발간하여 일정 기간 시험 적용·평가·검증하는 숙성 과정을 반드시 거치고 난 후에, 다듬어진 내용을 교리에 반영하고 야전에서 적용해야 한다.

(3) 교리의 적용

이와 같은 과정을 통해 발전된 교리의 적용은 제대의 수준과 크기, 달성하고자 하는 군사적 목표, 부여받은 임무 등에 따라 전략·작전술·전술 차원으로 구분한다. 첫째, 전략 차원의 전투력 운용은 설정된 목표 달성을 위해 군사력을 어떻게 배비하고 운용할 것인가를 기획하고 적용하는 것이다. '군사력 배비'란 적의 위협과 배치, 의도를 분석하여 아군의 대응 개념을 설정하고, 이에 따라 가용한 전투력을 할당하고 배치하는 것을 말한다. 둘째, 작전술 차원의 전투력 운용은 전략 목표 달성을 위해 가용한 노력을 어느 시간과 공간에 어떻게 집중할 것인가를 계획하고 실행하는 것이다. 달리 표현하면, 작전술 차원의 전투력 운용은 이미 결정된 배비로부터 부여된 전략 목표 달성을 위해 목표에 도달하기 위한 주노력主努力 방향과 작전선作戰線[51]을 결정하고 실행하는 것이다. 주노력 방향과 작전선은 적 배치의 취약점과 적 예비대의 위치, 목표로의 접근 용이성, 시간적 요소 등을 종합적으로 고려하여 결정한다. 셋째, 전술 차원의 전투력 운용은 할당된 전투력으로 지정된 시간과 장소에서 대치하는 적을 어떻게 격멸할 것인가를 계획하고 실행하는 것이다. 전술 차원의 전투력 운용은 임무, 적, 지형 및 기상, 가용 전투력, 가용 시간 등 METT-TC^Mission, Enemy, Terrain, Troops available, Time & Civilian considerations 요소를 함께 고려해야 한다.

---

[51] '작전선'이란 군사적 목표를 달성하기 위해 배치지역으로부터 결정적인 지점을 경유하여 적의 중심으로 지향하는 일련의 목표들을 연결하는 개념적 선이다.(국방과학기술용어집, 2011, p.714)

4 /
어떻게 싸울 것인가와
군구조, 전투발전요소

어떻게 싸울 것인가, 즉 운용 개념과 군구조, 전투발전요소 간의 상관관계를 이해하는 것은 매우 중요하다. 왜냐하면 군사력의 구성과 운용 논리의 흐름을 이해하는 출발점이기 때문이다. 결정된 운용 개념은 군구조를 구성하는 기본 논리로 반영되어 군사력의 구성과 운용에 영향을 끼치게 된다. 부대에는 감시·정찰, 기동, 화력, 지속지원 등 전투 수행에 필요한 기능 요소가 포함된다. 이 중에서 어느 한 가지 기능이 결핍되거나 부족하면 능력을 발휘할 수 없다. 부대의 능력은 장비, 물자, 병력 등을 배정하고 교리와 운용 절차 등을 적용하는 숙달 훈련을 통해 완성된다. 장비 및 물자는 편성 제대와 기능에 따라 요구되는 전술적 능력, 임무 수행과의 연관성을 고려하여 할당하며, 병력은 직위와 임무 수행에 필요한 능력, 숙련도, 직급 등을 고려하여 배치한다.

　군사력의 구성과 운용에는 운용 개념과 군구조 논리, 전투발전 7대 요소인 교리doctrine, 훈련training, 리더 개발leadership, 편성organization, 장비·물

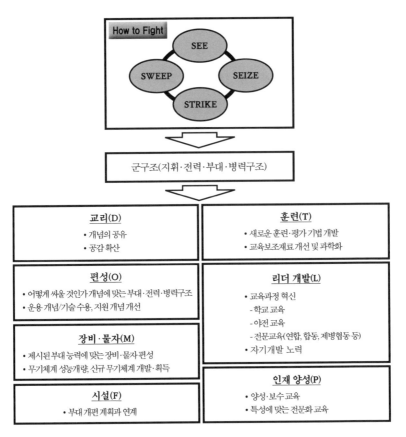

How to Fight

SEE

SWEEP

SEIZE

STRIKE

군구조(지휘·전력·부대·병력구조)

교리(D)
- 개념의 공유
- 공감 확산

훈련(T)
- 새로운 훈련·평가 기법 개발
- 교육보조재료 개선 및 과학화

편성(O)
- 어떻게 싸울 것인가 개념에 맞는 부대·전력·병력구조
- 운용 개념/기술 수용, 지원 개념 개선

리더 개발(L)
- 교육과정 혁신
  - 학교 교육
  - 야전 교육
  - 전문교육(연합, 합동, 제병협동 등)
- 자기개발 노력

장비·물자(M)
- 제시된 부대 능력에 맞는 장비·물자편성
- 무기체계 성능개량, 신규 무기체계 개발·획득

시설(F)
- 부대 개편 계획과 연계

인재 양성(P)
- 양성·보수교육
- 특성에 맞는 전문화 교육

〈그림 6〉 운용개념과 전투발전요소의 관계

자material, 인재 양성personnel, 시설facility 등이 함께 융화되어야 한다. 전투발전 7대 요소 중에서 장비·물자, 시설 등은 하드웨어이고, 교리, 훈련, 리더 개발, 인재 양성은 소프트웨어에 속한다. 편성은 하드웨어 요소와 소프트웨어 요소가 모두 융합된 하나의 단위체 모습으로 결과물이 나타난다. 결국, 운용 개념과 군구조, 전투발전 7대 요소는 군사력의 구성과 운용 교리, 전투력 완성을 위한 훈련, 인적 자원 개발 등과 밀접한 관계가 있음을 알 수 있다. 전투발전 7대 요소 중에서 교리, 편성, 장비·

물자는 운용 개념과 군구조가 직접적인 영향을 미치며, 훈련, 리더 개발, 인재 양성, 시설 등은 구성된 군사력의 운용 여건을 보장하고, 상하 제대와 전장 기능별 능력을 통합한다.

일반적으로 국방혁신을 위한 계획을 수립하고 추진하는 과정에서 하드웨어 요소는 구체적인 형상으로 존재하므로 비교적 다루기 쉬운 반면, 소프트웨어 요소는 사유思惟의 영역이기 때문에 다루기 어려운 특성이 있다. 특히, 소프트웨어 요소는 군사적 전문성이 취약하면 취약할수록 방향을 설정하기 어렵고, 군사력의 능력과 효과로 발현시키기는 더더욱 어렵다. 그렇기 때문에 통상 국방개혁의 과제가 하드웨어 요소에 치우치는 현상이 발생한다. 우리의 국방개혁이 군구조, 즉 지휘구조, 부대구조, 전력구조, 병력구조 등을 검토하는 과정에서 편성, 장비·물자, 시설 등과 같은 하드웨어 요소 중심으로 검토되고 논의가 이루어지는 것도 같은 이유 때문이다.

(1) 교리

교리doctrine는 전투력 구성과 운용의 논리적 기반이 되는 운용 개념으로부터 출발하며, 운용 개념은 모든 제대의 교리에 기본 논리로 투영되어야 한다. 운용 개념은 합동 차원의 운용 개념과 각 군의 특성을 고려한 군 고유의 운용 개념으로 나눌 수 있다. 통상, 합동 차원의 운용 개념과 지침은 2개 이상의 군종軍種이 작전을 수행하거나 합동 차원에서 운용하는 부대의 능력을 통합하기 위한 논리와 운용 절차를 규정하기 위한 것이다. 합동성 강화는 각 군 무기체계의 상호운용성과 더불어 2개 군 이상의 능력을 통합하기 위한 교리와 운용 절차의 정립, 훈련을 통한 숙달 등을 통해 달성된다. 그러므로 각 군은 합동 개념을 참고하여 각 군의 고유 특성을 반영한 운용 개념을 발전시켜나가야 한다.

교리는 METT-TC^{Mission, Enemy, Terrain, Troops available, Time & Civilian considerations}를 고려하여 제대·기능·임무 형태별로 사전에 정의된 용어와 정제整齊된 표현을 사용해 이해하기 쉽게 기술해야 한다. 또한, 교리에는 각 제대와 기능별 운용 원칙이 간단명료하게 담겨야 한다. 특히, 사단급 이상 제대의 교리에는 작전술과 전술 차원의 운용 개념과 원칙이 기술되어야 하며, 사단급 이하 전술 제대의 교리에는 실행 중심의 운용 원칙과 행동지침이 담겨야 한다. 실행 과정에서는 상위 제대일수록 원칙과 전술 개념의 공유가, 하위 제대일수록 구체적인 행동화 절차와 반복 숙달이 강조되어야 한다. 그러나 교리는 공통된 이해를 형성하기 위한 운용지침을 제시하는 것이므로, 교리의 엄격한 적용보다 지휘관의 의도를 이해하고 창의성과 융통성을 발휘하여 전장을 주도적으로 이끌어가는 응용 능력이 강조되어야 한다.

(2) 편성

편성^{organization}은 부대의 전술적 능력을 구현하기 위해 필요한 인원, 장비·물자 등을 유기적으로 조합하는 것으로, 완전 편성, 감소 편성, 기간 편성 등이 있다. 편성의 최종 산물은 편성 및 장비표^{Table of Organization & Equipment}와 물자분배 및 배당표^{Table of Distribution & Allowance}의 형태로 발간된다. 이 두 문서는 부대 구성의 근거가 된다. 분대의 경우, 전술적 능력을 구현하기 위한 사격과 기동의 구현 방법과 편성 인원, 계급구조, 개인화기, 분대용 자동화기, 통신장비, 기타 지원장비와 물자의 수량, 유효사거리 등에 대해 검토하고 복수의 방안을 구상한다. 그런 다음 이것들을 야외기동 평가, 전투실험과 시뮬레이션 등의 과학적 방법으로 비교·평가하고 그 결과를 반영하여 구성을 결정해야 한다.

　이 과정에서 개인의 휴대 능력, 전투중량과 생존중량, 통신망 구성 등을 함께 고려해야 한다. 휴대 능력은 개인의 휴대 운반 능력, 개인과 분대가 생존을 위해 휴대해야 하는 필수장비와 물자의 중량 등을 고려해 결정하는데, 전투중량과 생존중량으로 구분한다. 전투중량은 전투임무 수행을 위해 필요한 중량으로서, 개인의 휴대 능력과 전투 지속 기간, 임무 필수장비 등을 검토하여 결정한다. 생존중량은 전투임무 수행과 전투에 투입 전·후에 숙영과 야전 생활 등을 위해 개인이 갖추어야 할 최소한의 물량이다. 모든 전투원은 평소 생존중량을 휴대하다가 전투에 투입되기 전에 집결지에서 전투에 필요한 장비와 물자, 즉 전투물자를 휴대하고 나머지 품목은 집결지에 보관한 후, 전투에 투입된다. 통신망은 분대 내 의사소통을 위한 내부 통신망과 상위 제대인 소대와의 통신 및 정보 공유를 위한 외부 통신망으로 구분해야 하며, 할당된 통신장비를 이용하여 음성 통신과 데이터 통신이 모두 가능해야 한다. 이와 같이 모든 부대는 교리, 편성, 인적 요소와 장비·물자, 훈련 등 하드웨어 요소와 소프트웨어 요소를 짜임새 있게 구성해야 하며, 훈련을 통해 충분히 숙달했을 때 전술적 역량을 효율적으로 발휘할 수 있다.

(3) 리더 개발

리더 개발leadership은 전쟁의 승패를 좌우하는 핵심적인 요소이다. 리더는 '어떤 조직이나 단체에서 목표의 달성이나 방향에 따라 이끌어가는 중심적인 위치에 있는 사람'[52]이다. 달리 표현하면, 크고 작은 조직을 운영하는 책임자를 말한다. 군에서 리더는 특정한 조직과 기능을 책임지고 운영하는 구성원으로서, 통상 간부라고 통칭하기도 하며, 부여된 직책에서 부대를 지휘하고 편성된 조직을 운영하기 위한 다양한 임무를 수행한다. 분대와 같이 작은 조직은 병이나 부사관이 지휘하며, 소대급 제대는 장교가 지휘하는 것을 원칙으로 하나, 필요에 따라 부사관이 지휘할 수도 있다. 중대급 이상의 제대는 장교가 지휘한다. 통상, 소대급 이하 제대를 지휘하는 리더는 지휘자, 중대급 이상 제대를 지휘하는 리더는 지휘관이라고 칭한다.

군의 리더는 솔선수범, 책임감, 도덕성, 희생정신 등과 같은 특별한 자질이 요구되며, 지휘자 또는 지휘관의 능력과 자질에 따라 부대의 전투력이 좌우되기도 한다. 이 중에서도 리더에게 가장 중요한 덕목은 솔선수범과 모범적 처신 및 행동이며, 두 가지 덕목의 체득은 끊임없이 강조되어야 한다. "불량한 지휘관은 있어도 불량한 부대는 없다"라는 오랜 격언은 군 조직에서 리더의 중요성을 단적으로 표현한 것이다. 이처럼 부대의 운용은 간부 개인의 역량에 따라 크게 달라지므로 리더의 개발은 아무리 강조해도 지나침이 없다. 군의 리더는 각각의 양성 목표에 따라 예상되는 역할에 적합한 양성교육과 보수교육 과정을 거치게 되며, 학교 교육, 야전 실무교육, 자기계발自己啓發 등을 통해 우수한 품성을 연마하고 업무역량을 꾸준히 배양해야 한다.

부대를 지휘하는 장교의 선발과 양성은 군대의 질을 결정하는 중요

---

52 네이버 검색.

한 요소이며, 선발 및 양성제도의 질과 운영 능력은 지휘 문화^{Command}$_{Culture}$의 질을 결정한다. 지휘 문화란 지휘 방식에 관한 장교의 인식, 전쟁과 전투에서의 혼란과 위기에 대처하는 방식 등을 의미한다.[53] 독일의 경우는 프로이센 시대 이래로 장교가 되기를 희망하는 학생은 유년 군사학교를 거치면서 군 생활이 자신과 군에게 최선의 선택인지를 부모와 교관과 함께 결정하기 위한 숙고의 시간을 갖는 것으로 알려져 있다. 이 과정을 통해 장교로서 자질을 검증하고, 장교 양성 과정을 통해 배워야 하는 필수 덕목을 체득한다. 장교 양성 과정을 통해 형성되는 지휘 문화는 그 군대의 기풍氣風과 품격品格, 역량力量 등의 형성에 커다란 영향을 끼치며, 장교의 능력과 군의 질적 수준을 좌우하는 결정적 요소이다. 우리 군을 강군으로 육성하기 위해서는 과거 미군이 제1·2차 세계대전을 준비하고 겪으면서 경험했던 성공과 실패의 과정을 철저히 연구하여 반면교사로 삼을 필요가 있다. 우리는 군이 바람직한 지휘 문화를 갖추어나갈 수 있도록 지원하고 독려해야 한다.

장교는 부대 운영의 중추이다. 그러므로 장교는 우수한 자원을 선발하여 전문화된 양성과정을 거쳐야 한다. 장교는 뛰어난 품성, 높은 도덕성, 수준 높은 업무 수행 능력 등이 요구되므로 자기 발전을 통해 고매한 인격과 탁월한 전문성을 갖출 수 있도록 꾸준히 노력하지 않으면 안 된다. 장교에게 우수한 품성과 도덕성, 지휘통솔력, 수준 높은 전문성 등을 요구하는 것은 지휘관의 역량에 따라 부대의 성패가 좌우되기 때문이다. 준사관은 지휘가 아닌 고도의 숙달이 요구되는 특정 기능 분

---

53 외르트 무크 지음, 진중권 옮김, 『Command Culture』, 2021년 발간 예정, p.18.

야에서 전문성이 요구되는 과업을 수행할 수 있는 숙련자로 양성된다. 부사관은 전투기술 습득은 물론, 병을 지도하고 팀, 분대, 소대 등을 지휘할 수 있어야 하며, 지정된 분야의 전문성을 갖출 수 있도록 능력을 배양해야 한다. 병은 개인 전투기술 습득 위주의 양성교육과 개인 전기 숙달을 위한 부대 교육을 통해 전투원으로 양성된다. 또한, 병은 필요에 따라 부사관의 임무를 대행해야 하므로, 분대장 또는 팀장의 역할을 감당할 수 있는 양성 교육과정을 이수하기도 한다. 특히, 장교는 군을 구성하는 장교, 준사관, 부사관, 병의 특성과 역할을 이해하고, 함께 임무를 수행하는 동반자이자 동료로서 가치를 인정하고 존중할 줄 알아야 한다. 그뿐만 아니라, 어떠한 상황에서도 자기 희생, 솔선수범과 모범을 보일 수 있어야 한다.

장교는 부사관, 병사에게 요구되는 개인 전기 숙달의 지도는 물론, 우수한 품성과 리더십, 부대의 전술적 운용, 참모업무 수행 등 다양한 업무 능력을 갖추어야 한다. 장교가 소대급 이상 제대를 지휘통솔하고 다양한 병종으로 구성되는 부대를 지휘하기 위해서는 제 병과에 대한 이해를 바탕으로 부대의 역량을 통합할 수 있는 제병협동 능력을 갖추어야 한다. 제병협동 능력은 군을 구성하는 병종에 대한 이해로부터 출발한다. 제병협동 능력은 군단급 이하 모든 제대에서 전투력을 발휘하는 데 있어 필수적으로 요구되는 역량이다. 따라서 장교는 자신의 소속 병종만이 아닌 타 병종에 대한 깊은 이해를 바탕으로 전술적 필요에 따라 구성되는 병종의 역량을 능숙하게 통합할 줄 아는 능력을 갖추어야 한다.

미군의 경우, 위관급 장교에게 대대 및 여단급 참모업무와 병과나 특기 등에 대한 교육을 이수한 우수 자원을 대상으로 타 병종의 무기와 장비 운용을 가르치는 9주간의 제병협동 과정인 제병협동참모학교Combined Arms and Services Staff School를 별도로 운영하고 있다. 그뿐만 아니라 영관급 이상 고급장교에게 필요한 합동작전 수행 능력을 배양하기 위해 지휘참모대학 과정을 거치도록 하고 있다. 또한, 이수 자원 중에서 상위 10%를 선발하여 1년간 작전술에 대한 이론과 적용에 관한 학습 과정인 SAMSThe School of Advanced Military Studies를 운영하고 있다. 이 과정에서는 '군사작전에 대해 무엇을 생각해야 하는가를 가르치는 것이 아니라 어떻게 생각해야 하는지를 가르치는 것'이 목적이라고 한다. 이를 위해 학습 과정은 비판적이고 창의적인 사고력 향상에 중점을 두고 있으며, 이론에 치우친 탁상공론이 되지 않도록 이론과 실전을 접목하는 주기적인 전쟁 연습과 야전 실습, 전적지 답사 등을 병행해서 실시한다고 한다. 이러한 교육의 목적은 장교의 전문성을 길러주고 차원 높은 제병협동 능력과 작전술 운용 역량을 배양하기 위한 것이다. 미군은 이러한 노력의 결과가 축적되어 최근 치러진 전쟁에서 탁월한 역량을 발휘할 수 있었으며, 그로 인해 세계에서 가장 우수한 군대 중 하나로 인정받을 수 있었다.

(4) 인재 양성

인재 양성personnel은 하루이틀에 이루어지지 않으며, 다른 어느 것보다도 많은 시간과 노력이 요구된다. 특히, 군을 운영하는 인재는 강한 책임감, 창의적 발상, 조직에 대한 헌신, 자기 희생 등 특별한 자질과 능력이 요구된다. 인재 양성은 잘 짜인 양성교육과 보수교육을 통해 이루어지지만, 계획된 교육만으로는 한계가 있다. 우선, 선발 과정부터 치밀한 구성으로 우수한 자질을 가진 자원을 선발할 수 있도록 노력해야 한다. 인적 자원은 자질이 우수한 자원을 선발하여 각 개인의 특성과 자질, 지적 능력 등에 맞게 교육하고 관리해야만 조직에서 기대하는 목적을 달성할 수 있다.

인재 양성은 계획된 교육뿐만 아니라, 동기 부여를 위한 다양한 보상報償 체계를 추가함으로써 스스로 노력하는 분위기를 마련한다면 더욱 큰 성과를 거둘 수 있다. 교육과정이 아무리 좋다 해도 스스로 노력하지 않는다면 좋은 성과를 거두기 어렵다. 따라서 지속적으로 동기를 부여하여 스스로 노력하도록 만드는 것은 중요하다. 역사적으로 뛰어난 지휘관과 장교들은 다양한 주제에 관한 엄청난 양의 책을 읽고 스스로 연구했으며, 군사사軍事史와 수많은 전례戰例를 탐구함으로써 전장에서 활용할 수 있는 아이디어와 영감을 얻을 수 있었다.

모든 사람이 똑같이 군에서 장기간 복무할 수는 없다. 군 계급구조의 특성상 어떤 이유로든 일정 부분의 중도 퇴진이 불가피하므로 자신의 장래에 대해 좀 더 다양한 선택의 기회를 주는 것은 개인적으로나 국가적으로도 매우 바람직하다. 군은 장기적인 관점에서 개인의 특기 및 사회 진출과 연계된 다양한 학습 기회를 제공하여 구성원의 성취욕을 북돋아줌으로써 향후 진로에 대한 불안감을 갖지 않도록 노력해야 한다. 이스라엘은 각 분야에서 요구되는 자원을 능력 위주로 선발하고, 요구되는 능력에 부합하는 전문교육과정을 체계적으로 거치도록 한 뒤 실무교육을 통해 심화하는 방법을 채택하고 있다.

우리 군도 정보 분석이나 사이버 등 전문 분야에서 필요로 하는 자원을 잘 선발하여 체계적인 전문교육과정을 거치도록 한다면, 우수한 업무 수행 능력과 전문성을 갖출 수 있다. 전문교육과정은 반드시 실무와 연계되어야만 효과를 발휘할 수 있다. 실무와 연계되지 않은 교육은 외형, 즉 학위 취득에만 치중할 뿐, 활용할 수 없으므로 무용無用하기 때문이다. 따라서 군은 인재들이 대학교육과 연계한 전문화 과정을 통해 이론적 지식을 갖추게 하고 부대 실무교육 등을 통해 업무 역량을 키울 수 있게 함으로써 전문성을 높여야 한다. 그뿐만 아니라 특정 분야의 인재는 상위 학문 과정을 추가로 이수케 함으로써 군의 전문성과 사회의 활용성을 함께 향상시키는 제도적 방안을 모색摸索할 필요가 있다. 이처럼 군에서 필요로 하는 인재를 잘 선발하고 개인의 학업과 군 복무 중에 수행하는 특기, 전역 후의 직업 등과 연계된 전문교육과정을 이수케 한다면, 우수한 인적 자원의 개발과 활용이 지속 가능한 시스템을 구축할 수 있을 것이다.

(5) 훈련

훈련training은 실전과 유사한 상황에서 개인 또는 부대의 임무수행 능력을 배양하기 위한 것이다. 훈련하지 않는 군대는 작전적·전술적 목적에 적합한 능력과 기능을 발휘할 수 없다. 훈련은 크게 개인 훈련과 부대 훈련으로 구분할 수 있다.

개인 훈련은 전투 임무 수행과 전장에서의 생존을 위해 필요한 개인의 전투기술을 체득하기 위해 실시하며, 원리에 대한 이해와 반복적인 행동을 통해 숙달한다. 개인 훈련은 과학적 기법을 도입함으로써 그 효율성을 더욱 높일 수 있다. 통상 개인훈련은 개별적 숙달과 집체교육을 통해 반복적으로 실행함으로써 유사시 조건반사적인 행동을 끌어낼 수 있도록 숙달하는 것을 목표로 한다. 그래야만 위기 상황에서 무의식적으로 올바른 전술적 행동을 이끌어낼 수 있기 때문이다.

부대 훈련은 주둔지 또는 야외에서 부대 단위의 제병협동 구성을 기반으로 한 절차적 반복을 통해 숙달하며, 부대 단위 또는 지휘관과 참모가 참여하는 형태로 실시한다. 부대 훈련은 제병협동을 기반으로 하여 개인과 부대의 능력 향상은 물론, 타 병종에 대한 이해와 능력의 통합을 목적으로 한다.

지휘관과 참모는 하나의 팀으로서 상·하급 및 인접 제대와의 협조와 전장 기능의 통합은 물론, 불확실성이 가득한 전장에서 시의적절한 상황 조치 능력을 꾸준히 배양해야 한다. 그 이유는 지휘관과 참모가 피아彼我에 관한 상황 파악과 능력 분석을 기반으로 수시로 변화하는 전장 상황에 적합한 전술적 조치를 간단없이 시행할 수 있어야 하기 때문이다. 최근에는 참모조직이 편성된 대대급 이상 제대에서 지휘관의 상황 판단 능력 향상과 참모의 역할 및 기능에 대한 숙달 등의 목적을 달성하기 위해 지휘관 및 참모훈련을 위한 다양한 과학적 훈련 기법을 도입하고 있다.

지휘관과 참모가 하나의 팀으로서 능력 향상을 위해 실시하는 훈련으로는 야외기동훈련FTX, Field Training eXercise, 지휘소기동훈련CPMX, Command Post Maneuver eXercise, 지휘소훈련CPX, Command Post eXercise, 전투지휘훈련BCTP, Battle Command Training Program 등이 있다. 이 중에서 전투지휘훈련은 지휘관과 참모가 하나의 팀이 되어 실전과 유사한 전장 상황을 컴퓨터로 모의함으로써 전장에서 생성·소멸하는 자료들을 수집·처리·분석하고 이를 통해 상황에 부합하는 전술적 조치를 반복적으로 숙달하는 유용한 훈련이다. 그러나 야외기동훈련을 하지 않으면 전투지휘훈련은 탁상공론에 그치고 말 가능성이 크고, 컴퓨터 게임으로 전락할 위험성이 있다. 그러므로 모든 부대의 지휘관과 참모는 전투지휘훈련을 통해 지휘 및 참모활동 절차를 숙달하고, 야외기동훈련과 지휘소기동훈련 등을 통해 전술적 능력을 완성해야 한다.

미군의 경우, 전투지휘훈련은 지휘관 재임 기간 중 수차례의 연습과 임기 종료 전에 평가함으로써 재임 기간 중의 훈련 성과와 지휘관의 역량을 측정한다. 또한, 전장에 투입되는 부대는 전장 환경과 상대해야 할 적의 특성을 반영한 유사 전투 상황을 조성하여 지휘 및 참모활동 절차를 반복 숙달한 후에 국립훈련센터National Training Center에서 야외기동훈련을 한다. 우리의 전투지휘훈련은 본래 취지와 달리, 7시간의 훈련체계 습득 훈련과 평가 목적으로 실시되는 40여 시간의 공격 및 방어 훈련이 전부이다. 또한, 훈련이 종료된 후에는 훈련자료 분석을 통한 신랄한 사후 검토 과정을 거치면서 과오와 교훈을 찾아내야 함에도 불구하고 관대한 평가로 일관함으로써 전투지휘훈련 본연의 목적에서 크게 벗어나 있다. 전투지휘훈련의 목적은 실전과 유사한 전장 상황을 조성하여 지휘 및 참모활동 절차를 숙달하고, 상황조치 능력을 배양하기 위한 것이다. 우리가 전투지휘훈련을 목적에 맞게 시행하기 위해서는 더 많은 훈련 자원을 확보하여 재임 기간 중 지휘관 주도로 여러 차례의 반복 훈련을 할 수 있도록 지원하고 임기 말에 훈련 성과를 측정하는 방식으로 전환해야 한다.

아무리 훌륭한 훈련 도구라 하더라도 본래의 취지와 목적에 맞게 훈런하지 않으면 원하는 훈련 목표를 달성할 수 없다. 또한, 훈련이 성과를 내기 위해서는 올바른 평가제도의 발전과 적용이 필수이다. 평가는 내부 평가, 외부 평가 또는 정기 평가, 수시 평가 등 다양한 방식으로 이루어진다. 평가는 객관적이고도 엄정하게 이루어져야 하며, 훈련 미달자에 대해서는 재훈련과 더불어 엄정한 책임 추궁을, 우수자에 대해서는 적절한 보상을 부여하는 등 신상필벌信賞必罰을 명확하게 시행해야 한다. 훈련에 대한 신상필벌이 지나친 경쟁을 부추기거나 훈련 성과 이외의 문제를 우려하여 완화 또는 왜곡된다면, 목표하는 훈련 성과의 달성은 요원해진다. 훈련 평가는 절대평가를 하되, 온정적인 평가는 피하고 훈련 수준 미달자에 대해서는 엄정한 조치를 취해야 한다. 또한, 요구 수준에 미달한 부분에 대한 보완 조치는 훈련 효과가 사라지기 전에 즉각 시행되어야만 올바른 성과를 거둘 수 있다.

(6) 장비·물자

장비·물자material는 인력과 더불어 부대를 구성하는 중요한 하드웨어 요소로서, 1종부터 9종으로 분류한다. 부대의 전술적 능력은 구성되는 무기체계의 종류와 성능, 기능에 의해 결정된다. 따라서 각 부대에 요구되는 전술적 임무에 적합한 성능과 기능을 갖춘 장비와 물자를 할당해야 한다. 무기체계를 제외한 장비와 물자는 무기체계의 운용과 부대 운영을 지원하기 위해 할당한다. 지원 장비와 물자가 부족하거나 결여되면 무기체계의 성능을 구현하기 어렵다. 그러므로 인적 자원 배치와 더불어 지원 장비와 물자의 구성에 소홀함이 있어서는 안 되며, 새로운 무기체계로 대체할 경우에는 지원하는 장비와 물자도 재구성해야 한다. 무기체계와 무기체계의 운용을 지원하기 위한 장비와 물자 이외에도 의무 지원, 숙영, 취사 등 부대 운영을 위해 많은 장비와 물자가 필요하다. 이들 장비와 물자는 무기체계 운용의 완전성을 보장하고 부대 운영을 지원하기 위한 것이므로, 부족·누락·중복되지 않도록 세심하게 검토해야 한다. 장비와 물자가 부족하거나 누락되면 부대의 임무와 기능 수행에 지장을 초래하며, 중복되면 부대의 물동량을 증가시켜 부대 운용을 어렵게 한다.

장비·물자의 핵심인 무기체계는 기능에 따라 정찰·감시체계, 기동 및 대對기동체계, 화력체계, 항공체계, 해상체계, 방공체계 등으로 분류한다. 또한, 무기체계는 사용 목적이 같을지라도 기술 수준에 따라 성능과 운용 측면에서 커다란 차이가 발생하기도 한다. 많은 국가와 군은 첨단 무기를 확보하기 위해 노력하고 있다. 그러나 첨단 무기는 성능이 상대적으로 우수하여 큰 장점이 있는 반면에, 비용의 증가와 함께 운용 능력을 갖추기 위해 세심한 관리와 기능 점검, 높은 수준의 숙달이 요구되고, 기술 발전 속도가 빠를수록 진부화 속도도 빨라진다. 그러므로 무기체계의 확보와 운용은 전쟁 양상의 변화, 운용 개념의 구현, 기술 발전 추세, 가용 재원, 운용 중인 무기체계 등을 함께 고려해야 한다. 모든 국가는 자원이 한정되어 있으므로 신규 무기체계의 확보 못지않게 보유 중인 무기체계의 효율적 활용과 지속적인 성능개량에도 많은 관심과 노력을 기울여야 한다.

구형 무기체계는 성능개량을 통해 새로 확보하는 신규 무기체계와의 조화로운 운용이 가능하고, 약간의 재화 투입으로 능력을 현저히 개선할 수 있다. 통상, 구형 무기체계의 성능을 개량할 때에는 경제성을 고려하게 된다. 이때, 경제성의 유무는 구형 무기체계의 잔존가치가 아닌 재화의 투입으로 성능이 개선된 무기체계와 획득하고자 하는 신형 무기체계의 가치를 상호 비교하여 판단해야 한다. 달리 표현하면, 경제성의 유무는 구형 무기체계의 잔존가치·투자비용·예상되는 기대가치와 신형 무기체계의 구매비용·예상되는 기대 가치 등을 비교·분석해 판단해야 한다는 것이다. 비교·분석 결과, 개량된 구형 무기체계의 기대가치가 신형 무기체계의 기대가치보다 크다면 경제성은 충분한 것이다.

구형 무기체계는 잔존가치보다 더 많은 비용을 투입해야 하기 때문에 경제성이 없다고 판단하는 것은 올바른 결정이 아니다. 통상, 신형 무기체계의 획득은 구형 무기체계의 성능개량보다 더 많은 시간과 예산이 필요할 뿐만 아니라, 새로운 운용체계 구축을 위한 교육훈련, 수리부속 확보 등과 같은 많은 추가적인 노력이 필요하다. 만약 추가적인 재화의 투입으로도 구형 무기체계의 기술적 진부화를 극복하지 못하거나 성능을 향상시키지 못한다면, 그 무기체계는 즉각 폐기해야 한다. 그럼에도 불구하고 전쟁 초기 대량 손실이 예상되거나 획득 및 보충에 많은 시간이 필요한 주요 무기체계는 유사시를 대비하여 성능개량과 수명연장 등의 조치를 통해 비축할 필요가 있다. 이러한 조치는 비용을 절감하고, 유사시 짧은 시간 안에 전쟁 지속 능력을 개선하며, 부대의 전투력을 유지·복원하는 데 큰 도움이 된다.

유사시 구형 무기체계에 숙달된 많은 인적 자원이 존재한다는 것은 또 다른 장점이기도 하다. 구형 무기체계는 신형 무기체계보다 상대적으로 간단한 조작과 적은 노력으로 운영 유지와 성능 발휘가 가능하므로, 익숙한 구형 무기체계의 성능개량은 여러 가지 이점을 제공한다.

첨단 무기체계라고 해서 반드시 바람직한 것만은 아니다. 무기체계는 첨단화될수록 운용을 위한 준비와 지원 소요가 많으며, 충분히 숙달하지 않으면 첨단 무기체계의 능력을 온전히 발휘하기 어렵기 때문이다. 그럼에도 불구하고 첨단 무기체계는 적을 압도할 수 있는 분명한 전략적·전술적 이점을 가지고 있다. 그러므로 무기체계는 신형과 구형의 조화로운 운용이 가능해야 하며, 조화로운 운용을 위해서는 신형 무기체계와의 연계를 위한 구형 무기체계의 지속적인 성능개량이 이루어져야 한다. 전장에서 승리를 달성하기 위해서는 무기체계의 성능도 중요하지만, 충분한 숙달을 통해 능숙한 운용 능력을 갖추는 것이 더 중요함을 잊어서는 안 된다.

(7) 시설

시설facility은 전투력을 운용하기 위해 준비하는 물리적 공간이다. 통상, 지상군 부대는 평시 부대의 의식주를 해결하고, 전투 장비와 물자의 보관 및 관리, 정비 등 부대 유지를 위해 주둔지와 지원시설이 필요하다. 특히, 군단급 이하의 지상군 부대는 유사시 모든 부대 활동을 야외에서 소화할 수 있어야 한다. 필요에 따라서는 건물을 징발해서 사용할 수도 있으나, 야외에서 부대 활동과 관련된 모든 문제를 스스로 해결할 수 있도록 준비하고 숙달하지 않으면 안 된다. 지상군의 경우, 주둔지 시설을 확보할 때는 평시 생활의 편의성과 관리 등을 고려하되, 견고한 시설보다는 지형을 이용해 초기 피해를 최소화할 수 있는 시설의 확보와 배치를 우선적으로 고려해야 한다. 그러나 해군과 공군의 경우는 전·평시 전투력을 보관·정비·관리·운용하고 물자를 보충하기 위해 기지와 시설을 운영하는 등 부대 운영과 전투력 운용을 위한 모든 준비 활동이 기지 내에서 이루어진다. 그러므로 기지 내에 있는 장비 및 물자 보관, 정비, 재보급, 인원 교대 등을 위한 해군과 공군의 시설은 생존성을 고려하여 견고하게 구축해야 한다.

국방개혁을 통한 군사력의 재편은 대응 개념의 변화와 군사력 재배치, 신규 무기체계 도입, 예비군 정예화 등을 동시에 고려한 통합적 관점에서 추진해야 한다. 병력과 부대의 감축은 각 부대의 책임 지역과 작전 범위를 확대시킴으로써 적의 공격에 대한 취약성을 증가시키고 빠른 반응속도를 요구한다. 국방개혁 추진에 따라 조정되는 부대 배치는 적절한 위치 선택과 대응시간 단축방안을 사전에 충분히 고려하지 않는다면, 군사대비태세에 부정적인 영향을 끼치게 될 것이다. 따라서 시설은 전략적·작전적·전술적 대응을 고려한 부대 위치, 현대화된 훈련장과 시설의 배치, 전시 비축물자의 보관과 이동, 유사시 전개 공간의 확보 등을 충분히 고려해야 한다. 그러므로 부대의 재배치와 시설의 통폐합은 전략적 배비와 작전적 운용 측면에서 종합적으로 검토해 결정해야 한다.

국방개혁을 추진하는 과정에서 부대 재배치와 시설의 조정은 변화하는 비무장지대DMZ 경계 여건, 전력의 배비, 대응 개념의 변화에 따른 준비태세 개선 등을 함께 고려해야 한다. 그러려면 부대 재배치와 시설 조정을 결정하기 전에 운용 개념과 전략적 대응 개념, 작전적 운용 방안 등을 먼저 검토해야 하며, 이를 고려하지 않고 성급하게 추진한다면 많은 대가와 부담을 감당해야 할 것이다. 이와 더불어, 부대의 감축으로 인해 발생하는 유휴시설과 토지의 활용 방안도 심도 있게 검토하지 않으면 안 된다. 왜냐하면 국방개혁 추진 과정에서 발생하는 부대 조정과 유휴지 활용 및 처리는 한번 잘못되면 바로잡기도 어렵고, 새로운 토지 매입도 거의 불가능하기 때문이다.

5
/
발전하는
첨단 기술의 활용

(1) 기술과 무기체계 성능

1980년대에 들어서면서 비약적으로 발전한 IT기술은 무기의 정밀도를 획기적으로 발전시켜왔다. 무기체계의 정밀도 향상은 무기 설계 개념의 변화는 물론, 싸우는 방식의 개선, 군수지원 개념의 발전 등 군사 분야 전반에 걸친 변화와 혁신을 초래했다. 이에 따라 미래의 군은 현재보다도 고도의 전문성을 갖춘 군대로 변모^{變貌}해나갈 것이다. 또한, 군의 규모는 작아지면서 더욱 치명적인 모습으로 변화해나갈 것이며, '작지만 강한 군대'를 지향하는 추세가 더욱 빨라질 것이다. 이러한 흐름은 초전에서의 승패가 전장의 흐름에 결정적인 영향을 끼치게 될 것이며, 상비전력이 더욱 중요한 역할을 담당하게 될 것임을 암시한다. 이처럼 '작지만 강한 군대'를 지향하는 추세에 따라 상비전력이 규모가 축소되고 전문화되면 될수록 예비전력의 정예화는 더욱 강조되어야 한다. 왜냐하면 상비전력이 전문화되고 축소될수록 유사시 예비전력의 역할이 중요하기 때문이다.

현대전에서 군사과학기술의 활용은 전장에서의 승패와 군사력의 우열을 가리는 요인 중 하나이다. 기술이 모든 문제를 해결할 수는 없지만, 기술적 이점을 간과하면 적으로부터 기술적 기습을 당할 수 있다. 군사력 운용 과정에서 주어진 과업을 완수하기 위해 다양한 작전적·전술적 방안을 모색하듯이, 무기체계를 선정하고 성능을 결정하는 과정에서도 기술로 해결할 수 있는 문제와 운용으로 풀어야 할 문제들이 많이 얽혀 있다. 만약 운용으로 풀 수 있는 문제를 기술로 해결하려고 한다면, 많은 시간과 노력, 비용이 필요할 것이다. 반대로, 기술로 해결할 수 있는 문제를 운용으로 해결하려고 한다면, 무기 효과의 감소는 불가피하겠지만, 시간과 노력, 비용 등은 대폭 줄일 수 있다. 따라서 우리는 운용 개념과 기술을 결합하여 독창적인 활용방안을 모색함은 물론, 새로운 운용 개념의 발전, 기술의 지속적 개발 및 적용, 기존 무기체계와 신규 무기체계 간의 조화로운 운용 등을 통해 비용과 시간, 노력 등을 효율적으로 사용하고 관리해야 한다.

전장에서 수시로 변화하는 기상 및 지형, 대치하고 있는 적 등 환경 변화에 따라 생성·소멸하는 정보와 데이터의 수집·분석·처리는 전쟁 수행에 지대한 영향을 미친다. 정보는 필요한 부대와 기능, 인원에게 적시에 전달할 수 있어야 한다. 만약 정보를 적극적으로 활용할 수 없거나 필요한 조직과 인원에게 적시에 전달하지 않으면, 많은 정보를 가지고 있다고 하더라도 아무런 가치가 없다.

오늘날 전장 정보와 데이터를 수집·분석하기 위해 센서Sensor, 빅데이터Big Data, 인공지능AI, 클라우드 컴퓨팅Cloud Computing 등 다양한 기술이 폭넓게 활용되고 있는데, 이러한 다양한 기술은 실시간 상황 관리 및 정보 공유를 가능하게 해준다. 이러한 운용 환경을 구축하기 위해서는 신뢰성 높은 네트워크를 구성하고, 부대 운용을 통해 수집된 방대한 데이터를 충분히 활용할 수 있어야 한다. 우리는 4차 산업혁명 기술과 군사혁신, 첨단 방위산업을 논하면서도 보안이라는 통제의 틀에 막혀 수집한 데이터를 제대로 활용하지 못하고 있다. 이를 극복하기 위해서는 수집한 데이터를 효과적으로 통제하고 활용할 수 있는 기준을 마련하여 데이터를 적극적으로 활용할 수 있는 보안체계를 시급하게 구축해야 한다.

현대 무기체계는 네트워크를 기반으로 긴밀하게 연결되어 상승 효과synergy effect를 발휘하고 있으며, 지상·해상·공중·사이버·우주 등 다영역多領域으로 그 능력이 확장되고 있다. 그러나 기술은 발전하면 할수록 더 정밀해지고 보다 큰 효과를 발휘하는 등 이점이 확대되는 반면에, 투입 비용과 관리의 어려움은 증가한다. 우수한 기술은 분명한 이점을 제공하지만, 새로운 허점을 만들어내기도 한다. 첨단 기술은 많은 시간과 비용이 투입되어야 하므로 장기적 비전과 목표를 가지고 꾸준히 개발을 추진하되, 무기체계의 운용 목표를 구현하는 적절한 수준에서 선택적으로 적용해야 한다.

(2) 사용자 요구의 관리

모든 무기는 전술적 운용 목표 구현에 최적화될 수 있도록 요구사항을 결정하고 개발해야 한다. 운용 목표를 초과하는 무기체계 능력의 설정은 전력화 지연, 비용과 노력의 낭비를 초래한다. 사용자는 기회가 있을 때마다 최고 성능을 요구하거나 사용자에게 유리한 기능을 추가하려는 경향이 있다. 이러한 현상은 사용자의 입장에서는 자연스러운 것이지만, 반드시 긍정적이지만은 않다는 데 문제가 있다. 사용자의 요구는 사용자 개인의 경험과 욕구에서 기인하기도 하고, 주요 성능이 아닌 부수적 성능에 속하는 것이 많아서 객관성을 갖기 어려운 측면도 있다. 물론, 사용자의 요구는 귀담아들어야 하지만, 지나친 요구는 부작용을 유발하기도 한다.

그러므로 기획자와 사업관리자는 사용자의 요구가 많아질수록 획득 비용과 개발 기간, 정비 유지의 어려움을 증가시킬 수 있다는 점에 유의하여 합리적인 틀 내에서 사용자 요구를 관리하고 조정할 줄 알아야 한다. 기획자와 사업관리자가 사용자의 요구를 관리하고 조정하지 못하면, 불요불급한 기능의 추가로 인해 무기체계의 복잡성과 비용 및 시간의 증가가 필연적으로 뒤따를 수밖에 없고, 개발 목표를 훼손하거나 운용의 효율성이 저하될 수 있다. 그러므로 기획자와 사업관리자는 개발하는 무기체계의 전술적 용도와 기능, 적용 가능한 기술, 적합한 개발 수준 등에 관한 이해를 바탕으로 사용자를 설득하면서 목표지향적인 사업 관리를 해나가야 한다.

일례로, 총기는 본래의 전술적 목적에 비해 긴 유효사거리를 요구하게 되면 중량, 기술적 어려움, 비용 등이 급증하고 운반 및 휴대성이 떨어진다. 무기체계가 전술적 요구 성능을 100% 충족시키는데도 그 이상을 충족시킬 것을 요구하게 되면 성능은 우수해 보일지 몰라도 휴대성이 나빠지고 체계 운용의 복잡성과 지원요소 등이 증가하게 된다.

과거에 많은 논쟁을 불러일으켰던 K2 전차 엔진의 가속 성능 8초와

10초는 정지상태에서 100m를 기동하느냐, 아니면 97m를 기동하느냐의 차이일 뿐, 전술적으로 그 수치는 별 의미가 없다. 현재, 여러 국가가 개발한 전차용 소형 고출력 파워팩power pack은 5초, 8초 또는 10초 등 다양한 가속 성능을 보유하고 있다. 그러나 우리는 독일과 우리의 기술 격차가 큼에도 불구하고 우리의 능력에 대한 고려 없이 독일의 엔진 업체가 제시한 세계 최고 수준의 성능 수치를 목표로 K2 파워팩을 개발하기로 결정했다. 설사 그렇다 하더라도 개발 과정에서 식별된 문제는 합리적 검토와 의사결정 과정을 거쳐 수정하면 되는 것임에도 결정된 개발 목표를 고수하여 많은 문제를 불러일으켰다. 이런 현상은 우리의 획득제도가 통제와 제재, 처벌 위주의 부정적 성격이 강하기 때문에 발생한 것이다. 설사, 개발 목표가 아닌 작전요구성능이라고 하더라도 현재의 규정에 근거하여 얼마든지 수정할 수 있는데도 불구하고 K2 전차 엔진의 가속 성능을 둘러싼 논쟁은 책임을 회피하려는 자기방어적 업무 행태로 인해 빚어진 촌극이었다.

이와 유사한 또 다른 사례가 있다. 2019년, 300m의 거리에서 운용 가능한 새로운 개념의 소화기 조준 기구가 이스라엘에서 개발되어 군에 소개되었으나, 소총의 유효사거리 460m 이상을 충족해야 한다는 이유로 거부되었다. 이것이 옳은 결정일까? 군은 전술적으로 유용하다고 판단되면, 현재의 기술 수준으로 유효사거리를 300m밖에 구현할 수 없을지라도 운용하면서 성능개량을 통해 발전시켜나가는 방안을 모색하는 것이 바람직하다. 왜냐하면, 모든 무기는 단 한 번의 개발로 완성되지 않기 때문이다. 무기체계는 꾸준한 기술 개발과 성능개량을 통해 진화·발전하는 것이다. 현재의 기술 수준으로 개발된 무기체계가 군이 요구하는 유효사거리가 500m를 충족하지 못한다고 해서 그것을 운용하지 않고 유효사거리 500m를 구현할 수 있는 기술이 개발될 때까지 기다린다면, 이미 개발된 기술의 이점은 활용할 수 없게 된다. 그러므로 현재의 기술로 개발된 무기체계가 목표 성능을 구현할 수 없다면, 다소 부족하더라도 운용하면서 발전시켜나가는 것이 현명한 선택인 것이다.

또한, 극초음속 무기를 선진국에서 개발하여 배치한다고 해서 우리도 반드시 가져야 한다는 단순한 생각은 올바른 것이 아니다. 먼저 왜 그것을 가져야 하는지에 대해 숙고熟考해야 한다. 극초음속 무기의 개발 여부는 우리의 전략 환경을 고려할 때 군사적으로 얼마나 유용한지를 심도 있게 검토한 후 신중하게 결정해야 한다.

극초음속 무기는 스크램제트scramjet 엔진을 이용하여 마하Mach 5 이상의 극초음속으로 비행한다. 극초음속 미사일은 탄도미사일에 탑재하여 발사 후, 탄도미사일의 속도를 이용하여 고속 활강 비행하는 미사일HGV, Hypersonic Glide Vehicle과 대기권 내에서 스크램제트 엔진을 점화하여 극초음속으로 비행하는 순항미사일Hypersonic Cruise Missile, 이 두 종류가 있다. 전자前者는 러시아의 아방가르드Avangard, 후자後者는 러시아의 킨잘Kinzal과 지르콘Tsirkon이 있다. 아방가르드는 지대지용으로, 지르콘은 지대지·지대함·함대함·공대함용으로, 킨잘은 공대공과 공대함용으로 개발되고 있는 것으로 알려지고 있다. 중국도 2018년 8월 극초음속 비행체인 싱쿵星空-2 개발에 성공했다고 발표했는데, 충격파를 양력으로 이용하는 웨이브 라이더wave rider 기술을 활용한 것으로 알려져 있다. 이처럼 러시아, 중국 이외에도 미국, 인도, 프랑스, 독일, 일본 등 많은 국가가 극초

음속무기 개발에 뛰어들고 있다.[54]

극초음속 무기를 개발하기 위해서는 막대한 예산과 넓은 공간, 정밀 계측 장비 등 많은 시설과 장비를 갖추어야 한다. 극초음속 기술의 핵심인 스크램제트 엔진은 미국과 러시아, 중국, 일본 등이 개발하고 있으며, 일본조차도 국내에서 적절한 공간 확보가 어려워서 호주에서 시험하고 있는 것으로 알려져 있다. 극초음속 무기로 달성하고자 하는 군사적 목적은 현재의 탄도미사일 기술로도 상당 부분을 달성할 수 있다. 극초음속 무기의 확보 여부를 결정하기 위해서는 먼저 극초음속 무기의 장·단점에 대해 명확히 파악해야 한다. 극초음속 무기는 고속비행으로 인해 점 표적에 대한 파괴 효과가 크고, 대응이 어렵다는 장점과 일단 발사된 후에는 통제가 어렵고 탄두 탑재 중량이 제한된다는 단점이 함께 존재한다. 그러나 장점에 대해서는 많이 알려져 있지만, 단점에 대해서는 충분한 검토가 이루어지지 않았다. 이외에도 비용 대비 효과, 개발난이도, 공격대상 표적 등을 좀 더 심도 있게 검토한 후에 개발 여부를 결정해야 한다. 물론, 상대의 허점을 찌를 수 있는 신형 무기를 개발하면 전략적 억제 효과를 상당 기간 유지할 수 있다는 이점이 있기는 하다.

통상, 미사일의 속도를 높이려는 것은 속도가 빠를수록 물리적 힘이 증대되어 파괴력이 클 뿐만 아니라, 적이 효과적인 대응 방법을 찾기 어렵기 때문이다. 우리가 막대한 비용과 거대한 시험시설이 필요한 스크램제트 엔진과 같은 극초음속 기술을 개발하고 전력화를 위한 부담을 기꺼이 감수할 가치가 있는지는 의문이다. 무기체계의 개발과 전력

---

54 주간동아 제1153호(2018년 8월 29일)

화는 전략적·작전적·전술적 필요성에 따라 합리적으로 의사 결정하고, 선택적으로 추진하는 슬기가 필요하다. 남이 가지니까 우리도 가져야 하고, 있으면 좋다는 식의 선택과 결정은 유한한 국가 자원을 낭비하는 것이므로 바람직하지 않다. 아무리 기술 개발 차원에서 의미가 있다고 할지라도, 군사적 관점에서 유용하지 않다면 제한된 국가 자원을 더 의미 있는 분야에 투입하는 것이 더 바람직할 것이다.

(3) 기술 발전과 전쟁 양상

오늘날에는 개발된 기술을 특정 무기체계에만 제한적으로 활용하기보다는 다른 분야의 기술들과 융합해서 새로운 개념의 무기체계를 창안하거나 네트워크를 이용하여 다른 무기체계와의 물리적 통합을 통한 상승synergy 효과를 창출하기 위해 노력하고 있다. 그 대표적인 예가 감시·정찰체계와 지휘·통제·통신체계, 정밀타격체계를 상호 연계하는 복합체계System of Systems인데, 여기에는 통신, 센서, 소프트웨어 등 다양한 기술들이 접목되고 있다. 발전하는 기술을 활용한 무기체계의 통합은 효과 중심 정밀타격전, 동시통합전, 병렬전, 비살상전, 네트워크 중심전 등으로 다양하게 표현되는 새로운 전쟁 양상의 변화를 선도하고 있다. 196쪽의 〈그림 7〉과 같이 미래전 양상은 어느 분야에 중점을 두고 바라보느냐에 따라 각각 달리 표현된다.

특히, 1980년대부터 급격한 발전을 거듭해온 정보기술Information Technology은 무기체계의 구성과 성능에 지대한 영향을 끼쳐왔다. 정보기술의 발전은 무기에서 차지하는 전자구성품의 비율을 꾸준히 높여왔으며, 이와 더불어 소프트웨어의 중요성을 부각浮刻시켰다. 전차의 경우,

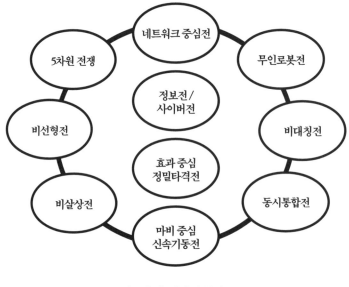

〈그림 7〉 미래전 양상

전자장비와 사격통제장비의 비용이 차지하는 비율은 전체 장비 가격의 40%를 웃돌고 있다. 또한, 소프트웨어의 수준이 장비의 성능을 좌우하는 중요한 요소로 등장했다. 즉, 외형적으로는 유사하다고 하더라도 내장된 소프트웨어가 우수하면 장비의 성능도 현저히 차이가 나는 현상이 나타나고 있다.

　미국이 개발한 전투기에 내장된 소프트웨어의 비중은 1960년대에 개발한 F-4 전투기가 8%인 데 비해, 2000년에 개발한 F-22 전투기는 80%에 달한다. 국내에서 개발한 전차의 경우에도 1980년대에 개발한 K1 전차에 탑재된 소프트웨어는 3만 라인^{line}에 불과했으나, 2000년대에 개발한 K2 전차에 탑재된 소프트웨어는 66만 라인으로 무려 22배에 달한다. 또한, 정밀유도무기의 사용 비율에서도 유사한 변화가 일어나고 있다. 제2차 세계대전 당시, 교량 1량을 파괴하기 위해서는 9,000

여 발의 폭탄이 필요했으나, 현대에 이르러서 단 한 발의 미사일로 파괴할 수 있다. 1991년 걸프전에서는 7~8%에 불과하던 정밀유도무기 사용 비율이 2003년에 치러진 이라크전에서는 68%로 증가했다.

이처럼 발전하는 기술의 적용은 다양한 군사적 이점을 제공한다. 그러나 발전하는 기술의 적용은 이로움만 있는 것이 아니다. 기술적 혜택을 누리기 위해서는 시간과 노력, 비용 등 많은 투자와 부담을 감당할 수 있어야 하며, 기술 역량, 개발을 위한 시간적 여유, 운용 숙달 기간, 고도의 정비 유지 능력, 지속적인 성능개량을 통한 기술적 진부화 방지 노력 등이 뒷받침되어야 한다.

(4) 군사 장비 자립의 필요성

외국로부터 무기체계를 도입하는 경우 무기체계를 배치해 운용하기까지의 시간을 단축할 수 있지만, 때때로 그 무기체계를 수출하는 외국에 종속되는 굴욕을 감내해야만 한다. 무기체계의 종속은 비용의 증가는 물론, 도입된 무기체계를 운용하는 과정에서 필요한 분해나 해체정비 등 기본적인 접근 권한마저도 제약을 받는 결과를 초래할 수 있다. 만약 도입 장비에 대한 정비 또는 개조·개량 권한을 가지려면 더 많은 대가를 치러야 하며, 대금을 치른다고 해도 누구에게나 권리를 주지 않는다. 과거 F-15K에 장착된 타게팅 포드targeting pod인 타이거 아이Tiger Eye 의 봉인 손상으로 벌어진 한미 간의 기술 유출 논란이 대표적 사례 중 하나이다.

F-35 전투기 도입 또한 이와 다르지 않다. 우리는 F-35 전투기 도입 과정에서 항공기와 필수 부품, 무장 등을 도입하면서 정비 문제를 충분

히 고려하지 않았다. 그로 인해 향후 창정비와 핵심 부품의 정비는 일본이나 호주 등 국외에 의존할 수밖에 없으며, 이러한 현상은 비용과 정비시간의 증가, 기술적 종속의 심화 등 부정적 요인이 필연적으로 뒤따를 수밖에 없다. 핵심 무기체계의 국외 도입은 수명주기를 고려한 장기적 관점에서 손익계산을 따져 국익에 유리한 방향으로 추진해야 한다. 무기의 국외 도입은 예산의 가용성이 주요 고려요소가 되어서는 안 되며, 가용 예산과 운용을 위한 훈련 및 장비 정비 권한의 획득, 수리부속의 안정적 확보, 국내 기술 발전 등을 종합적으로 고려해 전략적으로 판단해야 한다. 핵심 무기체계일수록 자급자족하는 것이 좋겠지만, 그것이 여의치 않아 외국에서 도입해야 한다면 도입 과정에서 추가적인 비용을 부담하더라도 독자적인 정비 또는 개조 권한을 갖는 것이 필요하다.

군사 장비의 자립은 자주국방을 위한 핵심적 고려 사안이며, 유사시 국가의 자존을 지킬 수 있음은 물론, 외국의 간섭을 배제하는 방안이기도 하다. 1994년 12월, 미국, 러시아, 영국 등 강대국들은 우크라이나가 핵을 포기하는 대신, 우크라이나의 정치적 독립을 보장하고 영토 주권에 대한 안전을 보장하는 부다페스트 협정을 체결했다. 그러나 이 협정은 2014년 크림 반도 위기 시에 아무런 효력을 발휘하지 못했으며, 이로 인해 우크라이나의 자치공화국이었던 크림 반도는 러시아에 의해 강제 병합되고 말았다. 이처럼 국제기구나 조약은 언제든지 무력화될 수 있으며, 동맹은 상호 이익이 합치할 때에만 유효하게 작동할 뿐이다. 동맹은 소중하고 꾸준히 강화·발전시켜나가야 하지만, 오늘의 동맹이 내일도 우리 편일 것이라고 기대하는 것은 어리석고도 순진한 생각이다. 국제관계는 국가 이익에 따라 언제든지 변할 수 있으며, 자국의 이익을 희생하면서 일방적으로 상대국에게 혜택을 주는 관계는 성립할 수 없다. 국제관계는 언제나 주는 것만큼 받는 것이며, 받으면 그만한 대가를 치러야만 하는 것이다. 이것이 스스로 자신을 지킬 수 있는 국방과학기술 역량을 키워야 함은 물론, 방위산업을 육성해야만 하는 이유이다. 자주국방 역량은 온전히 국가 생존을 위한 것이며, 미래 성장동력으로의 활용은 어디까지나 부수적인 것이다.

　주권국가는 모름지기 자국의 운명을 스스로 결정하고, 그에 따르는 부담을 기꺼이 감내할 수 있어야 하며, 다른 국가에 의존해서는 안 된다. 국방은 다른 국가에 의존하는 순간, 전략적 이익이 손상되거나 심지어 굴욕을 감수해야 하는 상황에 봉착할 수 있다. 주권국가는 전략적 이익을 공유하는 다른 국가와 동맹을 맺음으로써 국방을 튼튼히 할 수 있으나, 그럴지라도 스스로 지킬 수 있는 자주국방력을 반드시 확보해야 하고, 꾸준히 개선·발전시켜나가야 한다. 다원화된 오늘날의 국제사회에서도 국가의 전략적 이익을 확대하고 지켜나가기 위해 동맹은 필요하지만, 스스로 지킬 수 있는 자주국방력과 동맹이 요구하는 역할을 감당할 수 있는 능력을 갖추었을 때, 비로소 동맹으로부터 존중받을 수 있다. 그렇기 때문에 국방은 누구도 대신할 수 없으며, 누구에게도 위탁해서는 안 되는 것이다.

　이스라엘은 국가 방위를 위해 필요한 핵심 무기체계는 해외 의존도를 최소화하는 정책을 취하고 있다. 그것은 국가 존망存亡의 위기를 겪었던 제4차 중동전쟁을 통해 얻은 값비싼 교훈이다. 제3차 중동전쟁 이후, 미래에 예상되는 전쟁에 대비하기 위해 항공전력과 기갑전력의 보강을 추진하던 이스라엘은 제4차 중동전쟁이 임박해지자, 석유 자원을 앞세운 아랍권의 압력으로 인해 프랑스로부터 전투기 도입이 봉쇄되면서 어려움을 겪었다. 그 후, 이스라엘은 1970년대 크피르Kfir 전투기의 독자 개발을 통해 항공기술의 국산화를 달성했다. 1980년대 후반에는 F-16급의 라비Lavy 전투기를 개발했음에도 경제성과 항공산업의 지속 가능성, 미국의 압력 등을 종합적으로 고려하여 미국과 협상을 통해 국내 생산이 아닌 F-16 전투기의 개조·개량 권한을 확보했고, 이를 통해 항공전자장비, 무장 등 탑재 장비의 국산화를 달성했다. 이를 통해 이스라엘은 외부의 간섭을 최소화할 수 있었고, 자국의 운명을 스스로 결정할 수 있는 길을 열었다. 이러한 정책은 2000년대에도 계속 유지되었고, 그 덕분에 F-35를 도입하는 과정에서 자국산 항공전자장비와 무장의 탑재, 정비 유지, 성능개량 등의 권리를 확보할 수 있었다.

스웨덴은 전통적인 군사강국이다. 16세기 말, 스웨덴의 왕이었던 구스타브 2세 아돌프Gustav II Adolf는 스웨덴을 군사강국으로 만들었으며, 근대적 전술의 선구자로도 유명하다. 스웨덴은 제1·2차 세계대전 기간 중에도 중립 외교노선을 채택했으며, 그 이후로도 비동맹주의 노선을 꾸준히 견지해왔다. 스웨덴은 제2차 세계대전이 종료된 이후, 자국 방위를 위해 해외에서 전투기 도입을 추진했으나, 북대서양조약기구NATO와 바르샤바조약기구Warsaw Treaty Organization로부터 모두 거절당했다. 이에 따라 스웨덴은 독자적인 전투기 개발에 뛰어들었으며, 1950년대에 드라켄Draken, 1970년대에 비겐Viggen, 1990년대에 그리펜Gripen, 2010년대에는 그리펜 NGGripen NG 등 꾸준히 전투기 개발을 이어왔다. 스웨덴이 이와 같은 기반을 구축하기 위해 노력한 이유는 그들의 자존감을 지킴은 물론, 자국이 추구하는 국가 정책의 정체성을 지속적으로 유지하고 국가 생존을 보장하기 위해서였다. 이처럼 한 국가가 국제사회에서 정체성을 유지하면서 지속적인 국가 발전을 도모하려면 꾸준히 노력해야 하고 그에 따르는 모든 부담을 감내할 수 있어야 한다. 국가 안보는 스스로 힘을 갖추었을 때 지킬 수 있는 것이며, 상대방의 선의를 기대하는 것은 어리석은 일이다. 우리가 정녕 국가의 이익과 주권을 수호하고자 한다면, 국방과학기술의 발전과 방위산업 육성 등 자주국방의 기반을 구축하고 강화하는 것은 선택이 아니라 필연적으로 추진해야 할 과업이다.

(5) 획득제도의 발전

유사시 외부로부터 영향받지 않는 국방 전략 환경을 조성하기 위해서는 소요기획체계, 획득체계, 연구개발체계, 운영유지, 방위산업 활성화 등 모든 면에서 혁신을 추구하지 않으면 안 된다. 왜냐하면 이 모든 것들은 각각 독립된 것이 아니라 상호 밀접한 관계를 가지고 서로 영향을 미치는데, 많은 부분이 극심하게 왜곡되어 있기 때문이다. 따라서 국가 차원에서 제도 운영 과정에서 발생하는 제반 문제를 능동적으로 찾아내어 해결해나가면서 자주국방력을 향상시키기 위한 제도의 혁신과 창의적인 개선 노력을 추구해야만 한다.

소요기획 분야는 군의 요구에만 부응하는 일방적 방식보다는 연구개발자나 민간의 창의적인 아이디어와 연구 결과물들을 적극적으로 수용하고, 민간 분야의 창의성을 독려할 수 있는 체제로 발전시켜나가야 한다. 획득체계는 군과 연구개발기관, 산업체가 유기적인 협력을 통해 효율적으로 업무를 수행할 수 있어야 하며, 갑을관계가 아닌 상호 협력하는 관계로 발전할 수 있어야 한다. 그러려면 획득체계 전반에 대한 파격적인 혁신이 필요하다. 획득 및 방위산업 분야는 무기체계 특성을 고려한 다양한 획득 모델을 운용하여야 하며, 수직계열화의 극복은 물론, 연구개발의 실패나 업무 수행상의 과오, 부실조차도 모두 비리 프레임으로 몰아가는 통제 중심의 강압적이고도 징벌적인 관리체계에서 벗어나야 하는 등 해결해야 할 과제가 산더미처럼 많다. 또한, 창의를 독려하기 위해 국내 산업체가 자체 개발한 결과물은 군과의 환류^{feedback}를 통해 더욱 발전시켜나가면서 국내에서 적용 사례를 만들어나갈 수 있도록 지원해야 한다. 획득체계는 이 밖에도 해결해야 할 과제가 많다. 책임회피보다는 투명성과 권한의 분산, 이질적인 유관 집단과의 유기적 협력이 필요하다. 비리는 각 기관 간의 담장을 높인다고 해서 척결되지 않는다.

(6) 연구개발과 방위산업

국방연구개발 역량은 국가의 현재와 미래를 가늠하는 잣대이며, 방위산업은 자주적인 의사결정과 국가 방위를 위해 필요한 국가의 중요한 산업 기반이다. 만약 국가의 연구개발 역량과 방위산업 기반을 소중하게 가꾸지 않으면 외환^{外患}의 위기에 직면했을 때, 국가의 자존을 지키기 어렵고 타국의 영향력에 국가의 생존이 좌우될 수밖에 없게 된다. 이처럼 국가의 국방과학기술 역량과 방위산업 기반이 국가의 생존과 직결되어 있기 때문에, 선진국은 국방과학기술을 중시하고 엄격하게 관리하고 있으며, 방위산업은 일반 산업정책과 달리, 특별 규정과 별도의 체제 하에 관리·보호하고 있다.

국방연구개발은 간섭과 통제보다는 도전적이고 창의적인 연구가 장려되고, 야전에서 제기되는 작전적 요구를 신속히 반영할 수 있어야 한다. 이와 함께 관련 기관과 인원의 전문성 향상을 위한 노력이 병행되어야만 수준 높은 성과를 이루어낼 수 있다. 연구개발은 지속 발전 가능한 체제가 되지 않으면 수준 높은 산출물을 만들어낼 수 없다. 국방연구개발기관의 업무 행태가 고쳐야 할 부분이 있다면, 관련 기관이 함께 머리를 맞대고 중지를 모아 문제점을 찾아내서 개선해나가면 되는 것이다. 연구개발 업무는 어설픈 지식으로 함부로 재단하려 하기보다는 충분한 토의를 거쳐 드러난 문제의 원인을 정확히 진단해서 올바른 처방을 내릴 수 있어야 한다. 왜냐하면 무기체계를 개발하는 일은 관련 기관 간의 긴밀한 협력과 유연한 업무 추진이 필요하기 때문이다. 미국은 기술적 우위를 확보하기 위해 연구자와 방위산업체, 군 사이에 긴밀한 협력체제를 유지해나가야 한다는 점을 제2차 세계대전이 끝나기 전에 알았다고 한다. 미국뿐만 아니라 선진국들이 군, 관련 기관, 산업체의 협력을 강조하고 있는 이유도 이와 다르지 않다. 국방 분야에서 자기방어적이고 배타적인 업무 행태와 조직 간 배척이 아닌 관련 기관 간 협력과 유기적 업무 추진이 정착되지 않으면 기술적 우위 달성은 물론, 창의적 성과도 만들어낼 수 없다.

국방과학기술을 발전시키기 위해서는 도전적이고 창의적이며 지속 발전 가능한 연구개발 풍토를 만들고 기술 인력의 활용도를 높여나가는 노력을 병행해야 한다. 이와 더불어 국가의 국방과학기술 개발 기관은 경제성이 없거나 장기간 소요되거나 막대한 예산 투입이 예상되는 기술 개발을 주도적으로 이끌어나가야 한다. 왜냐하면 민간기업체는 생산

기술 개발에 집중할 수밖에 없는 조직적 특성을 갖고 있으며, 경제성이 없거나 투자 자본의 회수가 불확실한 기술 및 체계 개발에는 투자할 수도 없고, 투자해서도 안 되기 때문이다. 만약 민간기업체가 경제성이 없거나 경제성이 보장되지 않는 분야에 지속적으로 투자해야 하는 책임을 강제로 떠안게 된다면 그 민간기업체는 도산할 수밖에 없을 것이다.

무기체계는 첨단화를 지향한다고 하더라도 국외 도입보다는 자국의 기술적 수준에 맞는 특화된 자국화의 목표를 수립해 추진해야 한다. 군이 전투력 강화를 위해 추진하는 첨단 무기의 도입은 국익을 충실히 반영할 수 있어야 하며, 외부로부터의 압력에 굴복하거나 영향을 받지 않도록 국내 역량을 키워나가는 일을 병행해서 추진하지 않으면 안 된다. 기술이 있음에도 경제성이 없어서 개발하지 않는 것과 기술이 없어서 개발하지 못하는 것은 커다란 차이가 있다. 이것은 국외로부터 무기체계를 도입할 때 협상에 큰 영향을 미친다. 우리가 무기체계의 특성이 무엇인지, 방위산업과 방위사업의 특성과 차이가 무엇인지 구분할 줄 모르면서, 수준 높은 획득 업무를 수행하고 방위산업을 제2국가성장동력으로 육성한다는 것은 어불성설이다. 정책입안자가 방산 현장과 기업의 특성을 이해하지 못하면 효과성 높은 획득정책의 수립은 불가능할 뿐만 아니라, 긍정적 장려책이 아닌 불필요한 규제를 양산하는 결과를 초래할 것이다.

방위산업의 발전을 위해서는 통제와 강압, 징벌적 조치보다는 창의성을 북돋아주고 보상을 강화함으로써 스스로 개선하고 도전하는 노력을 이끌어내야 한다. 노력한 성과에 대한 보상이 없으면 아무도 노력하지 않을 것이기 때문이다. 이와 더불어 혁신적인 방위산업 정책을 개발하여 추진함으로써 방위산업계에 활력을 불어넣어야 한다. 관련 부서는 긴밀한 의사소통을 통해 서로 돕고 협력하는 긍정적인 업무 풍토로 전환해야 한다. 그 과정에서 비리나 부정과 관련된 행위는 발본색원해서 엄단嚴斷하면 될 일이다. 우리는 이스라엘이 자율과 협력, 창의를 기반으로 하는 획득 및 방위산업 시스템을 견고히 구축함으로써 국가 방위를 위한 산업 기반을 견고히 다졌음을 타산지석他山之石으로 삼아야 할 것이다.

(7) 전문 인력의 활용성 제고

현재, 우리나라는 어렵게 양성한 우수한 두뇌의 해외 유출이 점점 더 심해지고 있다. 우리가 정년停年이라는 명목으로 과학자를 용도폐기用道廢棄해버린다면, 어렵게 축적한 경험과 기술은 사라져버리고 우리 스스로 미래를 포기하는 결과가 초래될 것이다. 기술은 기술자료묶음Technical Data Package으로 표현되는 명목지名目智, 개발자의 경험과 머릿속에 담겨 있는 암묵지暗默智로 구분할 수 있다. 기술은 과거에 개발한 경험이 있고 기술자료묶음이 아무리 잘 정리되어 있다고 할지라도 머릿속에 있는 개발자의 경험이 전수되지 않으면 재현하기 어려울 뿐만 아니라 재현 과정에서 많은 우여곡절을 겪을 수밖에 없다. 기술은 수많은 시행착오 과정을 통해 얻어지는 경험의 결과이며, 그 경험을 기록한 기술자료묶음에는 노하우know how의 전부를 오롯이 담아낼 수 없기 때문이다.

최근, 국방과학연구소ADD의 기술 유출 파동은 활용 가치가 있는 과학 기술 인력이 정년이라는 미명 아래 퇴출됨으로써 일할 자리를 찾는 과정에서 벌어진 부정적 현상 중 하나이다. 언론 보도 자료를 보면, 68만 건의 기술자료가 유출되었다고 한다. 이것은 사실일 수 없다. 우선, 관련 기관의 기술자료가 그렇게 많을 수도 없을 뿐만 아니라 연구개발기관의 기술자료묶음은 그렇게 관리하지 않기 때문이다. 대부분 자료가 인터넷 검색 자료, 강의 자료, 세미나 발표자료, 논문 등일 것이다. 그 여파로 많은 자료가 활용되지 않고 버려질 것이며, 상당 기간 동안 연구개발에 악영향을 끼칠 것이다.

부존자원이 부족한 우리는 과학자를 홀대해서는 안 된다. 우리는 우수한 인적 자원을 발굴·육성하여 국가 발전에 스스로 참여할 수 있는 체제와 분위기를 만들어나가야 하며, 취업 제한 강제로 어렵게 양성된 인재 활용을 제한하는 지나친 규제도 해소해야 한다. 외국의 경우에는 80세가 넘는 고령의 과학자들도 개발 또는 협상 현장에 참여하고 있으며, 젊은 과학자들의 멘토로 활동하는 모습도 많이 관찰된다. 또한, 취업 제한은 직접적 이해관계를 갖는 관련 기관의 취업만을 제한하고 있으며, 그 기간도 매우 짧다. 이러한 현상은 우리와는 문화적 환경과 의식구조가 다름에서 비롯된 것이기는 하나, 현 제도의 실효성 검토와 더불어 과학자와 획득 전문가의 실질적인 활용법에 대해 깊이 고민해볼 필요가 있다.

임진왜란 당시 수많은 도공陶工이 잡혀갔으나, 전후戰後 협상 과정에서 국내 송환을 원한 도공은 단 한 사람도 없었다. 당시, 조선 사회는 과학자와 기능인을 홀대했을 뿐만 아니라, 그들의 재능을 국가 차원에서 활용할 생각도 없었다. 그렇기 때문에 조선에서 천대받던 도공들은 오히려 기술의 가치를 존중하는 일본에서 살기를 희망했던 것이다. 1800년대에 들어서면서 조선과 일본의 도자기 기술 수준은 오히려 역전되었고, 일본의 도자기 기술은 더욱 발전하여 유럽에 수출되는 등 근대 일본의 발전에 크게 이바지했다. 이러한 교훈은 우리가 과학과 과학자에 대한 생각과 접근방법을 바꿔야 하는 충분한 이유가 되지 않을까.

제4장

국방개혁의
방향

1
/
성공적인
국방개혁 추진을 위한
전제조건

(1) 정치에 의한 국방개혁의 왜곡

정치와 국방

미국의 정치학자인 새뮤얼 헌팅턴Samuel Huntington(1927~2008)은 『군인과 국가The soldier and the state』라는 그의 저서에서 "군사적 판단이 정치적 편익便益 때문에 왜곡되어서는 안 된다"라고 주장했다. 이것은 정치적 지침 범주 내에서 군사적 조치가 이루어져야 하지만, 특정 집단의 정치적 손익損益 계산에 따라 군사적 판단이 달라져서는 안 된다는 것을 의미한다. 국방개혁의 목표와 방향도 정치적 성향이나 이익에 따라 수시로 바꾸어서는 안 된다. 특히, 정치적 손익 계산이나 특정 집단의 희망적 사고를 반영하는 전력증강 요구 등은 국방의 효율성을 저하시키고 심각하게 왜곡시킬 뿐만 아니라, 국방체계의 근간을 뒤흔드는 부적절한 행위이다. 2010년대에 들어서면서 이러한 흐름이 정치권과 특정 군에서 나타나고 있는 것은 매우 우려스러운 현상이다. 이러한 행위가 횡행하면 국방은 소리 없이 무너지게 될 것이며, 이른바 방산비리보다도 더 심각한 악영향을 끼치게 될 것이다. 우리는 이미 그러한 부정적 현실 속으로 깊숙이 발을 들여놓고 있다.

미국의 조 바이든Joe Biden 대통령은 취임사의 마지막을 "하나님께서 우리 군대를 지켜주시리라may God protect our troops"라는 기도로 끝을 맺었다. 이것은 어떤 의미를 담고 있는 것일까? 우리는 역사 속에서 군에 대해 마음 깊은 곳에서 우러나오는 애정을 가진 지도자가 있었던가? 군이 왜 존재하는지, 군을 어떻게 운용해야 하는지를 알지도 못하면서 정치적으로 이용하려고만 하지는 않았던가? 잘 알려진 영화 〈람보 2〉 마지막 장면에 나오는 "내가 조국을 사랑하는 것만큼 조국이 나를 사랑해주기를 바라는 것이 소망"이라는 주인공의 대사처럼 국가가 군을 사랑해주기를 기대하는 것은 지나친 바람일까? 한국의 정치지도자나 정치를 하고자 하는 사람은 미국 대통령이 취임사에서 왜 그런 기도를 했는지에 대해 그 의미를 깊이 되새겨봐야 할 것이다.

우리는 국방 분야 종사자가 긍지를 가지고 임무에 매진하기 쉽지 않은 역사적 경험과 정치적 환경을 가지고 있다. 우리는 과거 국권을 상실하고 국민을 고통 속으로 몰아넣어야만 했던 쓰라린 치욕의 기억이 있으며, 아직도 그 치욕의 잔재에서 벗어나지 못하고 있다. 또한, 우리 스스로의 힘이 아닌 강대국에 의해 국권을 되찾았던 쓰라린 기억도 가지고 있다. 그뿐만 아니라 동족상잔의 비극에 내몰리고 국가의 생존이 위태로웠을 때, 국제사회의 지원을 받아 겨우 연명할 수 있었다. 이처럼 우리는 국가의 운명을 우리 스스로 결정할 수 없었던 뼈아픈 역사가 여러 차례 반복되었다. 왜 이런 불행이 반복되었던 것일까?

이러한 불행을 반복하지 않으려면, 우리 모두가 정예 강군을 육성하기 위해 함께 노력해야 한다. 정치권은 군을 정치적으로 이용하지 않아야 하며, 정치적 유불리有不利나 편가르기, 지연·학연·근무연 등과 같은 삿된 이유가 아닌 오로지 능력에 기반하여 우수 자원을 발탁하고 적재적소에 배치하는 등 공정하고 투명한 인사를 해야 한다. 군은 확고한 가치관, 즉 올바른 국가관國家觀, 직업관職業觀, 사생관死生觀을 갖추기 위해 끊임없는 자기 반성反省과 더불어, 수준 높은 직업적 전문성을 갖추기 위해 꾸준히 노력해야 한다. 또한, 국민은 군의 존재 이유와 가치를 이해하고 올바른 군사적 기풍氣風의 조성을 독려하며, 훈련에 따르는 불편을 기꺼이 포용하고 도울 수 있어야 한다. 이러한 노력을 결집하여 힘을 발휘할 때 비로소 강군强軍을 육성할 수 있는 기반이 마련된다. 강군 육성은 군 혼자만의 노력과 헌신으로 만들어질 수 있는 것이 아니며, 정치권과 군, 그리고 국민이 함께 노력하고 힘을 모아야만 가능한 일이다.

국가가 힘이 없으면 스스로 운명을 결정할 수 없다. 우리가 과거에 겪었던 뼈아픈 치욕의 역사를 되풀이하지 않으려면, 스스로 지킬 수 있는 능력을 갖추어야 한다는 것은 누구나 다 아는 사실이다. 우리는 "과거의 치욕을 잊고 있지 않은가", "치욕을 되풀이하지 않기 위해 무엇을, 어떻게 해야 할 것인가", "위협에 대한 대비는 충분한가", "부족하다면 무엇을 얼마나 더 준비해야 할 것인가" 등에 대해 끊임없이 자문하면서 답을 찾아나가야 한다. 우리가 미래에 대비하지 않고 스스로 지킬 능력을 갖추지 못하면 누구나 쉽게 취할 수 있는 먹잇감에 불과할 뿐이며, 과거의 뼈아픈 치욕은 또다시 반복될 것이다. 우리가 추구하는 국방개혁은 지금의 국방태세와 국방운영체계를 일신할 수 있어야 한다. 그렇지 못하면 우리의 미래는 우리가 아닌 다른 국가의 의지에 따라 전혀 다른 방향으로 흘러가버릴 것이다.

2011년 이스라엘 출장 당시, 이스라엘군 기획참모부장인 아미르 에셸Amir Eshel 장군이 텔아비브Tel Aviv 고층 건물 옥상에서 찬바람을 맞으며 이스라엘의 전략 상황을 필자에게 설명하면서 다짐하던 "Never again!(다시는 되풀이하지 않겠다!)"이라는 각오가 새삼 가슴에 와닿는다. 오늘날 이스라엘이 COVID-19에 대응하는 모습을 보면, 이스라엘의 정치지도자들이 과거의 뼈아픈 기억을 되풀이하지 않기 위해 어떤 생각을 하고 있는지를 짐작할 수 있다. 그들은 자국의 국민이 COVID-19 위기에서 빨리 벗어날 수 있도록 가능한 모든 노력을 다하고 있으며, 그것은 예방접종 1위라는 결과로 나타나고 있다. 그들은 아무리 많은 비용과 대가를 치르더라도 백신을 신속히 확보하여 자국민에게 접종하는 것이 국가가 해야 할 당연한 조치라고 생각한다. 우리 정치지도자들은 국민에게 어떤 모습으로 비추어지고 있을까? 우리 정치지도자들은 정녕 국민에게 자신들이 어떤 모습으로 비추어지기를 원하는 것일까? 국민을 보호하는 것은 등한시하고 권력욕에만 푹 빠져 있는 것은 아닐까? 의식 있는 많은 국민은 수시로 나눠주는 재난지원금을 마냥 기꺼워만 하지 않고 국내 상황이 암담할 때마다 우리의 정치지도자들 믿고 의지해도 될지를 스스로에게 자문하고 있을 것이다.

우리의 국방개혁은 국가의 안보 위협과 주어진 환경 여건, 가용 자원 등을 모두 고려해 계획해야 한다. 국가의 안보 위협과 주어진 환경 여건은 우리의 의지와 상관없는 것이지만, 가용 자원은 우리의 의지에 따

이 사진은 F-15 전투기의 이스라엘 버전인 F-15I 전투기 3대가 폴란드의 아우슈비츠 수용소 상공에 진입하는 장면을 수용소 안에서 촬영한 것이다. 편대장은 이스라엘 공군사령관을 지낸 아미르 에셀(Amir Eshel) 장군이며, 오른쪽 상단에 그가 쓴 "Never Again!(다시는 되풀이하지 않겠다!)"이라는 문구가 그들의 각오를 상징적으로 표현하고 있다.

라 얼마든지 조정할 수 있다. 가용 자원 중 재정의 투입은 현재 또는 미래의 안보 환경과 국민을 대표하는 정치권의 의지에 따라 우선순위를 조정할 수 있으며, 인적 자원은 국민에게 부여하는 의무복무기간을 포함한 병무兵務정책 조정을 통해 바꿀 수 있다. 의무복무기간의 단축은 국민의 의무가 경감輕減되는 것이므로 바람직하고 반길 일이지만, 그로 인해 감당해야 할 위험이 커진다면 마냥 좋아할 것만은 아니다. 국방의 의무를 감당하는 동안, 사회 복귀를 위해 개인의 역량을 쌓음으로써 자신의 가치를 높이는 유의미한 시간을 보낸다면, 복무기간의 길고 짧음은 하등 문제가 되지 않을 것이다. 그러므로 국가 방위를 위한 국가 재정의 투입과 의무복무기간의 조정은 우리의 의지에 따른 선택의 문제일 뿐이다.

안정적 군사태세의 유지

병력 규모의 감축과 의무복무기간의 단축은 지금껏 국방개혁 추진 과정에서 가장 핵심적인 개혁과제 중의 하나로 다루어져왔다. 국가는 유사시 필요한 적정 군사력 규모를 합리적으로 판단하고, 평시에 유지할 수 있는 적정 군사력 규모를 설정한 후, 병역 자원을 고려하여 의무복무기간을 적절히 조정해나가야 한다. 그러나 지금까지의 국방개혁은 정치적 지침에 의해 의무복무기간이 정해진 상태에서 가용한 병역 자원에 맞게 부대 해체와 감편, 무기 획득, 시설 조정 등을 맞춰 추진해야 하는 형국이었다. 우리가 국방개혁을 추진하면서 끊임없이 병역 자원의 부족에 시달리고 있는 것도 이 때문이다.

국방책임자는 군통수권자가 제시한 국방개혁 목표를 달성하기 위해

주어진 조건에서 자원의 제한을 극복하기 위한 다양한 방안을 모색하면서 전투준비태세를 안정적으로 관리해야 한다. 특히, 인적·물적 자원은 늘 부족하기 마련이므로 전투준비태세에 미치는 부정적 영향을 최소화할 수 있는 창의적인 방법을 검토해 발전시켜나가야 한다. 만약 창의적인 노력에도 불구하고 해결 방법을 찾을 수 없을 때에는 문제점을 적시하고 해결 방안을 건의하거나 목표 수정, 우선순위 변동 등을 통해 계획을 조정하면서 추진해야 한다. 현재의 시점에서 병역 자원은 정치적으로 의무복무기간이 먼저 결정됨에 따라 높은 경직성을 가질 수밖에 없으므로 더욱 세심한 관리가 필요하다. 병역 자원의 부족은 완전히 극복하기는 어렵지만, 복무 직군의 선택, 전문화 교육 기회 부여, 선택에 따른 복무기간의 차등화 등 제도의 혁신과 운영 개선을 통해 상당 부분 보완할 수 있다.

만약 부대의 해체와 감편減偏, 무기체계의 획득과 배치, 병역 자원의 조정 등이 조화롭게 이루어지지 않으면, 전투준비태세는 점차 악화할 것이며, 이는 심각한 안보 위기로 이어질 수 있다. 병역 자원의 감축에 따라 부대를 해체 또는 감편할 수밖에 없음에도 불구하고 예산 투입 시기 및 규모의 부적절로 인해 계획된 장비의 보강이 늦어지고 충분한 훈련이 이루어지지 않는다면, 전투준비태세의 저하는 불 보듯 뻔하다. 그러므로 국방개혁은 안정적인 전투준비태세를 유지할 수 있도록 필요한 조치들을 조화롭고 균형감 있게 추진하는 등 세심하게 관리해야 한다.

의무복무기간과 병역 관리

국가안보는 국가의 지속적인 발전과 번영을 도모하기 위해 절대적으로 유지·강화되어야 하는 공공재公共財이며, 국민이 함께 분담해야 할 책무이다. 그렇기 때문에 적정 나이에 이른 대한민국의 성인 남자는 누구나 4대 의무 중 하나인 병역의 의무를 수행해야 한다. 복무기간은 시대적 여건과 가용한 병역 자원, 본인의 선택 등에 따라 약간의 차이가 있다. 우리 정부는 지금까지 의무복무기간을 육군과 해병대 21개월, 해군 23개월, 공군 26개월, 사회복무요원 24개월, 산업기능요원 26개월로 정해 운영해왔다. 그러나 2021년 12월까지 단계적으로 육군 18개월, 해군 20개월, 공군 22개월, 사회복무요원 21개월, 산업기능요원 23개월로 의무복무기간 단축을 추진하고 있다.

사회적 관점에서 군 복무는 긍정적인 측면과 부정적인 측면을 함께 가지고 있다. 군 복무의 긍정적인 측면을 확대하고 부정적인 측면을 축소하려는 노력은 어느 시대에나 항상 추구해온 과제이다. 의무복무기간은 여론에 영합하거나 선거에서 표를 얻을 목적으로 악용되어서는 안 되며, 사회적 비용과 개인의 이해 사이에서 최대공약수를 찾아 정해야 한다. 설사, 정치적 필요에 따라 의무복무기간을 정한다고 하더라도 문제점을 분석하고 보완하는 노력을 병행해야 한다.

군 복무의 사회적 연계

전 세계 국가들은 각국이 처한 환경과 안보적 필요에 따라 의무복무기간이 다르지만, 군 복무기간 중에 수행하는 업무와 전역 후 사회에서 종사하게 될 직업과의 연계성을 강화하기 위해 노력하고 있다는 점에서는 크게 다르지 않다. 미국은 군 복무를 마치고 나면 대학 진학 지원 등의 특혜를 부여하고 있으며, 이스라엘은 3년의 의무 복무 과정에서 수행한 업무와 사회 진출 후에 가지게 될 직업과의 연계성을 강화하기 위해 다양한 노력을 기울이고 있다. 국가가 발전을 지속하면서 미래로 나아가기 위해서는 각 개인에게 노력에 상응하는 보상을 통해 지속적으로 동기를 부여함으로써 열심히 노력하는 사회적 분위기를 조성해야 한다. 사람은 저마다 가지고 있는 재능과 역량에 차이가 있게 마련이며, 이에 따른 다양성을 기반으로 사회가 구성된다. 국민 모두가 자신이 좋아하는 일을 하면서 역량을 발휘하고 행복을 추구할 수 있다면, 우리 사회는 더욱 활기차고 빠르게 발전할 수 있을 것이다. 군에 입대하는 자원도 군 복무를 하면서 자신의 재능과 능력에 맞는 직위에서 역량을 발휘할 수 있다면, 전문성은 향상되고 개인적 성취감은 더욱 높아질 것이다.

이스라엘군은 군에 입대하는 자원을 각자의 재능에 맞는 직종과 임무에 배치하기 위해 노력하고 있으며, 분야별로 업무 이해 및 숙련도가 높은 자원을 확보하기 위해서 다양한 프로그램을 운영하고 있다. 이스라엘군은 프로그램 운영을 통해 업무에 필요한 재능을 가진 인원을 식별하고 계획된 전문교육과정과 실무교육을 이수하게 함으로써 수준 높은 업무 수행 역량을 갖춘 자원을 양성하고 있다. 이러한 과정을 통해 양성된 자원은 전역 후에 사회 각 분야에서 활발하게 활동하고 있다. 이것은 군에서 수행한 업무가 각 개인의 능력으로 심화深化되어 전역 후에 종사하는 직종에서 유용하게 활용할 수 있기 때문에 가능한 일이다. 많은 사례에서 양성된 자원들은 전역 후 창업과 사회적 연대 등을 통해 국가의 경제 발전에 크게 공헌하고 있음을 쉽게 관찰할 수 있다.

우리도 각 분야에서 필요로 하는 전문 직위에 필요한 자질과 능력을 검토한 후, 적절한 교육 및 양성 과정을 거친다면, 군의 전문성 향상은 물론, 군인의 전역 후 사회 복귀와 동화에도 도움을 줄 수 있을 것이다. 군 생활을 통해 자신의 진로와 관련된 전문교육과정을 이수한 사람은 복무기간을 연장하고, 그러한 혜택을 받지 못한 사람은 상대적으로 짧은 기간을 복무하도록 차등화하면 병력 부족 현상도 일정 부분 보완이 가능할 것이다. 전문교육과정은 군 업무의 연관성을 고려하여 군과 학교가 함께 세심한 검토를 거쳐 관리하면서 단계적으로 늘려나가야 한다. 군 입대 대상자들이 평생 자신의 직업과 연계된 분야에서 군 복무를 할 수 있다면, 의무복무기간의 길고 짧음은 그다지 문제가 되지 않을 것이다. 그러나 모든 사람이 만족스러운 군 생활의 기회를 갖기 어려우므로, 가능한 범위 안에서 가급적 다수에게 그러한 기회를 부여할 수 있도록 노력해야 한다. 이와 같은 노력의 결과는 군 복무에 대한 보람과 군의 이미지 개선, 사회적 비용의 감소에도 많은 도움이 될 것이다.

(2) 정치·군사지도자의 역할

정치지도자의 역할

국방개혁의 추진은 정치지도자의 의도와 지침, 추진 과정에서 표출하는 반응 등 여러 가지 요인에 의해 영향을 받는다. 정치지도자의 의도와 지침은 국방개혁의 방향성을 결정하는 중요한 요소이다. 국방개혁이 성공하려면, 정치지도자는 이 시점에서 국방개혁이 왜 필요한지, 무엇을 개선하기 위한 것인지, 목표는 어디에 두어야 할 것인지, 누가 또는 어떤 집단이 추진의 주체가 되어야 할 것인지 등을 검토하고 진단하면서 이끌어나가야 한다. 국방개혁을 실질적으로 이끌어나가는 것은 군사지도자의 역할이지만, 전체적인 방향과 목표를 제시하고 추진동력을 부여하는 것은 정치지도자의 역할이다. 그만큼 정치지도자의 역할이 중요하다.

정치지도자는 국방개혁에 관한 목표와 최종상태를 명확히 제시하고, 자원 획득과 분배를 효과적으로 통제하고 지원할 수 있어야 한다. 그러려면 정치지도자는 우수한 전문성과 리더십을 갖춘 군사전문가를 선발하여 책임과 권한을 부여하고 지도할 수 있어야 한다. 개혁의 추진은 수준 높은 전문성과 유연하게 조정할 수 있는 리더십을 갖추지 않으면 안 되기 때문이다. 만약 정치지도자가 전문성을 갖춘 우수한 군사지도자에게 임무를 맡기지 않으면, 시행착오를 반복하면서 아까운 시간과 자원만 허비하게 될 것이다.

정치지도자는 군이 처한 환경이나 지향해야 할 방향, 구체적으로 보완해야 할 사항 등에 대해 알기가 쉽지 않다. 그러므로 정치지도자는 구체적인 지침이나 지나친 간섭보다는 정치 또는 정무적 관점에서 달성해야 할 목표와 방향을 포괄적으로 제시해야 한다. 정치지도자의 구체적인 지침이나 지나친 간섭은 목표와 방향을 왜곡시키고, 군사지도자의 창의력과 전문성에 입각한 자율적 판단과 추진에 부정적 영향을 줄 수 있기 때문이다. 물론 정치지도자가 전문가 집단의 조언을 받아 지도할 수도 있겠지만, 그런 경우 불신에서 비롯된 예비역 군사전문가에 대한 의도적 배제, 전문성에 대한 왜곡된 인식, 학문적 권위나 계급을 중시하는 문화 등으로 인해 학자들을 신뢰함으로써 실질적 문제 해결보다는 과시적·이론적 측면으로 치우치는 경향이 있다.

과거에 정치지도자가 국방개혁에 관한 구체적인 지침을 부여했음에도 불구하고 목표 달성은커녕 부여한 지침 자체가 잘못된 것으로 밝혀져 수정되거나 폐기된 사례가 적지 않다. 1988년 장기국방태세발전방안연구, 일명 818계획을 수립하면서 '통합군제 추진'이라는 지침을 부여한 것과 이명박 정부에서 상부 지휘구조에 대해 충분한 이해 없이 군정과 군령을 통합하려 했던 시도가 대표적인 사례이다. 군제軍制는 정치체제에 부합하고 문민통제의 원칙이 엄격하게 지켜져야 함에도 불구하고, 군제에 대한 이해가 부족한 상태에서 일부 주장에 휘둘려 해당 지침을 부여함으로써 많은 논란이 일었고, 이를 바로잡기 위해 더 많은 노력을 해야만 했다. 이처럼 잘못된 지침은 수정되거나 많은 논란 끝에 폐기되는 과정을 거칠 수밖에 없다. 정치지도자의 지침은 전문가 집단으로부터 자문을 받아 국방개혁에 관한 목표와 방향을 명확히 제시하는 수준에 머물러야 하며, 주기적인 점검과 평가를 통해 지침의 틀 안에서 벗어나지 않도록 관리하는 것이 바람직하다.

군사지도자의 역할

군사지도자는 각 군의 이기주의를 극복하고 국방의 효율성을 높일 수 있도록 전념해야 한다. 군사지도자는 국방 전반에 대한 이해를 바탕으로 주요 과제를 식별하고, 특정 군이나 집단의 이익에 휘둘리지 않으면서 각 집단의 이해관계를 조정하며, 각 군의 능력을 통합하기 위한 지침을 부여할 줄 알아야 한다. 여기서 군사지도자는 국방부장관을 비롯한 국방개혁을 실질적으로 이끌어가는 핵심 그룹을 의미한다. 또한, 각 군 참모총장은 군별 이기주의를 버리고 합동성 강화를 위해 협력하면

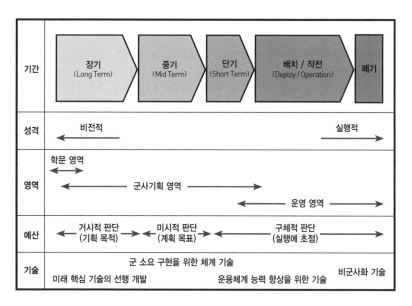

기간	장기 (Long Term)	중기 (Mid Term)	단기 (Short Term)	배치 / 작전 (Deploy / Operation)	폐기
성격	← 비전적			실행적 →	
영역	학문 영역 ←→ ←— 군사기획 영역 —→		←— 운영 영역 —→		
예산	← 거시적 판단 (기획 목적)	← 미시적 판단 (계획 목표) →	← 구체적 판단 (실행에 초점) →		
기술		군 소요 구현을 위한 체계 기술			비군사화 기술
	미래 핵심 기술의 선행 개발		운용체계 능력 향상을 위한 기술		

〈그림 8〉 국방기획의 틀

서 미래 위협에 능동적으로 대응할 수 있는 각 군의 군사적 역량 구비에 주안을 두어야 한다.

리더십은 국방개혁의 성공을 이끄는 핵심적인 요소이며, 군사지도자의 전문성은 정치지도자가 제시하는 목표와 방향을 이해하고 실천계획을 수립하는 등 군 내부 역량과 노력을 결집해나가는 핵심 동력이다. 그러나 우리의 인사 환경에서는 계급이 높다고 해서 전문성도 우수하다고 보기 어렵다. 그렇다고 하더라도 군사지도자의 위치에 오르는 사람은 최소한 〈그림 8〉과 같은 국방기획의 틀을 알아야 각 분야의 업무 흐름을 이해하고 지도할 수 있다. 국방기획의 틀은 국방 업무의 큰 흐름을 나타낸 것으로, 이를 알아야만 업무를 수행하는 과정에서 어느 부서가 어떤 업무를 수행하고, 누가 어떤 분야의 업무를 수행하는지 식별할 수 있다. 그렇지 않으면, 국방개혁 또는 국방 관련 업무를 수행하는 과정에서 임무를 할당하고 조정하는 업무를 효과적으로 관리할 수 없다.

군사지도자는 각 군 간의 이해관계를 조정하며, 정치지도자가 제시한 목표와 최종상태를 충실하게 수용하고 이행할 수 있는 실천계획을 작성하여 군 내부의 공감대 형성과 성과 창출을 위해 노력해야 한다. 군사지도자가 정치지도자의 지침을 맹목적으로 따르거나 개혁 추진 과정에서 발생하는 문제에 관한 해결 방안을 구상하지 못하고 정치지도자를 설득할 수 없다면, 국방개혁은 성공할 수 없다. 그뿐만 아니라 군사지도자가 업무 추진 과정에서 각 군, 기관 등 특정 집단의 이익을 효과적으로 관리하지 못하고 집단 이기주의에 휘둘려도 국방개혁은 기대하는 성과를 거둘 수 없다.

또한, 군사력 운용에서 강조되고 있는 합동성의 발휘는 산술적 배분 개념으로 이루어지는 것이 아니다. 합동성은 각 군의 전력을 통합하고 유기적 협력을 이끌어내기 위한 목적으로 운용체제를 정립하고 절차를 규정하는 것이다. 합동성은 각 군이 정립된 협력체제 안에서 규정된 운용 절차를 적용함으로써 각 군의 특성과 장점을 발휘하여 전투력의 운용 효과를 높일 수 있으며, 훈련을 통해 강화된다. 이에 반해, 협동성은 각 군의 병종 간의 협력을 촉진함으로써 전투력 발휘를 극대화하기 위한 것이다. 군사조직은 매우 복잡하고 다양한 요소로 구성되어 있다. 다양한 군사조직의 능력을 효율적으로 통합하고 시너지 효과를 발휘하기 위해서는 군종 간의 합동성과 병종 간의 협동성을 원활하게 구현할 수 있어야 한다. 그러므로 합동부대와 제병협동부대를 지휘하는 지휘관은 합동성과 협동성에 관한 깊은 이해는 물론, 군사력을 운용하는 전 과정에서 합동성과 협동성의 강화를 위해 노력해야 한다. 합동성을 이해하려면, 육·해·공군에 대한 이해와 더불어 사이버전과 우주전에 대해서도 알아야 한다. 또한, 협동성을 이해하려면 각 군을 구성하는 다양한 병종의 역할과 기능, 운용 방법에 대한 충분한 지식을 갖추어야 한다.

전문가에 관한 인식

우리는 전문가라는 표현을 쉽게 사용하는 경향이 있는데, 몇 가지 직책을 경험했다고 해서 전문성이 길러지지 않는다. 전문가는 양성하기도 힘들지만, 식별하기도 어렵다. 전문가란 특정 직역에 정통한 전문적인 지식과 능력을 체득하고, 특정 분야에 대한 기술적 능력, 경험 등을 두루 갖춘 실천가를 의미한다. 한마디로, 전문가란 "한 분야에 종사하면서 해당 분야에 대한 상당한 지식과 경험을 쌓음으로써 해당 분야에서 나타나는 문제를 해결할 수 있는 역량을 갖춘 사람"이라고 말할 수 있을 것이다. 통상, 인사가 이루어지고 나면 흔히 언론에서 누구는 어느 분야의 전문가라고 하는 인사 평을 쓰곤 하는데, 전문가라기보다는 특정 분야에서 근무한 단순 경험자인 경우가 대부분이다. 전문가는 단순한 경험자가 아니다. 전문가는 자기 노력과 교육을 통해 충분한 직무 지식을 쌓음으로써 해당 분야에 대해 정통하고 올바른 판단을 내릴 수 있어야 한다.

아무리 군 출신 전문가라고 하더라도 일정 기간이 지나고 나면 외부에서 군 내부를 들여다보는 것이기 때문에 많은 부분이 군 내부 구성원들이 느끼는 것과 달리 보일 수 있고, 내부에서 느끼는 것만큼 구체적이고 절실하지 않을 수 있다. 가끔 예비역 전문가들이 현실과 다른 논리나 방안을 제시하는 것을 볼 수 있는데, 그것은 상황의 변화와 정보의 단절에서 비롯된 현상이다. 그렇기 때문에 미국의 군사혁신을 이끌었던 앤드류 마셜과 앤드류 크레피네비치Andrew Krepinevich는 "장교단이 군사혁신을 위한 최상의 방법을 찾아내야 하는 책임감을 가져야 한다"라고 강조했다. 군사문제를 연구하는 학자들은 군사문제에 대한 실질적인 해결 방안보다는 학문적 관점에서 거시적 이론과 의견을 제시하는 데 치중하는 경향이 있다. 따라서 이들의 군사문제 연구는 실천적 방안을 제시하기보다는 해당 시점에서 유행하는 이론적 연구에 그칠 가능성도 배제할 수 없다. 통상 학자들의 군사문제 연구는 이론적·거시적 관점에서 접근하기 때문에, 온갖 문제들이 복잡하게 얽혀 있는 국방개혁을 다루는 데에는 한계가 있다. 이를 보완하기 위해서는 전문가라고 하더라도 현장을 직접 방문해 현상을 진단하여 문제점을 파악하고 다양한 실무 의견을 청취하는 등 문제의 본질을 이해하려는 노력을 병행해야 한다.

(3) 국방개혁의 목표와 최종상태의 설정

계획의 수립과 구성

계획은 목표가 간단명료하고, 달성하고자 하는 최종상태가 분명해야 한다. 목표는 나아갈 방향을 제시하고, 정당성을 인정받을 수 있는 근거가 되고, 구성원들에게 공감을 조성하고, 동기를 부여할 뿐 아니라 계획 수립의 출발점이기도 하다. 또한, 최종상태는 성과 측정의 기준이 된다. 그렇기 때문에 목표와 최종상태가 명확하지 않으면 국방개혁에서 추구하는 목표와 방향에 적합한 계획 수립과 추진이 어려울 뿐만 아니라, 진도 평가와 성과 측정이 불가능해진다. 따라서 정치지도부가 제시하는 목표와 최종상태가 명확하지 않거나 잘못되어 있으면 원하는 성과를 달성하기 어렵다.

이처럼 모든 계획은 방향성 유지와 성과 측정이 어려우면 성공할 수 없다. 그러므로 목표와 최종상태를 명확히 설정하고 정확히 이해한 상태에서 기본계획과 실천계획을 수립해야 한다. 목표와 최종상태는 같은 목적을 지향해야 하며, 구성원의 공감을 불러일으킬 수 있어야 하고, 달성 가능해야 한다. 그 이유는 설정된 목표와 최종상태가 공통의 이해와 이익을 공유하는 집단 구성원의 공감을 얻을 수 없으면 달성하기 어렵기 때문이다. 〈표 9〉는 하나의 예시로서, 국방개혁의 목표와 최종상태를 설정해본 것이다.

〈표 9〉 국방개혁의 목표와 최종상태(예시)

- **목표**
  "변화하는 안보 환경에 능동적으로 대응할 수 있는 국방태세 구축"

- **고려사항**
  - 예상되는 미래 안보 및 전장 환경에 적응
  - 발전하는 미래 기술의 발전적 수용
  - 출산율 감소로 인한 인적 자원의 제한 극복
  - 할당된 재정의 효율적 운용방안 강구

- **최종상태**
  전면전과 국지도발, 테러, 사이버 등 예상되는 미래 위협에 능동적으로 대처할 수 있음은 물론, 유사시 싸울 수 있고, 싸우면 이기는 군대

국방개혁은 군사 분야에 대한 이해와 전문지식, 리더십을 기반으로 국방개혁의 취지와 목적에 대한 이해가 선행되어야만 효율성 있게 추진할 수 있다. 정치·군사지도자의 리더십과 전문성이 부족하고 목표와 최종상태가 명확하게 설정되지 않으면, 적절한 지침을 부여할 수 없을 뿐만 아니라, 기존의 계획과 차별화할 수도 없다. 정치지도자가 명확한 목표와 최종상태를 제시하면, 임무를 부여받은 군사지도자는 창의적 사고와 통찰력을 발휘하여 기본계획과 실천계획을 발전시켜야 한다. 실천계획은 기본계획을 바탕으로 모든 제대와 기관이 분야별로 작성해야 하며, 기본계획에 수렴收斂해야 한다. 그래야만 계획의 방향성을 유지할 수 있을 뿐만 아니라, 일관성 있는 업무 추진이 가능해진다. 또한, 수립한 기본계획과 실천계획은 지속적인 평가를 통해 변화하는 상황과 여건에 따라 적절히 수정·보완해야 한다. 그렇지 않으면, 계획과 실천은 현실과 괴리되기 마련이며, 일관성 있는 방향성을 가지고 추진할 수 없게 된다.

국방개혁을 포함한 군사 분야의 업무 성패는 전문가 그룹의 자문받는 것보다도 전문성과 탁월한 리더십을 갖춘 군사지도자를 임명하는 것이 더 중요하다. 그러므로 정치지도자는 정치적 이익이 아닌 능력을 평가하여 가장 유능한 군사지도자를 발탁해야 한다. 만약 국방개혁을 주도하는 군사지도자가 전문성이 부족하면 상황과 여건에 부합하는 시의적절한 지침 부여와 지도가 이루어질 수 없다. 전문성은 계급이 높아진다고 해서 저절로 길러지는 것이 아니기 때문에, 계급의 고하高下만으로 전문성의 깊이를 평가해서는 안 된다. 군사지도자의 전문성이 부족하면 기존의 계획을 답습踏襲하거나 실무 건의에 따라 수정·보완하는 수준에 머물게 되고, 그러면 국방개혁은 용두사미龍頭蛇尾로 끝날 수밖에 없게 된다. 결국, 애써 수립한 계획은 또다시 기존의 계획을 답습하는 수준에 머물거나 그저 그런 계획에 그치고 말 것이다.

그러므로 국방개혁은 정치지도자와 군사지도자의 긴밀한 교감 속에서 정치지도자가 제시하는 목표와 최종상태를 바탕으로 전문성을 갖춘 군사지도자가 주도해야 비로소 성공에 도달할 수 있다. 군사지도자는 추진 간 문제점과 이견을 해소해나가는 과정에서 적당히 타협하는 것이 아니라 합리적 방안을 제시하면서 설득하고 포용의 리더십을 발휘해야 집단이기주의를 극복하고 목표를 향해 나아갈 수 있다. 국방개혁은 정치지도자와 군사지도자 간의 협력은 물론, 수준 높은 군사적 전문성을 갖춘 장군단의 지도와 각 분야에서 창의력을 발휘할 줄 아는 영관급 실무집단이 함께 노력할 때 기대하는 성과를 달성할 수 있다.

국방개혁 대상기간의 설정

국방개혁의 기간 설정은 또 하나의 중요한 고려사항이다. 5년 단임 대통령제라는 정치 환경과 급변하는 북한의 정세에 따라 바뀔 수밖에 없는 안보 상황에 처해 있는 우리로서는 지속적이고 안정적인 국방개혁을 추진하기가 쉽지 않다. 정치 권력과 안보 상황의 변화는 국방개혁의 장기 기획 및 계획의 목표와 방향에 매우 큰 영향을 미치기 때문이다. 그러므로, 국방개혁 기간 설정은 매우 중요하며, 기간이 길수록 더 많은 영향을 받을 수밖에 없다. 특히, 우리와 같은 정치 환경과 안보 상황에서는 국방개혁 기간을 길게 설정하는 것은 결코 바람직하지 않다. 2005년 당시, 국방개혁은 2006년부터 2020년까지 15년 계획을 수립했다. 그 후, 세 번의 정권 교체와 천안함 폭침, 연평도 포격 도발, 북한의 핵실험 등 우리 사회에 커다란 충격을 주는 사건이 연이어 발생했다. 이와 같은 여러 차례의 정권 교체와 안보 상황의 변화는 국방개혁 기간을 2030년까지 연장해야 하는 등 여러 차례에 걸쳐 국방개혁을 대폭적으로 수정·변경할 수밖에 없는 직접적인 원인이 되었다. 그 결과, 국방개혁의 성과를 평가하기조차 어려운 상황이 되어버렸고, 국방개혁의 피로도가 급격히 증가하게 되었다.

이처럼 극심한 변화를 겪을 수밖에 없는 우리의 정치 및 안보 환경에서 국방개혁을 장기간 추진하는 것은 바람직하지 않다. 가장 바람직한 방안은 대선 캠프를 운영하면서 국방개혁 방안을 검토해 발전시키고 정권인수위원회에서 확정한 후에 정부 출범 초기부터 5년 단위의 국방개혁을 추진하는 것이다. 그리고 정부 마지막 해에는 성과를 분석하여 교훈을 도출하고, 대선 전까지 다음 계획에 반영해야 할 사항과 추진 방향을 정리한 후에 마무리하는 것이다. 다음 정부는 정권인수위원회 운영 과정에서 정리된 결과를 기초로 방향을 설정하여 계획을 수립하고 추진한다면, 국방태세를 혁신해나가는 추진동력momentum을 유지할 수 있을 것이다.

앞에서 언급한 것처럼 이스라엘은 2006년 제2차 레바논 전쟁 이후, 테펜Tefen 계획 2008~2012년, 할라미시Halamish 계획 2012~2016년, 가나안Ganaan 계획 2016~2020년 등 매 5년 주기로 군 혁신 계획을 수립해 추진하고 있다. 이와 같이 안정적 계획 추진이 가능한 것은 이스라엘의 안보인식과 국민적 공감, 투철한 생존의식 등에서 비롯된 바가 크다. 이스라엘에도 정치적 이익을 달리하는 집단이 있고, 강경파와 온건

파가 있다. 그러나 역사적으로 수많은 고난을 겪어온 과정을 통해 "국가안보는 누구에게도 양보할 수 없으며, 스스로 책임지고 감당해야 하는 것"이라는 확고한 국민적 공감대가 형성되어 있다. 이스라엘에서는 정치적 이해득실과 지향점에 따라 국가안보의 가치를 훼손시키는 일 따위는 결코 있을 수도, 생각할 수도 없다.

정부 임기와 연계된 5개년 계획은 명확한 방향과 목표 설정이 가능하고 예산과 인적 자원, 안보 상황의 변화 등에 대한 예측을 통해 현실성 있는 계획을 수립할 수 있으며, 일관성 있게 추진할 수 있다는 장점이 있다. 만약 대통령의 임기가 4년 중임제로 개헌이 된다면, 4개년 계획을 수립하면 될 것이다. 오늘날 독일은 4개년 계획을 수립하여 추진하고 있다. 설령, 국방개혁에 관해 법제화를 한다고 하더라도 장기계획은 일관성 있게 추진하기 어렵다는 것이 지금까지 우리가 국방개혁을 추진해오면서 체득한 경험이기도 하다. 그러므로 안보태세에 영향을 주는 국방태세 혁신은 장기간에 걸쳐 추진하는 것보다 정권의 지속성과 연계한 대상 기간을 설정하여 예측 가능한 계획을 수립하여 안정적으로 책임감 있게 추진하는 것이 더 바람직하다.

(4) 목표지향적 계획의 수립

초기 국방개혁의 수립과 추진

2005년 최초 국방개혁을 수립할 당시, 가장 핵심이 되었던 사항 중 하나는 군 규모를 50만 명 수준으로 감축하는 것이었다. 미래 병력 자원에 관한 가용성 판단이 이루어지기도 전에 군의 규모를 한정하는 지침이 가장 큰 고려사항으로 하달되었다. 당시, 국방개혁 업무를 검토하고 입안했던 당사자들은 50만 명의 군사력을 어떻게 구성하여 대비태세를 유지할 것인가를 우선적으로 고민했다. 이에 따라 기획자들은 전방의 경계 밀도 보장, 유사시 최상의 대응태세를 갖추기 위한 전력 배비, 전투력의 질적 강화를 위한 첨단 무기체계 확보 등을 검토했다.

당시, 육군은 155마일의 비무장지대DMZ 경계 임무와 해안 경계, 유사시 적의 돌파를 저지하기 위한 종심 배비 등을 고려한 병 중심의 군구조, 해군과 공군은 장비 중심의 기술군 성격을 고려한 간부 중심의 군구조로 구성되어 있었다. 검토 결과, 육군은 전방 경계와 해안 경계를 과학화·무인화함으로써 병력을 감축하고, 해안 경계 임무를 단계적으로 경찰에 인계한 후에 향토사단 병력을 주요 지역으로 집결 보유하여 전투임무에 집중하는 것으로 결정했다. 이와 더불어, 군이 담당하고 있던 특정경비구역 경계 임무도 경찰에 인계하여 절약된 병력을 전투임무로 전환하는 방안을 계획에 반영했다. 해안 경계 임무가 과거의 대간첩작전과 적 침투 방지 등에서 밀입국 및 밀수 차단 등과 같은 경찰작전의 형태로 이미 변화한 데다가 감축 방침에 따라 군 병력 축소가 불가피했기 때문에 축소된 병력으로 높은 전투준비태세를 유지하기 위한 결정이었다.

또한, 해군과 공군은 지휘계선 단축을 위해 중간 지휘제대를 해체하고, 해군의 잠수함사령부와 공군의 북부사령부 등 주요 부대의 창설 및 개편을 추진하기로 했다. 해군 및 공군의 병력 규모는 현용 전력의 운용과 미래 확보가 예상되는 신규 무기체계의 운용 등을 종합적으로 고려하여 병력 수준을 동결하는 것으로 결정했다. 이와 같은 조치는 군이 전투임무에 전념케 하고, 병력 자원을 효율적으로 활용하기 위한 것이었다. 그러나 이러한 개념들은 다음 정부의 국방개혁기본계획에 계승되어 일부는 추진되었고, 일부는 시행이 유보되었으며, 일부는 흔적도 없이 사라져버렸다.

국방 혁신의 방향성

국방의 혁신은 변화에 적응할 수 있도록 국방의 효율성을 높이고 군사 대비태세를 쇄신하기 위한 것이어야 한다. 다만, 국방태세를 검토하는 과정에서 국가의 자원 할당이 불가피하게 감소할 수밖에 없다면, 군사력을 혁신하는 방안과 더불어 임무를 조정할 분야를 검토해야 한다. 국방책임자는 최상의 준비태세를 유지하기 위해 꾸준히 노력해야 하며, 주어진 인적·물적 자원을 효율적으로 운용하는 등 최적의 방안을 찾아나가야 한다. 즉, 국방책임자는 군통수권자가 제시한 국방 목표를 달성하기 위해서 관련 부서와 자원 배분에 관해 협의하고, 배정된 자원을 활용하여 최상의 전투준비태세를 유지·발전하는 방안을 꾸준히 모색해야 한다.

군사력은 국가의 번영을 보장하고 국민의 생명과 안전을 수호하기 위한 사회적 도구이다. 국가의 생존과 안전 보장에 필요한 적정 군사력 규모는 평시부터 유지하는 것이 가장 바람직하다. 그러나 유사시에 필요한 군사력 규모를 평시부터 유지하는 것은 효율적이지 않으며 큰 비용을 감당해야 하므로, 국가 운영 측면에서도 바람직하지 않다. 그렇기 때문에 어느 국가나 평시에는 국가 재정으로 감당할 수 있는 규모가 작고 효율적인 군사력을 유지하기 위해 노력하고 있으며, 위기 상황이 조성되면 적절한 동원을 통해 위기에 대응하는 비상체제를 운영하고 있다.

군사력은 국가의 지속적인 발전을 추구하면서 감당할 수 있는 인적·물적 자원의 범위 내에서 규모가 결정되어야 하며, 부족한 부분은 전시 동원으로 충당할 수밖에 없다. 그래서 평시에는 유사시에 요구되는 군사력보다 작은 규모의 군사력을 운영할 수밖에 없으며, 위기 시 초기 대응을 위해 질적으로 수준 높은 군사력 확보와 운용 능력을 지향하게 된다. 그러므로 국방개혁은 국방태세의 효율성을 혁신하기 위한 것이어야 하며, 유사시에 대비하기 위해 부족한 부분은 전시 동원을 통해 최단 시간 안에 충당될 수 있도록 동원체제를 잘 정비해야 한다. 이러한 이유로 유사시 동원체제는 원점에서부터 재검토해야 하며, 국방개혁 과제에 반드시 포함시켜야 한다.

2005년 국방개혁 초안을 수립할 당시, 노무현 정부는 병력 감축으로 인해 발생하는 전력 공백을 메우기 위해 첨단 기술을 적용한 신형 장비를 확보할 수 있도록 예산을 지원한다는 방침을 세웠다. 이에 따라 각 군은 첨단 무기를 확보하기 위한 노력을 경쟁적으로 추진했다. 이러한 시도는 병력 중심의 군사력 구조를 첨단 장비로 보강하여 질적으로 수준 높은 첨단 장비 중심의 군사력 구조로 전환하기 위한 것이었지만, 이를 위해서는 많은 예산이 투입되어야 함은 불문가지不問可知의 사실이다.

여기서 우리는 다음과 같은 질문을 던지고 그것에 대한 답을 숙고해 볼 필요가 있다. 과연 첨단 장비의 확보를 통해 군 규모의 감축으로 발생하는 전력 공백을 해소할 수 있는가? 무기의 첨단화만이 군을 정예화하고 전투태세를 향상하기 위한 최선의 방안인가? 무기를 첨단화한다면 무기를 어느 정도 수준까지 첨단화할 것인가? 이러한 의문들을 정리해보면, 군의 양적 감소로 인한 전력 공백은 무기 첨단화를 통한 군사력의 질적 수준 향상을 어느 정도로 해야 극복할 수 있겠는가라는 것이다.

군사력의 양과 질의 상관관계

병력의 열세를 극복하기 위한 첨단 무기의 확보는 대단히 어려운 일이다. 우리에게 잘 알려진 전투력의 양(병력의 수)과 질(무기 성능)의 관계를 비교분석한 란체스터 법칙Lanchester's laws[55]에 의하면, 병력 수(양)가 두 배인 적을 상대하려면 무기 성능(질)은 네 배 이상이어야 한다. 물론, 전장에서의 승패는 병력의 규모(양)와 무기 성능을 비롯한 장비의 수준(질) 외에도 탁월한 군사력 운용 능력에 의해 좌우된다. 그러나 탁월한 군사력 운용 능력을 확보하는 것은 오랜 시간 동안 수많은 노력을 들여 우수한 인적 자원을 확보해야 하는 매우 어렵고 힘든 일이다. 이처럼 전장에서의 승패는 군사력의 우열이나 첨단무기의 보유 여부, 군사력 운용 능력의 차이 등 어느 한두 가지 변수로 결정되지 않는다.

학문적으로 군사력을 비교평가하는 방법에는 정태적 방법과 동태적 방법 등이 있다. 오늘날에는 군사력 비교평가를 위해 단순 수량 비교부터 전력지수 비교, 투입 자본 비교, 워게임 분석 등 다양한 방법이 연구되고 있다. 군사력 비교평가 방법에 대한 다양한 학문적 이론이 연구되

---

[55] 란체스터 법칙은 영국의 항공 엔지니어인 프레더릭 란체스터(Frederick W. Lanchester)가 제1차 세계대전 당시 공중전의 결과를 분석하여 제시한 이론이다. 란체스터 법칙은 제1법칙과 제2법칙으로 구성되어 있다. 제1법칙은 1 대 1 전투상황에서 적용되는 것으로, 전투력은 병사 수(양)×무기 성능(질)로 표현된다. 제2법칙은 집단 간의 전투상황에서 적용되는 것으로, 무기 성능이 비슷할 경우, 피해는 병사의 수에 비례하는 것이 아니고 병사 수의 제곱 비율로 커진다는 것이다. 여기서 전투력은 병사 수(양)^2×무기 성능(질)으로 표현된다.

고 있지만, 모두가 공감할 수 있는 객관적인 비교방법론은 아직까지 존재하지 않는다. 전장에는 지형, 기상, 적의 능력과 상황, 아군의 능력과 상황, 지휘관의 능력과 성향, 오인과 오해, 시행착오, 기만, 기습, 우연 등 수많은 변수가 존재한다. 지금까지 알려진 가장 유효한 군사력 비교평가 방법은 미국에서 발전된 총괄평가 방법일 것이다. 총괄평가는 미국이 무기체계·전력·작전 교리와 실행·교육훈련·군수·설계획득 절차·자원할당·전략·전력의 실효성 등을 기존 또는 잠재 경쟁국과 철저히 비교하기 위해 개발했다. 그러나 이 기법은 정량적·정성적 요소를 모두 포함하고 있기 때문에 많은 정보와 수준 높은 분석 능력 등이 뒷받침되지 않으면 안 된다.

전장에서는 수많은 내적·외적 변수뿐만 아니라 개인의 주관적인 요소까지 난마亂麻처럼 얽혀 작용하기 때문에 군사력의 질적인 면을 측정하기 어려울 뿐만 아니라 비교할 수 있는 객관적인 방법론이 존재하지 않는다. 그래서 오늘날에는 군사력 비교평가 방법으로 단순 수량 비교 방법을 보편적으로 사용하고 있으며, 선진국들은 군사력 비교평가의 정확도를 높이기 위해 정보 수집과 분석을 통해 상대방의 전력 데이터와 투입비용, 운용체계와 운용 능력 등 양적·질적 평가요소를 가미加味함으로써 보다 정밀한 평가 결과를 얻기 위해 노력하고 있다.

군사력의 양적 감소에 따른 전력 공백을 장비의 첨단화, 즉 군사력의 질적 향상을 통해 어느 정도 극복할 수 있느냐는 그 효과 평가는 물론이고 그 결과 또한 예측하기 어렵다. 첨단 군사력 건설에는 막대한 예산이 필요할 뿐만 아니라, 첨단 무기체계를 확보한다고 해서 운용 능력이 저절로 갖추어지는 것도 아니다. 첨단 무기체계의 운용 능력은 정교하게 구축된 지원체계와 과학화된 훈련을 통해서만 갖출 수 있다. 첨단 무기체계의 운용 능력은 정교하게 구축된 지원체계와 과학화된 훈련에 의해 뒷받침될 때, 효과적으로 배양할 수 있다.

적정 수준의 무기체계 확보

군사력의 효용성은 적과 마주한 상황에서 얼마만큼 자신의 능력을 발휘할 수 있느냐에 따라 결정된다. 아무리 첨단 무기체계라 하더라도 교육훈련을 통해 자기 능력으로 전환할 수 없으면 첨단 무기체계의 가치는 현저히 저하되기 마련이다. 그럼에도 불구하고 어느 정도의 질적 수준을 갖춘 장비를 갖춰야 하는 이유는 적의 기술적 기습을 방지하고, 적보다 열세한 조건에서 전투에 돌입하는 것을 방지해야 하기 때문이다. 국민의 자제子弟들로 구성된 군대를 적보다 열세한 무기체계로 무장하여 적 앞에 세운다는 것은 무책임한 일이다.

국가는 국민의 자제로 구성된 군을 적보다 우수한 무기체계로 무장시키고 자신감 있게 전장에 임할 수 있도록 충분히 훈련할 수 있는 환경을 조성함으로써 유사시 무의미한 희생을 줄여야 할 책임과 의무가 있다. 흔히 전쟁보다는 평화를 추구해야 한다고 한다. 우리는 당연히 평화를 추구해야 하지만, 평화는 추구하는 과정에서 얻어지는 것이 아니라 노력의 결과로 나타나는 것이며, 어느 한쪽이 원한다고 해서 유지되는 것이 아니다. 설사, 평화가 지속된다 하더라도 군에 대한 투자는 계속되어야 한다. 이스라엘은 오랜 역사적 경험을 통해 "평화란 오직 강력한 군사력에 의해서만 유지된다"라는 확고한 신념을 가지고 있으며, 강력한 군사력의 확보 필요성에 대해 국민을 설득하기 위해 노력하고 있다.

어느 국가, 어느 군대나 첨단 무기체계로 무장하기를 선호하고 희망한다. 그러나 군대는 국가가 감당할 수 있는 범위 내에서 군사력 규모를 결정하고 무장할 수밖에 없으며, 주어진 조건에서 수준 높은 군사력 운용 능력을 갖춤으로써 부여된 임무를 성공적으로 완수해야 한다. 그렇다면 첨단 무기체계로 무장하는 것은 바람직한 선택인가? 무기 첨단화는 필요하고 어느 군대나 열망하지만, 무기 첨단화가 무조건 옳은 것은 아니다. 우리는 첨단 무기체계로 무장하는 것 못지않게 편성된 장비에 대해 충분히 숙달하는 것이 매우 중요하다는 사실을 한시라도 잊어서는 안 된다. 군사지도자는 부하들에게 부대에 편성된 무기를 100% 활용할 수 있도록 무기에 대한 이해와 숙달의 중요성을 끊임없이 강조해야 한다. 첨단 무기체계를 운용하고 유지할 수 있는 능력을 갖추려는 노력 없이 첨단 무기체계만을 고집하는 것은 쓰지도 않을 명품을 사재기하는 것과 다르지 않다. 군은 자신의 능력과 분수에 맞는 적절한 수준의 효율적인 무장을 추구하고, 충분한 조작 숙달은 물론, 전술적 운용 능력을 극대화하기 위해 노력해야 한다.

클라우제비츠는 "전쟁은 자국의 의지를 타국이 받아들이도록 강요하기 위해 극단적인 폭력을 행사하는 정치 행위"라고 정의했다. 국가 스스로가 무기체계를 개발하고 무장할 수 없다면, 유사시 타국의 간섭과 영향권 내에서 벗어날 수 없으며, 자국의 의지를 상대방에게 관철하기도 어렵다. 앞장에서 언급한 제4차 중동전쟁 당시의 국제관계와 전쟁이 발발해서 종결될 때까지 이스라엘이 겪은 일들이 그 대표적인 사례이다. 그러므로 중요한 무기체계는 가능한 한 자국 내에서 조달하고 수리·정비를 할 수 있어야 하며, 지속적인 성능개량을 통해 꾸준히 개선해나가지 않으면 안 된다.

오늘날, 이스라엘은 제4차 중동전쟁의 위기를 겪으면서 절체절명絶體絶命의 각오로 국가 혁신을 통해 국가 이익에 기초하여 독자적으로 판단하고 행동할 수 있는 군사적 역량을 확보했다. 그 과정에서 수많은 논쟁을 거치고 어려운 고비도 여러 차례 넘겨야 했으며, 어떤 경우에는 굴욕과 타협의 길을 걷기도 했다. 기술 수준이 탁월하지 않으면 첨단 무기체계는 대부분 국외에서 도입해야 하는데, 그렇게 되면 타국의 간섭과 영향을 필연적으로 받을 수밖에 없다. 때로는 공급국의 이익과 합치하지 않으면, 관련 무기체계의 부품 공급을 차단하기도 하고, 공급국의 이익에 부합하는 정치·외교적 결정을 강요받기도 한다.

따라서 군은 첨단무기의 확보보다도 보유하고 있거나 보유하게 될 무기에 대한 운용, 관리, 숙달 등에 대한 기반을 충실히 갖추기 위해 더 많은 노력을 기울여야 한다. 만약 기술력 부족이나 대응 조치 제한 등의 이유로 국외에서 도입이 불가피한 경우에는 국외 도입 장비를 운용하기 위한 무장 및 부품에 대한 안정적 확보대책과 원활한 수리·정비 대책을 반드시 강구講究해야 한다. 그 이유는 평시에 군사력의 안정적인 운용 기반을 구축하고 유사시에 대비한 대응 역량을 갖춰야만 외부의 간섭을 최소화하면서 군사적 능력을 발휘할 수 있기 때문이다.

2 / 한계를 극복하기 위한 노력

(1) 영향 요소와 한계

모든 개혁에서 성공을 좌우하는 것은 달성 가능한 목표의 설정, 실행 가능한 계획의 수립, 성과 창출을 위한 여건 보장 등이다. 국방태세를 혁신하기 위한 국방개혁 추진 과정에서 부딪히는 현실적 한계는 무엇일까? 저마다 보는 관점에 따라 다르겠지만, 우리의 현실에서는 병역 자원의 제한, 예산과 기술력의 부족, 리더십과 전문성의 결핍 등이 개혁 추진의 주요 장애 요인으로 작용한다고 볼 수 있다. 이 중에서 병역 자원과 예산, 기술력은 의지에 따라 극복하는 방법을 다양하게 모색할수 있다.

그러나 리더십과 전문성은 내면의 능력을 키우는 것이므로 많은 시간을 들여 스스로 노력하지 않으면 안 된다. 또한 리더십이나 전문성을 키울 수 있는 훌륭한 제도를 만든다고 하더라도 목표한 바를 달성하기는 쉽지 않다. 리더십과 전문성은 하루 이틀에 완성되지 않으며, 외부로부터 들여올 수도 없다. 과거에 우리가 수차례에 걸친 국방개혁 시도에도 불구하고 제대로 된 성과를 거둘 수 없었던 것은 바로 리더십과 전문성의 결핍에서 비롯된 것이라고 해도 과언이 아니다. 리더십과 전문성을 키우는 것은 결국 인적 자원을 개발하는 것이다. 인적 자원의 개발은 우수한 교육제도, 투명하고 공정한 인사관리, 자발적 동기 유발 등 치밀한 대책이 강구되지 않으면 달성할 수 없는 지난至難한 과제이므로 사려 깊은 접근이 필요하다.

국방개혁을 추진하는 리더십은 정치적 리더십과 군사적 리더십으로 구분할 수 있다. 정치적 리더십은 군통수권자를 포함한 국방개혁에 관여하고 그것을 지원하는 모든 정치지도자들에게 요구되는 덕목이다. 정치적 리더십은 국방개혁의 목표와 최종상태, 지침을 부여하고 계획 수립의 적절성 여부를 평가하는 것 외에도 관련 부서 간의 협력을 촉진시켜야 할 책임이 있다. 만약 정치지도자들이 주기적으로 보고나 받고 생색이나 내는 등 방관자적인 자세로 일관한다면 국방개혁은 성공하기 어렵다. 정치지도자들은 확고한 안보관과 명확한 목표를 제시하고 관련 부서 간의 불협화음이나 갈등을 조정하면서 국방개혁을 이끌어나가야 한다. 그럼에도 불구하고 정치지도자들이 군사 문제에 대해 정파적政派的 잣대를 가지고 간섭하게 되면 군사적 자율성과 전문성을 해치게 되고, 이로 인해 결국 국방개혁은 실패하게 될 것이다. 군사적 리더십을 가진 군사지도자는 정치지도자와 관련 부서 간의 교량 역할을 수행하고 전문성을 바탕으로 국방개혁 실천을 주도해나가야 한다. 국방개혁은 군사지도자가 실무자에게 구체적인 지침이나 방향을 제시하지 못하고 실무집단의 건의에 의존하게 되면, 일관된 방향성을 유지하기 어렵고 실질적인 성과를 달성할 수 없다.

　미군의 경우, 국방개혁의 논리와 구체적인 실천방안을 주도적으로 제시한 것은 장군단이었다. 이처럼 군을 이끌어가는 장군단이 문제점을 정확히 인식하고 끊임없이 논리를 개발하고 구체적인 실천방안을 만들어 제시했기 때문에 40여 년에 걸친 미 육군의 혁신 시도가 성과를 거둘 수 있었다. 그 대표적인 인물로는 윌리엄 듀피Willam E. DePuy 장군, 돈 스태리Donn A. Starry 장군, 돈 모렐리Don Morrelli 장군, 윌리엄 오언스William A. Owens 제독, 아서 세브로스키Arthur K. Cebrowski 제독 등이 있다. 이외에도 새로운 논리를 개발하고 개혁방안을 제시하는 수많은 장군과 영관장교, 학자들이 있었다. 그뿐만 아니라 세계 최강의 육군으로 거듭나게 한 미 육군의 성공적인 혁신은 군 지도계층의 탁월한 리더십과 국방부, 예비역 단체, 산업계, 학계 등 여러 관련 기관과의 협업을 통해 이루어진 것이다. 이 과정에서 미군의 군사적 리더십은 군의 혁신을 이끌어가는 주도적인 역할을 수행했으며, 다양한 노력을 결집함으로써 군의 혁신을 성공으로 이끌었다. 영국의 속담에 "독일인과 싸워보지 않으면 전쟁을 모른다"라는 유명한 말이 있다. 독일의 군사적 전통은 프로이센이 나폴레옹과의 전쟁에서 패배한 이후, 샤른호르스트Gerhard von Scharnhorst — 그나이제나우August Neidhardt von Gneisenau — 클라우제비츠Carl von Clausewitz — 대몰트케Helmuth Karl von Moltke[56]로 이어지는 수십 년 동안 각고의 노력으로 구

56　헬무트 칼 폰 몰트케(Helmuth Karl von Moltke)는 그의 조카인 헬무트 요한 루트비히 폰 몰트케(Helmuth Johann Ludwig von Moltke)와 구분하기 위해 대몰트케라고 부른다. 대몰트케는 1857년 프로이센군 참모총장으로 임명되어 프로이센 참모부를 대대적으로 개편했으며, 참모부 장교들을 전문교육기관에서 양성하는 제도를 정립했다. 조카인 헬무트 요한 루트비히 폰 몰트케(소몰트케)는 제1차 세계대전 당시 독일군 참모총장을 역임했다.

축된 것이다.

(2) 전문성의 중요성

모든 분야에서 전문성은 계획의 성패를 좌우하는 핵심 요소이다. 정치지도자가 군사적 전문성을 갖추면 좋겠지만, 현실적으로 그러기는 쉽지 않다. 그러므로 정치지도자는 전문가 집단으로부터 자문을 받아 자신의 것으로 소화하여 지도할 줄 아는 능력을 갖추는 것으로 충분하다. 그러나 군사지도자는 스스로 군사적 전문성을 갖추지 않으면 안 되며, 자신의 역량이 부족하다고 판단되면 능력에 맞지 않는 자리나 역할을 탐해서는 안 된다. 설사, 정치지도자가 중책을 맡으라고 요구한다고 하더라도 자신의 능력을 가늠해보고 스스로 능력이 부족하다고 판단되면 고사固辭할 줄 알아야 한다. 능력이 되지 않는 사람이 중책을 맡는 것은 관련 조직의 운영과 발전에 해가 될 뿐만 아니라, 자신의 품격을 스스로 떨어뜨리는 백해무익百害無益한 일이기 때문이다.

　모든 직업군인은 군에서 복무하는 동안 수준 높은 군사적 전문성을 갖추기 위해 끊임없이 노력해야 한다. 군사적 전문성은 짧은 기간 안에 완성되지 않으며, 초급 장교 시절부터 자신의 소양과 전공 등에 부합하는 방향성을 가지고 꾸준히 노력해야 한다. 전문성은 관련 분야에 관한 업무 경험과 사례 연구, 반복적인 학습 등을 통해 축적된다. 그러므로 군사적 전문성은 실무 경험과 학문적 배경을 갖춰나가려는 부단한 자기 노력을 통해 관련 지식을 쌓고 창의적 사고능력을 키워나갈 때 비로소 성장하는 것이다. 통상, 중견 장교인 중령급 실무자의 위치에 도달하게 되면, 경험과 이론적 배경이 더해지면서 자신만의 소견과 논리를 설파할 줄 아는 기본적인 전문성을 갖춰야 한다.

전문성은 전쟁사와 군사이론에 대한 연구와 폭넓은 독서 습관을 통해 기를 수 있다. 독서는 관련 분야의 전문서적 추천 목록을 작성하여 탐독하면 더 좋은 결과를 얻을 수 있다. 과거에는 연간 독서 목표를 수립하고 실천하는 장교들을 많이 볼 수 있었으나, 근래에 들어 장교들의 독서량이 많이 줄어든 것 같아 아쉽다. 월 또는 연간 단위로 독서 목표를 정하고 실천하는 것도 독서량을 늘리는 한 가지 방법이다. 독서 과정에서 사례 연구는 과거 벌어진 사건에 관한 사실에 기초한 연구이므로 군사적 지식과 전문성을 쌓는 데 큰 도움이 된다. 그러나 사례 연구 시 결과를 연구하는 것도 중요하지만, 목표에 도달하기 위한 준비 및 실행 과정을 연구하는 것도 필요하다. 사례 연구는 자칫 화려한 성과에 매료되어 배경과 준비 및 진행 과정을 간과하기 쉽다. 배경과 준비 및 진행 과정에 관한 철저한 연구가 뒷받침되어야만 성과에 대한 올바른 이해가 가능하다. 준비 및 진행 과정에는 성과를 만들어내기 위한 철학과 사고思考체계, 추진 과정에서 발생하는 저항과 장애를 극복하려는 노력 등이 오롯이 담겨 있기 때문에 먼저 이것을 철저하게 연구해야만 대상 사례의 본질을 올바르게 이해할 수 있다.

전문성은 이처럼 다양한 과정을 거치면서 향상되며, 자신의 성장과 조직의 발전을 위해서 꼭 필요한 능력이다. 국방개혁과 관련된 사례 연구 또한 마찬가지이다. 벤치마킹benchmarking은 단순히 모방하기 위한 것이 아니라, 주요 사례 분석을 통해 교훈을 찾아내어 자신의 실정에 맞게 변화·적용함으로써 업무의 성과와 효율을 높이기 위한 것이다. 그러므로 타국의 화려한 개혁 성과에 매몰되지 말고, 그 결과에 이르게 된 배경과 추진 과정에 관한 철저한 연구가 함께 이루어져야만 올바른 벤치마킹이 가능해진다. 그리고 난 후, 우리의 환경과 실태에 맞는 해법을 찾아서 적용할 수 있을 때, 기대하는 국방개혁의 성과를 거둘 수 있다.

반복해 말하지만, 국방개혁은 국방 전 분야에 대한 혁신을 통해 국방 태세를 쇄신하기 위한 것이다. 국방개혁의 성과를 높이기 위해서는 우수한 정치·군사 리더십과 군사력 구성과 운용에 관한 탁월한 전문성이 뒷받침되어야 한다. 탁월한 리더십과 전문성은 목표로 나아가는 지름길을 찾아내고 최종상태로 향하는 방향성을 유지하는 핵심 동력이다. 또한, 군사 분야의 탁월한 전문성은 군사력의 편성과 운용, 국방 운영 등에 대한 올바른 방안을 제시하고 정착시켜나가는 견인차 역할을 한다. 그러므로 우리가 국방개혁을 추진해나감에 있어 직면한 한계를 극복하고 효율적인 방향으로 나아가기 위해서는 탁월한 리더십과 우수한 전문성을 갖춘 인물을 발탁하여 책임과 권한, 자율성을 부여해야 한다. 선진국에 비해 양성된 인재人材가 턱없이 적은 우리의 현실에서는 탁월한 인재의 출현을 기대하는 것보다 집단지성集團知性을 활용하는 것이 더 현명한 해결책이 될 것이다.

군사력의 하드웨어 부분은 예산이 가용하면 비교적 짧은 시간에 다양한 획득 활동을 통해 확보할 수 있지만, 소프트웨어 부분은 훨씬 더 많은 시간과 노력이 투입되어야 한다. 왜냐하면, 인적 요소를 개발하기 위해서는 논리의 개발, 인적 자원의 선발 및 양성, 필요한 도구의 개발 및 확보, 사고思考의 전환, 개인과 집단의 노력 등 다양한 시도試圖와 많은 시간이 필요하기 때문이다. 인적 요소의 개발은 성과를 내기도 어렵고,

꾸준히 노력하지 않으면 퇴보하거나 소멸하기 쉬우며, 많은 시간과 인내가 필요하므로 등한시等閑視하는 경향이 있다. 그러므로 군사지도자는 구성원의 개인 역량과 부대의 전술적 운용 능력 등과 같은 소프트웨어 요소의 향상 을 꾸준히 강조해야 한다. 군사지도자가 무관심하면 구성원 개인과 조직의 능력은 서서히 퇴보하기 마련이다.

우수한 전문성을 갖춘 군대는 유사시 초기에 발생하는 혼란을 짧은 시간 안에 극복하고 위기를 기회로 만들어나갈 수 있으며, 급변하는 상황에 유연하게 대처할 수 있다. 그러나 전문성이 부족한 군대는 위기 발생 초기에 극심한 혼란과 큰 손실을 감내해야만 하고, 전문성이 우수한 군대보다 위기 극복에 훨씬 더 많은 시간과 노력이 필요하다. 특히, 무능한 군대는 전쟁이 종결된 이후에도 실패의 원인을 자신이 아니라 다른 곳에서 찾으려 할 것이며, 실패의 원인조차 파악하지 못하고 남의 탓과 변명으로 일관하게 될 것이다. 그런 사례는 역사를 통해 쉽게 찾아볼 수 있다.

3
/
국방개혁의
필요충분조건

(1) 군사력의 가치에 관한 인식

군사력의 가치 확대

군사력이란 국가의 안전을 보장하기 위한 직접적이고도 실질적인 국가적 역량이며, 군사작전을 수행할 수 있는 군사적 능력을 뜻한다. 군사적 능력에는 병력, 기동력, 화력 등과 같은 물리적인 힘, 전략과 전술을 구사할 수 있는 운용 능력, 이를 뒷받침하는 경제 및 외교력 등 전쟁 수행과 관련된 모든 요소가 망라된다. 과거로부터 오랫동안 회자膾炙되어오던 "천일양병 일일용병千日養兵 一日用兵"이라는 유명한 격언이 있다. 이것은 정예 군사력은 육성하기 매우 어려울 뿐만 아니라, 신중하고도 가치 있게 사용할 줄 알아야 한다는 것을 의미한다. 군사력의 가치는 현시함으로써 발휘되기도 하지만, 무력충돌 과정에서 승패라는 결과물로 나타나기도 한다.

일반적으로 규모가 크고 강한 군사력을 추구하지만, 군사력 규모가 크고 강하다고 해서 반드시 승리가 보장되는 것은 아니다. 최근의 연구 결과에 따르면, 상대적 약소국이 '작지만 우수한 군사력'을 비대칭적으로 운용함으로써 승리를 거머쥐는 확률이 점차 높아지고 있다고 한다.[57] 이와 같은 연구 결과는 일정 규모 이상의 군사력을 보유하는 것도 중요하지만, 자국의 안보 상황에 적합한 짜임새 있는 군사력과 우수한 운용 능력, 강건한 수호의지가 더 중요하다는 것을 의미한다. 달리 말하면, 군사력은 양적 규모보다 질적 수준과 운용 능력이 더 강조되어야 한다는 것을 뜻한다. 그러나 작은 규모의 짜임새 있는 군사력을 구성하고 우수한 운용 능력을 갖춘다고 하더라도 국가 차원에서 군사력의 활용 가치를 높이기 위해 다양한 방안을 검토해야만 한다. 첫 번째로 고려해야 할 것은 국가의 안전을 보장하기 위한 직접적인 군사력 운용이다. 군사력이 국가의 안전을 보장하기 위해서는 무엇보다도 외부로부터 가해지는 위협에 대해 효과적으로 대처할 수 있어야 한다. 침략하는 위협은 저지·격퇴·격멸할 수 있어야 하고, 현시顯示되는 위협에 대해서는 적절히 대응함으로써 적의 군사력 현시 효과를 상쇄 내지는 무력화시킬 수 있어야 한다. 내부로부터 발생할 수 있는 위협은 군이 아닌 경찰력으로 대처해야 한다. 특히, 국내에서 정치와 연관되어 발생하는 위협 상황에 대해 군사력을 투입하는 것은 자칫 군의 정치적 편향이나 개입 등의 오해를 불러일으키고, 정치적으로 이용되기 쉽다. 군은 늘 정치적 중립을 엄정히 유지해야 하며, 군 본연의 임무에 충실해야 한다. 군이 정치적 중립을 지킨다는 것은 국가와 국민에 대해서 충성하

---

57 박정훈, 『약자들의 전쟁법』(도서출판 어크로스, 2017), p.129.

는 것을 의미하며, 군은 국가와 정권을 혼동해서는 안 된다. 정치권에서 군의 간부를 '줄 세우기'하는 것은 결과적으로 정치에 끌어들여 이용하기 위한 것이므로, 이러한 행위는 군 간부로 하여금 본연의 임무를 등한시하고 정치권 눈치를 보게 함으로써 군을 약화시키는 심각한 결과를 초래할 것이다.

두 번째로 고려해야 할 것은 국제사회에서 국익 증진을 위한 군사력의 활용이다. 군사력은 국익 증진을 위한 수단이 되어야 한다. 외교는 국가의 경제력과 군사력이 뒷받침되어야만 국제사회에서 발언권이 강화되고 영향력을 발휘할 수 있다. 힘이 뒷받침되지 않는 외교력은 공허할 뿐이다. 오늘날 국제 협력을 통해 이루어지는 평화유지작전Peace Keeping Operation이 대표적인 국제 공헌 모델이다. 국제 공조共助에 의한 평화유지작전을 통해 국가의 국제적 위상을 높이려는 노력은 국익 증진에 큰 도움이 될 것이다. 또한, 연합훈련이나 군사력을 현시할 수 있는 국제 활동에 참여함으로써 동맹의 가치를 공고히 하고 유사시 지원 세력을 확보할 수 있다. 이러한 군사 활동은 국익에 바탕을 둔 국가의 전략적 판단과 국제 정치적 고려에 따라 결정하고 행동으로 옮겨야 한다. 국제적 공조에 참여하는 군사 활동은 자칫 잘못된 전략을 수립하거나 방향성을 잃게 되면 부정적 효과를 낳을 수 있으므로 국가 이익과 전략을 고려하여 참여 여부와 활동 범위를 결정해야 한다. 참여가 결정되면 군은 외교부서와 긴밀하게 공조하면서 정예 군사력을 투입하여 본래의 목적을 달성하는 데 전념해야 한다. 그래야만 적절한 군사 활동을 보장받을 수 있을 뿐만 아니라, 유사시 불필요한 간섭과 희생을 줄이고 목표하는 성과를 달성할 수 있다.

통상, 특정 지역의 평화 구축을 위해 시행하는 평화유지작전은 분쟁 중이거나 분쟁이 예상되는 불안정한 지역의 안정, 치안 유지 등 평화 강제, 파괴된 지역 재건, 치안 회복 등의 형태로 이루어진다. 걸프전이나 이라크전과 같이 다국적군을 구성하여 수행하는 군사작전은 부당한 침략이나 국제적 공동 가치를 해치는 행위를 무력으로 제압하기 위한 평화강제작전이다. 지금까지 우리가 수행해온 평화유지작전은 평화강제보다는 피해지역의 기능을 회복하기 위한 건설과 복구 중심으로 이루어져왔다. 그러나 평화유지를 위한 치안유지 활동과 재건 과정에서 피지원국彼支援國이 발주하는 주요 핵심 사업은 위험을 감수하고 고난도의 임무를 수행한 국가들이 늘 독점해왔다. 이러한 경향은 평화유지작전도 평화 유지 또는 치안 회복, 분쟁 해결 등 인도적 차원의 국제적 공동 가치를 명분으로 내세우지만, 결국 국가 이익을 확대하기 위해 이루어지는 활동임을 반증하는 것이다.

지금까지 우리 군은 정치적 결정에 따라 희생을 감내해야 할지도 모르는 고위험의 임무보다는 인도적 차원의 지원을 명분으로 치안 유지나 건설, 도로 복구 등 비교적 위험이 적은 업무를 수행해왔다. 평화 강제와 같은 고위험의 임무는 언제, 어디서 발생할지 모르는 희생을 감내해야 하므로 국민을 설득할 수 있는 정치적 기재器材를 갖추고 있지 않으면 수행할 수 없기 때문이다. 달리 표현하면, 정치권이 발생할지도 모를 희생과 그 희생의 가치에 대해 국민을 납득시키고 설득할 수 있는 정치적 역량을 가지고 있지 않고 위험을 감당할 수 없다면 고위험의 임무 수행은 불가능하다. 우리가 걸프전 당시 수송부대 및 의무부대를 파견한 것과 이라크 자유작전 이후 2004년에 이라크의 아르빌Arbil

지역에 자이툰 부대를 파견한 것이 대표적인 사례이다.

　세 번째로 고려해야 할 것은 군사력의 사회적 가치 증진 노력이다. 군사력의 사회적 가치 증진 노력은 국내의 재해·재난 극복 기여와 군 복무의 효율성을 높이는 것 등을 들 수 있다. 우리 군의 대(對)민·관 지원은 폭우, 폭설, 산불 등 재해·재난 극복을 위한 지원, 중증급성호흡기 증후군Severe Acute Respiratory Syndrome이나 조류독감, COVID-19 등과 같은 질병 감염 극복을 위한 의료지원, 농번기 인력 지원 등의 다양한 형태로 이루어지고 있다.

　대민·관 지원은 특정 장비를 확보하고 전문적인 교육이나 훈련을 통해 일정 부분 숙달이 필요하기도 하지만, 대부분의 경우 편성된 장비와 물자를 이용하여 이루어진다. 대(對)민 지원은 구축된 부대의 능력으로 지원하고, 대(對)관 지원은 정부 관련 부처가 필요한 인력과 장비·물자를 준비하고, 군은 보유한 전문 인력과 가용한 장비를 지원한다는 분명한 원칙이 정립되어야 한다. 왜냐하면 군 본연의 임무 이외에 대민·관 지원 능력을 사전에 준비하거나 대민·관 지원 기능을 모두 갖추려면 전투임무를 주 임무로 하는 군의 편성과 장비를 바꿔야 하기 때문이다. 따라서 대민 지원은 이미 편성된 군의 역량으로 지원하고, 대관 지원은 기관 스스로 준비하되 부족한 부분을 군이 보강·지원하는 방식으로 발전시켜야 한다.

　과거, 재해·재난 지원을 위한 전문 부대의 편성을 주장하는 사람들도 있었지만, 특화된 목적의 부대 편성은 가뜩이나 병력 부족에 시달리고 있는 군의 여건을 고려할 때, 본연의 임무와 역할 수행에 부정적 영향을 줄 수 있으므로 바람직한 접근이 아니다. 우리의 국방 여건은 그리 여유롭지 않다.

군 복무의 효율 개선

군 복무는 모든 국민에게 부여되는 병역 의무를 이행履行하는 것은 물론이고, 사회 진출과 연계하여 각자의 소양을 계발하고 각 개인의 기량을 연마하는 유용한 시간이 되어야 한다. 군 복무의 효율성 증진은 징집과 인력 배치, 군에서의 재교육 등을 통해 구현할 수 있다. 최근 발전된 유전자분석기법은 입영자원의 유전자 분석을 통해 가족력이나 잠재적 질병 발생 요인을 조기에 식별해냄으로써 취약 원인을 찾아내어 양성 및 관리체계를 보완하고 효율을 높일 수 있다. 그뿐만 아니라, 유전자 검사는 각 개인의 병력이나 취약 요인을 사전에 식별하여 조치함으로써 미래에 발생할 수 있는 위험이나 손실을 차단할 수도 있다. 그러려면 군은 당사자의 동의 하에 유전자 특성을 파악하여 개인의 병력病歷이나 소양小羨과 희망 분야, 군에서 필요로 하는 분야별 능력 등을 상호 연계시킬 수 있어야 한다. 그렇게 해야만 미래에 발생할지 모르는 개인의 희생을 사전에 막을 수 있고, 병역 자원 운용의 효율성을 높일 수 있다.

국방개혁은 군의 역할과 가치를 혁신할 수 있는 매우 좋은 기회이다. 우리가 국방개혁의 방향을 어떻게 설정하고 추진하느냐에 따라 그 결과는 많이 달라진다. 국방개혁을 논하면서 군의 역할과 가치에 대해 언급하는 것은 군 복무를 통해 국가가 필요로 하는 인재를 길러낼 수 있는 사회적 체제가 잘 구축되어야 하기 때문이다. 이스라엘과 싱가포르는 국가가 필요로 하는 인재를 육성하는 사회적 체제가 잘 구축되어 있는 대표적인 나라이다. 우리는 이스라엘과 싱가포르보다 엄청난 인력과 잠재력, 가능성을 갖고 있음에도 불구하고 국가 발전을 위해 필요한 인재를 군에서 체계적으로 양성·지원하지 못하고 있다. 징병제를 채택하고 있는 우리는 군 복무기간을 인재 육성을 위한 기회의 장場으로 활용할 수 있어야 한다. 그렇지 않으면, 군 복무기간은 그저 때워야 하는 시간으로 전락할 수밖에 없다.

우리 군이 우리 실정에 맞는 인재양성체계를 구축한다면, 국가적 역량을 키우는 데 공헌할 수 있다. 우리는 국방개혁을 통해 강한 군사력 건설은 물론, 많은 인재를 길러낼 수 있는 체계 및 제도를 구축할 수도 있고, 그렇지 못할 수도 있다. 그것은 우리의 자의적 선택에 달려 있다. 지금까지 우리는 "군대에서 썩는다"라는 식의 자학적 표현을 많이 해왔지만, 이제는 그러한 부정적인 인식이 "군 복무를 통해서 인생이 바뀌었다"라는 긍정적 인식으로 바뀌도록 우리 실정에 맞는 인재양성체계 및 제도를 구축해 적용해야 한다.

우리가 2013년에 국방부와 과학기술부가 함께 발전시킨 '과학기술전문사관제도'는 이스라엘의 탈피오트 제도를 도입해 만든 것이다. 그러나 이 제도는 우리가 벤치마킹한 탈피오트 제도의 취지와 목적, 운영 등 제도에 담긴 정신을 제대로 이해하지 못한 상태에서 성급하게 만들어졌다. 그러다 보니 본래의 취지와는 다르게 목표했던 성과는 전혀 기대할 수 없게 되었고, 그저 흔한 병역특례제도 중 하나가 되어버렸다. 이 제도가 본래의 목적을 달성하려면 제도의 취지와 목적에 부합하도록 목표를 명확하게 재설정하고 선발, 교육, 훈련, 활용 등 구체적인 제도 운영방안이 포함된 실천계획을 수립하여 추진해야 한다. 지금까지 우리 군의 병역특례제도는 특혜적 성격이 강했다. 그러나 앞으로는 국

가에서 필요로 하는 인재를 육성할 수 있는 제도로 개선·발전되어야
한다.

지금까지 우리 군의 병역특례제도는 특혜적 성격이 강했다. 그러나
앞으로는 국가에서 필요로 하는 인재를 육성할 수 있는 제도로 개선해
야 한다. 우리는 지금과 같은 특정 분야로 인력을 유인하기 위한 병역
특례제도가 아니라, 국가에서 필요로 하는 특정 분야의 전문 인력을 체
계적으로 양성하기 위한 인재 양성 중심의 병역특례제도로 발전시켜
나가야 한다. 그러므로 현재의 병역특례제도는 국방개혁의 과제로 선
정하여 국가에서 필요로 하는 인재를 양성하는 목표지향적이고 혁신
적인 병역특례제도로 전환해야 한다.

제도의 발전은 더 나은 해답을 찾아가는 과정이며, 특정 소수 또는
집단이 아닌 공공 이익의 증진이 목표가 되어야 한다. 또한, 제도는 공
정한 경쟁을 통해 각자의 자질에 맞는 최적의 선택을 찾아나가는 정
의로운 과정이 되어야 한다. 네덜란드의 신학자이며 정치가인 아브라
함 카이퍼Abraham Kuyper[58]는 그의 저서 『정치강령Our Program: A Christian Political
Manifesto』에서 "신은 인간을 평등하게 창조하지 않고 다양하게 창조했
다"라고 주장했다. 이것은 '인간은 다양한 재능을 가진 존재'이므로, 각
자의 존엄성과 품격을 존중하고 각자에게 잠재되어 있는 재능을 찾아
발휘하면서 조화롭게 어울려 살아야 함을 지적한 것이다.

우리는 각 개인의 능력이 산술적으로 평등하지 않음을 인정하고, 다
양성을 인정하면서 각자의 자질에 맞는 능력을 키워나갈 필요가 있다.

---

[58] 아브라함 카이퍼(1837~1920)는 네덜란드의 정치가이자, 칼뱅주의 신학자로서, 1901~1905년에 총리를 역임했다.

우리는 능력의 평등이 아니라 누구에게나 공정한 기회의 평등을 추구함으로써 우리 사회의 다양성을 키우고 공정성을 보장하여 우리 사회에 긍정의 활력을 불어넣어야 한다. 그러려면, 우리는 군 복무를 통해 개인의 자질에 맞는 능력을 개발하여 군에서 활용함은 물론이고, 전역 후 직업과 연계할 수 있는 제도와 교육체계를 발전시켜야 한다. 만약 개인의 자질과 능력, 군 복무 분야와 특기, 전역 후 직업과의 연계성을 강화하는 체제를 구축할 수 있다면, 군사력의 질적 수준은 현저히 높아질 것이며, 각 개인의 소양과 능력에 맞는 역량도 함께 키워나갈 수 있을 것이다.

(2) 국방개혁의 지향점에 관한 공감대 형성

공감대 형성의 필요성

국방개혁은 지난 50여 년 이상 우리의 국방 공동체가 관심을 가져온 오랜 화두였다. 그동안 추진했던 국방개혁의 목표 중에서 일부는 달성했고, 일부는 실패하기도 했으며, 일부는 방향성을 잃고 용두사미龍頭蛇尾로 끝나기도 했다. 국방개혁을 통해 강한 군을 육성하고 싶은 마음은 같았지만, 서로 생각하고 지향하는 바와 접근 방법이 달랐고, 많은 부분에서 전문성이 부족했던 것이 그 원인으로 작용했다. 이처럼 국방개혁은 개혁 목적과 방향에 대한 공동체 구성원의 이해와 공감, 그리고 전문성이 없으면, 원하는 목표에 도달할 수 없다. 공동체 구성원의 이해와 공감은 개혁의 추진동력과 방향성에 영향을 미치는 또 하나의 중요한 요소이다.

국방개혁은 집단이기주의에 매몰되거나 정치 권력의 교체에 따라 방향과 원칙이 수시로 흔들린다면 성공할 수 없다. 군을 포함한 국방 분야에 종사하는 구성원, 특히 현역 장교는 국방개혁의 목표와 개념을 공유하고 업무를 추진하는 주체가 되어야 하며, 누구보다도 국방개혁에 대해 잘 이해하고 공감해야 한다. 그렇지 않으면, 국방개혁의 취지와 목적, 달성하고자 하는 목표, 최종상태 등에 관해 일관된 방향성과 추동력을 유지할 수 없다. 또한, 구성원이 국방개혁의 당사자가 되지 않으면 자발적으로 협력하는 동반자가 아닌 냉소적 방관자로 전락할 가능성이 크다. 그러므로 국방의 주체세력인 장교집단은 국방개혁을 위한 방안을 모색하고 누적된 문제를 해결하기 위해 적극적으로 참여해야 한다. 이와 더불어 국방개혁 업무를 관리하는 주체가 국방개혁의 취지와 목적, 목표를 공감하지 못하고 확신하지 못하면, 개혁 업무를 이끌어간다는 것은 불가능하다.

국방개혁에 대한 공감대는 이해와 설득, 아이디어의 공유 등을 통해 형성된다. 국방개혁에 참여하는 국방부와 각 군, 연구집단 등이 국방개혁 추진 방향과 주요 내용에 대해 공감하게 되면, 국방개혁의 추진과 창의적인 의견 수렴은 한결 쉬워진다. 통상, 여기저기서 국방개혁에 관한 단편적인 내용이 들려오면, 국방개혁에 관심이 있는 집단이나 개인은 막연한 불안감과 반발심을 표출하게 되고, 이해관계가 있는 집단이나 개인은 자신이 배제되고 있다는 소외감에 이견異見을 제기하기도 한다. 그뿐만 아니라 국방에 대한 불신과 우려 또한 커지게 된다. 따라서 국방개혁을 주도하는 부서는 국방개혁에 관심이 있거나 이해관계가 있는 집단과 개인에게 어떻게 공감대를 확산시켜나갈 것인가를 고민해야 한다.

공감대 형성 방안

내부적 공감의 대상은 군 구성원이며, 외부적 공감의 대상은 국방개혁을 지원하고 경험과 아이디어를 공유할 수 있는 개인 또는 집단이다. 내부적 공감대 형성을 위해서는 연수회研修會, workshop나 공개토론회 등을 통해 정보를 공유하고 문제를 논의하고 꾸준히 의견을 청취하고 설득하고 합의하는 과정을 거쳐야 한다. 외부적 공감대 형성을 위해서는 공개설명회, 세미나, 공청회 등을 통해 내용을 이해시키고 설득하고 오해와 소외감을 완화·해소하려는 노력을 기울여야 한다. 다만, 외부적 공감대는 집단의 성격에 따라 정보 제공의 폭과 깊이를 달리할 필요가 있다. 개혁을 추진하는 주체는 내부적으로 계획의 보완과 집단이기주의를 중화시켜나가고, 외부적으로 제한된 정보 공유를 통한 이해를 넓혀감으로써 소외감을 해소하고 지혜를 모으고 지지를 이끌어내기 위해 노력해야 한다.

국방개혁기본계획에는 국방운영 혁신을 위한 주요 과제를 모두 포함시키는 것이 바람직하다. 그러나 분야별 혁신과제를 식별하여 국방개혁기본계획에 담아 집중력 있게 추진하는 것은 쉽지 않은 일이다. 특히, 국방운영 분야의 혁신과제는 업무 구조를 검토하여 기본계획에 담아야 할 내용과 각 군 및 제대별·기관별 실천계획에 담아야 할 내용 등으로 구분해야 한다. 실천계획은 하급 제대로 내려갈수록 자신의 실정에 맞게 구체화해야 하고, 실질적 성과 달성이 가능한 방안을 꾸준히 발전시켜나가야 한다. 국방부의 개혁 주관부서는 주요 과제의 반영 여부, 각 군 및 기관의 실천계획이 국방부의 개혁 추진 방향과 부합하는지 여부, 추진 실태 등을 주기적으로 점검하고 보완해야 한다.

국방개혁을 주도하는 부서는 개혁 업무에 대한 충분한 이해를 바탕으로 업무를 추진해야 한다. 그래야만 국방개혁에 관해 다양한 이해관계와 의견을 가진 집단과 개인에게 국방개혁의 취지와 방향, 주요 핵심 과제에 대한 논리적 설득 및 공감과 함께 관련 기관의 능동적 참여를 이끌어낼 수 있다. 국방개혁 추진에 관한 지나친 간섭이나 의견 제시도 문제가 있지만, 무관심 또한 경계해야 한다. 참여기관 모두가 자신의 계획을 작성하는 것은 공동체의 이해 확산과 참여를 이끌어내기 위한 것이다. 국방개혁기본계획과 실천계획 수립 과정에서 관련 집단의 참여와 의견 수렴은 공감대 형성에도 긍정적인 영향을 준다.

개혁과제의 선정

상급기관의 계획은 정책적 차원의 주제에 집중하기 마련이다. 반면에, 예하기관은 상급기관에서 제시하는 방향과 부합하는 실천 가능한 과제를 식별하여 추진하되, 하급부대일수록 병영 생활과 직결되는 폐단을 해소하고 병영문화를 쇄신하기 위한 계획을 수립해 실천해야 한다. 예하부대의 폐습을 혁신하기 위한 과제가 상급기관의 국방개혁 과제에 포함되어 있다고 하더라도 현실과 동떨어진 경우가 많다. 만약 예하부대가 스스로 계획을 수립하지 않고 상급기관에서 추진하는 개혁과제만 바라본다면, 개혁을 자신과는 상관없는 남의 일로 생각하고 방관자의 입장에 서게 될 것이다. 각 제대별 국방개혁 과제의 선정은 기관과 부대의 성격과 규모에 따라 다를 수밖에 없으며, 추진 방식 또한 달라야 한다. 예하부대의 실천계획은 스스로 개선할 사항을 식별하여 즉각 실천할 수 있고 단기간에 성과를 낼 수 있는 단순 과제 위주로 구성해서 부담되지 않도록 해야 한다.

국방개혁을 위한 모든 계획은 각급 기관과 부대의 역할과 기능에 맞게 수립해야 하며, 일관된 방향성을 가지고 추진하지 않으면 성공하기 어렵다. 국방개혁을 위한 계획은 군사혁신과 국방운영 쇄신을 통해 국방태세를 개선하고, 시대 정신에 맞는 문화와 풍토를 정착시켜나갈 수 있도록 발전시켜나가야 한다. 특히, 예하부대나 기관의 실정에 맞지 않는 상급기관의 지침과 간섭은 오히려 예하부대의 방관적 태도와 불평불만을 불러일으킬 뿐이다.

일례를 들면, 과거 군 부대의 제설작업을 민간 업체에 용역을 주자는 발상이 언론을 통해 발표된 적이 있었다. 이것은 현실을 제대로 이해하지 못한 상태에서 제안된 탁상공론에 불과하다. 제설작업이 귀찮고 힘든 일이기는 하지만, 각 부대가 제설작업을 중요시할 수밖에 없는 이유는 눈을 치우지 않으면 보급로를 확보할 수 없기 때문이다. 부대를 운영하려면 식량과 연료, 급수, 부식 등 많은 보급품이 필요한데, 충분한 물량을 사전에 비축하는 것은 현실적으로 많은 문제가 있다. 따라서 부대는 보급로가 유지되지 않으면 심각한 어려움을 겪게 된다. 그래서 군은 보급로 확보에 큰 관심을 갖고 우선순위에 둘 수밖에 없다. 그러나 1년에 겨우 수차례, 그것도 언제, 얼마나 눈이 내릴지 모르는 상황에서 제설작업을 민간 업체에 용역을 주자는 발상은 현실성이 없다. 언제, 얼마나 내릴지 모르는 눈을 치우기 위한 제설장비와 인력을 갖추고 유지하는 것은 민간 업체 입장에서도 채산성이 맞지 않는 일이다. 그뿐만 아니라 보급로 개통은 부대가 민간 용역에 의존할 만큼 한가로운 일이 아니다. 이처럼 상급기관에서 바람직하다고 판단하여 발굴한 과제라 할지라도 예하부대의 현실과 전혀 맞지 않을 수도 있을 뿐만 아니라, 생각지도 못한 문제점이 속출續出할 수도 있다는 것을 염두에 두어야 한다.

그러므로 각 제대는 자신의 눈높이와 현실에 맞는 개혁과제를 발굴해 추진해야 하며, 예하부대로 내려갈수록 상급기관의 계획을 구체화하고 행동화하기 위한 실천과제 중심으로 계획을 발전시켜야 한다. 또한, 하급부대는 병영 생활과 직결되는 폐단을 해소하고 병영문화를 쇄신하기 위한 계획을 수립해 실천해야 한다. 만약 예하부대가 상급부서에서 제시하는 개혁과제만 바라본다면, 스스로 할 수 있거나 해야 할 일을 찾아낼 수 없다. 그렇게 되면, 국방개혁은 예하부대와 무관할 뿐만 아니라, 국방부가 알아서 추진하는 그들만의 업무가 될 수밖에 없다. 그러므로 국방개혁은 각급 기관과 부대의 역할과 기능에 맞게 실천계획을 수립하고, 일관성 있게 꾸준히 추진하지 않으면 성공하기 어렵다.

(3) 국방예산의 편성과 효율적 운영

자원의 구성과 운영

모든 계획을 입안하고 실행하기 위해서는 자원資源이 뒷받침되어야 한다. 자원은 인적·물적 요소, 예산 등과 같은 유형 자원, 구성원의 자질과 지적 수준, 기획·계획의 수립과 운영 능력, 기술력 등과 같은 무형 자원으로 구성된다. 계획을 수립하고 추진하는 과정에서 대부분의 조직은 무형 자원보다는 유형 자원에 치중하는 경향이 있다. 그것은 무형 자원보다 유형 자원이 훨씬 더 다루기 쉽기 때문이다. 국방개혁은 많은 인적·물적 자원이 투입되어야 하는 만큼 효율적으로 운영하기 위해 노력해야 한다. 자원은 목표 기여도, 긴급성, 다른 과제와의 관련성 등을 고려한 우선순위에 따라 운영해야 한다. 하나의 계획을 달성하려면, 계획의 적절성도 중요하지만, 투입되는 자원을 효율적으로 관리하고 운영하는 능력 또한 중요하다.

국방개혁의 추진은 유형 자원의 충족 여부에 큰 영향을 받지만, 국방개혁의 성패는 유형 자원만으로 결정되지 않는다. 국방개혁 추진 과정에서 자원은 늘 충분하지 않으므로 부족한 상태에서 난관을 극복해나가면서 최선의 결과를 달성할 수 있도록 노력해야 한다. 군사력의 중요한 구성 요소인 인적 자원은 복무기간의 단축과 출생률의 감소로 인해 제한을 받으며, 물적 자원과 예산도 국가 재정 투입 우선순위에 영향을 받을 수밖에 없다. 병역 자원의 가용성은 미래 확보 전망을 기반으로 판단하지만, 국민 개인의 이해관계와 직결되고 정치적 판단과 연계됨으로 인해 통상 예산보다 훨씬 더 높은 경직성을 가진다. 국방개혁을 추진하는 주체는 이와 같은 조건에서 최선의 결과를 창출해야 하므로 중점 분야 또는 우선순위 설정 등 제한적인 유형 자원의 효율적 운영과 새로운 대안을 모색하기 위한 노력을 끊임없이 경주傾注해야 한다.

예산 운영의 효율성

예산은 조직을 운영하고 계획의 집행을 지원하는 원동력이다. 예산은 경제 상황에 따라 영향을 받기는 하지만, 국가의 의지와 정책적 고려에 따라 우선순위 조정, 운영 방법 개선 등을 통해 운용의 묘妙를 발휘할 수 있다. 국가의 예산제도는 국가 발전을 위한 정책과 계획의 집행 또는 자원을 분배하기 위해 국가 재정의 흐름을 관리하는 체계로서, 정책의 집행을 뒷받침한다. 국방예산도 국가 예산의 일부이며, 정책을 실행하는 수단이다. 모든 예산은 계획한 정책 목적을 달성할 수 있도록 낭비 없이 효율적으로 운영해야 하므로, 정책 목적 달성에 필요한 만큼 배정해 시의적절時宜適切하게 집행해야 한다.

군의 규모가 크면 클수록 운영유지에 필요한 고정비용이 증가하게 되며, 군사력의 첨단화를 지향할수록 첨단무기 구매를 위한 비용과 시간은 더 많이 투입되어야 한다. 국방예산은 국방운영(부대 운영, 장비 구매, 훈련 등)과 군사력 건설(무기 획득 및 개발, 배치 등) 등에 투입되는데, 군사력의 운용과 군사력 건설 방향 등에 따라 투입 분야와 예산의 규모가 결정된다. 이 중에서 국방운영과 관련된 예산은 고정비용의 속성을, 군사력 건설과 관련된 예산은 미래를 위한 투자비의 속성을 갖는다. 그러므로 군사력 규모는 안보 상황과 예산에 따라 적절하게 유지해야 하며, 미래를 위한 군사력 건설은 기획 과정에서부터 중점 분야와 우선순위를 설정하여 신중하게 결정해야 한다.

1990년대 중반, 프랑스는 국방개혁의 추진 여건 보장과 개혁 촉진을 위해 소요되는 예산의 증가율을 법으로 정하기도 했다. 우리도 2005년 국방개혁 초안을 작성하던 당시 예산 증가율을 법으로 정하는 것을 검토했으나, 우리의 예산제도에서 법으로 규정하는 것은 제도의 취지와 부합하지 않는다는 의견에 따라 반영하지 않았다. 우리의 예산제도는 오랜 시간을 거쳐 성과위주 예산제도, 품목별 예산제도, 영기준 예산제도, 계획 예산제도, 목표관리 예산제도, 총액배분자율편성 예산제도 등 다양한 방안이 적용되면서 변화·발전되어왔다. 이러한 모든 시도는 예산을 편성하고 집행하는 각 부처의 자율성을 높이고 정부 재정지출의 효율성을 높이기 위한 것이었으나, 실질적인 성과 달성 여부에 관해서는 다양한 이견異見이 존재한다.

가장 중요한 논점은 우리의 예산제도가 각 부처의 자율성을 높이고 재정 운영의 효율성을 개선하는 방향으로 발전되어야 한다는 것이다. 그러려면 두 가지가 전제되어야 하는데, 하나는 예산을 편성하는 재정 담당 주무부처가 일방적인 지침을 내리거나 개별 사업을 통제하는 '관官에 의한 관官의 규제' 형태에서 벗어나야 한다는 것이다. 또 다른 하나는 예산을 집행하는 주무부처가 예산 집행의 효율성을 극대화하는 방향으로 예산을 운용할 수 있어야 한다는 것이다. 두 가지 모두 쉽지 않은 과제이다.

모든 예산은 목적에 맞게 적절한 규모로 편성되어 적시에 투입되어야 한다. 특히, 국방예산은 군사적 목적이 아닌 특정 집단의 희망적 사고나 사사로움에 휘둘리지 말아야 한다. 군사 소요는 군사적 전문성에 바탕을 둔 군사 논리에 의해서만 제기되고 합리적 검토 과정을 거쳐 반영해야 한다. 군사 소요가 정치적 이유나 집단이기주의에 끌려다니게 되면 국방태세 발전은 불가능하다. 그러므로 국방개혁을 위한 예산도 개혁 목표에 집중할 수 있도록 목표지향적 군사 소요에 기반하여 편성과 집행이 이루어져야 한다. 그러려면, 국방 전반에 관한 이해와 변화 추세, 국방개혁의 목표와 방향에 대해서도 깊이 성찰省察해야 한다. 재정 담당 주무부처가 섣부른 판단으로 간섭하려 한다면 예산 편성과 집행의 적절성은 심각하게 훼손될 수 있다. 또한, 국방부의 예산을 편성·집행하는 담당 부처가 집단이기주의에서 벗어나지 못하고 나눠먹기식으로 예산을 편성하고 운영한다면, 예산 편성의 적절성과 집행의 효율성 추구도 요원해질 것이다.

이미 많은 연구에서 제시하듯이, 예산 편성과 집행은 각 부처의 자율성을 강화하고 효율성을 증진하는 방향으로 발전되어야 한다. 소요 검증은 이미 결정된 소요에 대한 검증이 아니라, 소요기획절차 안에서 대상 사업의 타당성 여부와 경제성, 대안의 존재 여부 등을 종합적으로 검토한 결과를 의사결정 과정에 반영해야 한다. 현재처럼 전쟁수행 개념과 무기체계의 군사적 활용에 관한 이해가 불충분한 연구자나 재정 당국이 군이 의사결정 과정을 거쳐 결정한 군사 소요에 대해 옳고 그름을 따지고 적절성 여부를 재단^{裁斷}하는 것은 바람직하지 않다. 그 이유는 소요검증기관과 재정 당국이 군사 소요의 적절성을 판단할 수 있을 정도로 군사적 전문성을 가지고 있지 않고, 소요검증기관 내의 다른 부서가 수행하는 예비타당성조사[59]와 중첩되기 때문이다. 따라서 예산 편성과 집행은 자율성을 확대하고, 소요 검증은 소요에 관한 의사결정 이전에 전문기관의 검토 의견이 반영될 수 있도록 절차를 개선할 필요가 있다. 특히, 국방개혁 목표와 합치하지 않는 소요는 필수불가결한 것이 아니면 절제되어야 한다. 군사 소요는 오로지 군사적 필요성과 유효성 여부가 판단 근거가 되어야 한다. 군사 소요 결정 시 정치적 견해나 특정 집단의 이해가 개입되면, 군사력 건설은커녕 비효율과 부정부패가 판을 치게 될 것이다.

국방개혁은 예산이 충분하면 좋겠지만, 주어진 재정 여건 내에서 얼마만큼 효율적인 계획을 수립하여 내실 있게 추진하느냐가 더 중요하

---

[59] 예비타당성조사란 대규모 재정 투입이 예상되는 신규 사업에 대해 경제성, 재원 조달 방법 등을 검토해 사업성을 판단하는 절차이다.

다. 국방개혁을 성공으로 이끌려면 고려해야 할 사항이 많은데, 그중에서도 재정은 중요한 요소이다. 국방개혁의 추진은 목표에 부합하는 우선순위를 정하고 목표에 집중할 때 예산을 효율적으로 편성하고 운영할 수 있다. 또한, 국방예산의 편성과 운영의 건전성을 확보해야만 국방개혁의 불필요한 지연이나 시행착오를 줄일 수 있으며, 추가적인 비용 소요를 억제할 수 있다.

경제성 평가

국방개혁을 추진하는 과정에서 특정 사업이나 고려하는 투자 방안에 대해 선택적으로 경제성 평가를 하게 되는데, 경제성 유무를 단순한 비용 관점에서 접근해서는 안 된다. 경제성 평가는 투자하고자 하는 사업이나 2개 이상의 선택 가능한 투자방안에 대해 시장성 분석, 기술 분석, 조직·인력 분석, 재무 분석, 기타 전략적 분석 등을 실시하여 투자 자본과 회수 이익의 관계를 밝힘으로써 경제적 타당성 여부를 검토하는 것이다.[60] 경제성은 투자 비용과 미래 예상되는 수익 또는 회수 이익으로 구분하여 계산하며, 그 결과의 비교 과정을 통해 경제적 타당성 여부를 평가한다. 그러나 경제성 평가는 미래 예측을 기반으로 이루어지기 때문에 불확실성이 높을 수밖에 없다는 한계가 있음에도 의사결정 과정에서 사업의 객관성과 정당성을 뒷받침하기 위한 작위적인 논리로 흔히 사용한다.

군사적 관점에서 경제성 평가를 어떻게 판단할 것인가라는 사안은

---

60 인터넷 검색 자료.

충분히 검토할 만한 가치가 있다. 일례를 들면, 30여 년 전에 군사원조로 10만 달러에 구매한 전차를 현재 시점에서 500만 달러를 투입해 성능과 효과 측면에서 800만 달러의 가치를 갖는 전차로 개량하는 것은 경제성이 있는 것일까, 없는 것일까? 이에 대해서는 두 가지 관점이 있을 수 있다. 하나는 10만 달러짜리 전차에 500만 달러를 투입해 성능를 개량하는 것은 가치가 없다고 보는 관점이고, 다른 하나는 10만 달러짜리 전차를 500만 달러를 투입해 개량하여 800만 달러 가치가 있는 전차의 성능을 보장할 수만 있다면 경제성이 있다고 보는 관점이다. 물론, 무엇을 어떻게 개량할 것이냐에 따라 투입비용, 창출 가치, 평가 결과 등이 달라지겠지만, 대부분의 경우 10만 달러짜리 전차에 500만 달러를 투입하는 것 자체에 대해 부정적이다. 그러나 투입비용보다 기대가치가 더 크다면 경제성이 있다고 판단하는 것이 옳다. 왜냐하면, 새로운 무기를 개발하기 위해서는 우수한 기술과 많은 시간과 비용이 투입되어야 하는 데 비해, 성능개량은 소요 시간의 단축, 개량 기술의 미래 가치, 투입 비용 등 종합적 관점에서 많은 이점을 제공하기 때문이다. 물론, 새로운 무기 개발도 여러 가지 이점을 제공하지만, 두 가지 방안의 가장 큰 차이는 예산의 투입 시기 조절과 전력화 시기의 단축 등 시간의 활용 측면에서 성능개량이 제공하는 이점 또한 작지 않다는 것이다.

이스라엘은 예비군을 위해 후자後者의 관점에서 전차의 성능개량을 추진해왔다. 지금도 미래 전쟁에 대비하기 위해 4,000대가 넘는 전차를 보유하면서 상비군 장비에 필적할 만한 수준의 성능개량을 꾸준히 추진하고 있다는 사실은 우리에게 시사하는 바가 크다. 이스라엘이 전차를 다량 보유하는 이유는 가급적 최단 시간 안에 전차 손실을 만회함으로써 전투력을 신속하게 회복하기 위해서이다. 물론, 이스라엘은 상비군을 위한 신형 무기체계의 개발도 게을리하지 않고 있다. 통상, 전시 손실보충 방법은 전장에서 손실된 장비를 회수하여 수리한 후 재투입하거나 국외國外에서 새로운 장비를 도입하는 것이다. 그러나 이 두 가지 방법은 모두 많은 시간이 소요된다. 특히 국외 도입은 국제 정치 상황에 영향을 받으며, 자국의 안보를 외국에 의존할 수밖에 없는 심각한 취약점을 가지고 있다. 최악의 경우, 손실된 장비가 보충되기도 전에 전쟁이 끝나버릴지도 모른다. 이스라엘이 성능개량을 선택하고 있는 이유는 단기 속결의 전쟁 양상이 두드러지고 전쟁 지속 기간이 짧을수록 주요 전투장비를 손실 속도보다 더 빠르게 보충하는 능력이 전투력을 유지하는 가장 효과적인 방법이라는 점을 경험을 통해 너무나 잘 알고 있기 때문이다.

이외에 추가로 고려해야 할 사항은 손상된 전투력을 회복하기 위해 동원되는 예비군에게 어느 정도 성능의 장비를 지급할 것인가이다. 동원되는 예비군에게 군 복무 시절 사용한 장비를 원형대로 제공할 것인지, 일정 수준의 성능개량을 통해 성능이 개선된 장비를 제공할 것인지, 아니면 상비군과 같은 성능의 장비를 제공할 것인지 등에 대한 검토가 필요하다. 이에 따라 군은 예비군을 위한 장비의 확보 및 관리방안을 수립해야 한다. 어떤 방안이 최선인지는 관점에 따라 달라질 수 있다. 가장 바람직한 방안은 현역에게는 신형 장비를 보급하고, 예비군에게는 유사시 현역 시절 익숙하게 사용하던 장비를 일정 수준의 성능개량을 통해 개선된 장비를 지급하는 것이다. 그러므로 무기체계의 경제성 평가는 시간과 비용, 기술 발전, 전력 운용, 대비태세 유지, 자원의 효율적 운용 등을 종합적으로 검토하여 판단해야 한다. 신·구형 무기체계는 어느 한쪽이 일방적으로 이점만 제공하는 것이 아니므로, 신·구형 무기체계의 경제성 평가는 시간과 비용, 기술 발전, 성능, 전력 운용, 대비태세 유지 등 직간접적인 관련 요소를 종합적으로 검토하여 판단하는 것이 바람직하다.

이처럼 국방예산의 편성과 운영은 다각적인 관점에서 검토해야 하며, 궁극적인 지향 방향은 예산 편성의 자율성 향상과 집행의 효율성 증진에 두어야 한다. 그러려면 예산의 편성과 집행은 '관官에 의한 관官의 규제' 행태에서 벗어나 정부의 재정 담당부처와 국방부 간 통제가 아닌 상호 존중과 신뢰를 기반으로 한 긴밀한 협력을 통해 이루어져야 한다. 또한, 이미 계약이 이루어져 추진 중인 사업의 집행 지연이나 연기는 금융비용의 증가로 인해 사업비용을 증가시키는 결과를 초래하므로 최소화해야 한다.

(4) 감군의 사회적 비용

인적 자원의 감축

감군減軍 과정에서 발생하는 인적 자원의 유출은 직업전환교육과 사회 적응기간 보장 등을 통해 그 충격을 흡수해나가야 한다. 감군은 의무 복무하는 병역 자원에게는 훈련숙련도 이외에 별다른 문제를 일으키지 않으나, 간부 계층에게는 많은 영향을 미친다. 국방개혁은 부대 규모 변경에 따른 병종兵種의 합리적 조정이 필연적으로 뒤따라야 한다. 군에서 숙련된 간부 계층의 유출은 간부의 비율을 높이고, 병종 간 전환을 통해 최소화한다고 하더라도 불가피하게 발생할 수밖에 없다. 이때, 사회로 진출하는 직업군인은 새로운 환경에 적응하기 위한 직업훈련이 필요하다. 왜냐하면, 군에서 쌓은 전문성을 사회에서 바로 적용할 수 있는 경우도 일부 있겠지만, 대부분은 새로운 직업에서 요구되는 능력을 습득하기 위해 재교육이 필요하기 때문이다. 특히, 군 복무기간이 길면 길수록 퇴역 후 새로운 직장에 적응하기가 더 어렵다는 문제가 있다. 이를 보완하기 위해 국가 차원에서 취업지원센터를 운영하는 등 지원 방안을 마련하고 있지만, 취업하는 사람보다 취업하지 못하는 사람이 더 많을 수밖에 없는 것이 현실이다.

그러려면 군의 주요 직종별 요구 능력을 세분하고 요구 능력을 키우기 위한 교육체계를 마련하여 인재를 양성하되, 사회에서의 전공 분야와 군에서 근무하는 분야, 사회 진출 후 예상되는 직종에 필요한 능력 등을 상호 연계하고 군 교육을 통해 강화하는 세심한 정책 수립이 필요하다. 군 내부에서 시행하는 양성교육과 반복적 숙달 훈련을 통해 습득할 수 있는 업무 능력은 제한적이다. 군의 교육은 체계적이기는 하지만, 교육 내용이 특정 목적에 치중되어 있고, 교육을 담당하는 교관의 질과 수준이 민간에 비해 낮을 수밖에 없음은 물론, 사회적·학문적 변화에 둔감하고 현실에 안주하려는 경향이 강하다. 따라서 교육 이수자들의 전문성은 매우 낮고, 업무 혁신과 효율 개선에도 긍정적 영향을 미치지 못하고 있다. 이를 보완하기 위해서는 군에서 필요한 능력을 세분화하고 그 능력을 갖추는 데 필요한 학문적 지식을 대학 등과 연계해 교육해야 한다. 이를 통해 직무의 이론적 배경을 이해하고 새로운 학문 이론과 기법을 끊임없이 도입·접목함으로써 군의 전문성 향상과 함께 전역 후 직업에 대한 연계성, 적응성을 높일 필요가 있다.

인적 자원의 능력 개발

개인의 재능과 능력, 취향, 그리고 추구하는 바는 다르게 마련이다. 우리는 이러한 다름을 인정해야 한다. 모든 사람은 성장 과정을 통해 각자의 재능을 계발^{啓發}하여 자기만족과 행복을 추구할 권리가 있다. 국가가 운영하는 사회적 체제는 국민 모두가 각자의 재능을 찾아서 키워나갈 수 있도록 지원할 수 있어야 한다. 우리가 자신의 소질을 조기에 발견하고 그에 맞는 전공을 선택하여 능력을 개발하고 원하는 직업에 종사할 수 있게 된다면 개인의 생활만족도는 크게 높아질 것이고, 사회적 다양성도 커질 것이다. 만약 자신의 소질을 발견하지 못하고 언제, 어느 분야에서 어떻게 활용될지도 모르는 학력 이수에만 매몰되면, 진로를 찾지 못해 방황하게 될 것이고, 이는 결국 사회적 비용의 낭비로 이어질 것이다.

군 간부의 민간학교 위탁교육은 파견 교육, 부대 내 분교 설치, 인근 지역 학교와의 제휴 등과 같은 다양한 방식으로 이루어질 수 있다. 파견 교육 방식은 효율성이 높으나 부수 병력의 증가가 필연적으로 따를 수밖에 없으며, 기타 방식은 일부 지원 소요가 발생하지만 부대 근무와 함께 병행할 수 있는 장점이 있다. 경제나 경영 등 인문계열은 이론교육과 실무 과정을 거쳐야 하며, 이공계 역시 이론교육은 물론이고, 실험장비가 설치된 학교 또는 산업 현장에서의 실습, 군 실무 실습 등 다양한 과정을 거쳐야 효과를 높일 수 있다. 그러므로 군 간부의 민간학교 위탁교육은 파견 교육, 부대 내 분교 설치, 인근 지역 학교와의 제휴 등 다양한 방법을 함께 추진하여 부대 운영의 부담을 줄이고, 교육 효과를 높여야 한다.

이외에도 사이버, 영상 분석, 데이터 분석 등 특정 분야에 필요한 전문 인력은 기초 자질을 갖춘 자원을 엄선하여 특정 교육과정을 이수한 후에 군의 관련 분야에서 활용할 수 있어야 한다. 그러려면, 민간학교 위탁교육은 학위 취득과 함께 실무에서 직접 활용할 수 있는 전문 지식 습득에 주안을 두어야 한다. 군은 오래전부터 군 간부의 자질 향상을 위해 학위 취득을 권고해왔으나, 학위 취득이 군의 실무 활용과 연계되지 않음으로 인해 그다지 큰 성과를 거두지 못하고 있다. 간부의 자질 향상은 학위 취득만으로 해결되지 않는다. 학위 취득은 실무에서 활용할 수 있는 지식의 습득과 연결되어야 하며, 그렇지 않으면 그저 그런 경력에 불과하다. 그러나 군의 업무 수행이 학문적 배경을 갖추게 되면 전문성 향상은 물론, 전역 후의 직업과도 연계할 수 있다. 학문적 교육은 압축적으로 강도 높게 이루어져야 하며, 학교 교육에서 습득한 이론은 실무 적용을 통해 문제 해결 능력을 키워나가는 데 도움이 되어야 한다. 그래야만 진정한 전문가로서 능력을 발휘할 수 있다. 이러한 과정을 통해 습득된 전문지식과 문제 해결 능력은 사회에서 바로 활용할 수 있다.

우리의 '제대군인취업지원정책'은 2003년부터 여러 차례 검토를 거치면서 발전되어왔다. '제대군인취업지원정책'은 전역하는 군인의 취업 지원을 목적으로 하고 있으며, 직업능력개발 교육비 지원, 사이버 교육, 취업 및 창업 정보 제공, 상담 등으로 구성되어 있다. 정부는 다양한 서비스를 지원하기 위해 노력하고 있지만, 장기 복무를 마치고 사회에 진출하는 사람들에게는 그다지 도움이 되지 않고 있다.

군에서 장기간 복무한 사람이 사회에 진출해 사회에 적응하고 새로운 직업이 요구하는 능력을 갖추는 것은 결코 쉬운 일이 아니며, 특히 전문성이 필요한 분야에 취업하기는 더 어렵다. 직업군인이 전역 후 사회에 진출해서 전문직에 취업하려면, 군에서 자신이 맡은 분야에 대한 전문성을 부단히 쌓아야 함은 물론, 습득한 전문성이 원하는 직종에서 활용될 수 있어야 한다.

자유민주주의는 기회의 평등을, 공산주의는 능력의 평등을 추구한다. 그러나 능력의 평등은 가능하지 않으며, 한 부모에게서 태어난 자녀들도 저마다 다른 재능을 가지고 태어난다. 그러므로 개인은 다양한 인적 자원으로 구성된 사회 속에서 자신의 재능을 살려 조화롭게 살아가야 한다. 군에 입대하기 전에 사회생활을 통해 발굴한 재능은 군 복무를 통해 더욱 향상될 수 있어야 하며, 전역 후에는 사회활동과 연계될 수 있도록 지속적으로 관리할 필요가 있다. 만약 군 복무를 통해 개인의 능력 향상이 꾸준히 이어질 수 있다면 개인의 삶을 풍요롭게 만들 뿐만 아니라 사회 발전에도 크게 기여할 것이다. 그러려면, 군 생활은 소위 '썩는 기간이 아니라 군 복무를 통해 각자의 재능을 키우고 행복을 추구하는 과정의 일부'가 되어야 한다.

잉여 장비 및 물자의 처리

현재, 우리의 국방개혁은 군의 감축을 필연적으로 동반한다. 병역 자원이 감소하고 있기 때문이다. 감군을 위해서는 병 복무기간의 단축뿐만 아니라 직업군인의 복무기간 조정, 전역 간부에 대한 직업훈련, 잉여^{剩餘} 장비와 물자의 처리, 유휴시설의 조정 등 함께 검토해야 할 사항이 많다. 군 인력과 부대를 감축하면 많은 장비와 물자, 시설의 잉여가 발생한다. 잉여 장비와 물자, 시설을 처리하는 데는 막대한 비용이 들기 때문에 감군은 준비태세의 개선과 안정적 유지, 비용 부담 감소, 효율적 활용 방안 등을 함께 고려하여 추진해야 한다.

특히 우리가 감군 과정에서 인력 감축 이외에 관심을 가져야 할 또 하나의 중요한 분야는 잉여 장비와 물자의 처리이다. 군의 감축은 자원의 잉여를 필수적으로 수반한다. 잉여 장비는 물리적인 처리를 통해 단계적으로 감소시키거나 가용한 기술을 추가함으로써 활용 가치를 높일 수 있다. 잉여 장비는 이처럼 활용 가치를 높임으로써 미래에 대비하기 위한 자원의 투입 규모를 낮추고 시기를 늦추거나 군사협력과 방산 수출 촉진하는 수단으로 활용하는 등 새로운 방식으로 접근해야 한다.

먼저, 잉여 장비의 물리적 처리를 통한 폐기는 비용의 투입을 필요로 한다. 잉여 장비를 폐기 처리하면, 분해 과정에서 재료의 종류에 따라 구분하고 분류된 재료는 성질에 따라 소각, 화학 처리, 용융 등의 과정을 거치게 되는데, 이때 많은 비용이 발생한다. 폐기 처리 비용을 줄이려면 효과적인 처리 방법과 기술을 발전시켜야 하는데, 이 또한 새로운 비용의 투입과 개발 기간, 대상 장비를 보관하기 위한 시설, 관리 인력 등이 필요하다. 폐기 처리 과정에 많은 자원을 투입하는 것은 바람직하지 않으므로, 자원 투입을 감소하는 방안을 동시에 강구^{講究}해야 한다.

국가 차원에서 채택할 수 있는 잉여 장비 활용 방안은 활용 가치를 높여 재활용하는 방안과 정책·전략적 차원에서 활용하는 방안이다. 추가적인 재화를 투입해 잉여 장비의 수명을 연장함으로써 활용 가치를 높이고 재활용하는 방안은 미래 예상되는 환경과 위협에 대비하기 위한 새로운 기술 개발 또는 장비 획득 등을 위한 투자 시기를 조정함으로써 재정적 부담을 줄이기 위해 선택할 수 있는 대안이다. 이 방안은 하이-로우 믹스High-Low Mix 개념에 의한 조화로운 운용은 물론, 구형 장비의 성능개량을 통해 현재 시점에서의 비용 소요를 줄일 수 있다. 국내에서 활용이 제한되는 잉여 장비는 국가의 전략적 이익과 합치되는 국가에 유상 또는 무상으로 제공하거나 방산 수출과 연계한 자원으로 활용하는 방안을 모색할 수 있다. 활용 가치가 있는 잉여 장비를 무상으로 제공한다고 하더라도 피제공 국가가 원하는 장비에 대한 성능개량 사업의 제안, 수리 부속·탄약 등의 수출을 함께 고려할 수도 있다. 그러므로 잉여 장비의 처리는 다각적인 방식으로 검토할 필요가 있으며, 이를 통해 다양한 부수적 효과를 만들어냄으로써 국익을 극대화할 수 있다.

일례를 들면, 다량 보유하고 있는 105밀리 화포는 사격 후 진지 이탈Shoot & Scoot 개념을 구현할 수 있는 기동성을 부여하고 포신을 교체하는 등 추가적인 기술과 재원을 투입하여 차량 탑재 방식으로 개량할 수 있다. 과거의 경험에 의하면, 105밀리 M101 화포는 사거리가 11.3km인 데 반해, 과거에 개발한 KH-178 포신으로 교체하면 14.7km, 로켓보조추진Rocket Assisted Projectile 기술을 적용하면 18km, 로켓보조추진 기술과 베이스 브레스Base Breath 기술을 결합하여 적용하면 30km 수준까지

사거리를 확장할 수 있다. 이와 같이 구형 장비를 개량하면 탄약을 추가로 확보하지 않아도 되는 이점이 있으며, 성능개량을 통해 활용 가치를 더욱 높일 수도 있다. 또한, 보관하고 있는 구형 탄약은 방산 수출의 지렛대로 활용할 수 있음은 물론이고, 잉여 탄약을 유상 또는 무상 양여讓與함으로써 탄약고 신축 소요 대체, 폐기 처리 비용의 절약 등 다양한 부가적 효과를 함께 얻을 수 있다. 그러므로 잉여 장비의 처리는 국익에 적합한 창의적인 방안을 구상하여 적극적으로 검토·추진할 가치가 있다. 그러려면 관련 부처 간의 협력과 적절한 권한 위임이 뒤따라야만 한다.

(5) 개혁 주체의 능동적 견인

참여기관

국방개혁의 주체는 당연히 군과 국방 분야에 종사하는 모든 사람이 되어야 한다. 그중에서도 특히 군은 상황을 올바로 인식하고 국방개혁의 필요성에 대한 내부적 공감대를 공고하게 형성해야 한다. 국방개혁의 핵심 주체가 개혁의 필요성과 나아갈 방향에 대해 공감하지 못한다면, 국방개혁은 결코 성공할 수 없다. 군과 국방 분야에서 근무하고 있는 모든 사람이 국방개혁의 필요성과 설정된 목표, 추진 방법을 함께 고민한다면 국방개혁을 더욱 효과적으로 추진할 수 있을 것이다. 그러므로 국방개혁은 국방과 관련된 모든 조직이 참여하여 국방개혁의 목표와 지향 방향을 공유하고, 각 기관과 부대가 해야 할 일을 스스로 찾아서 실천해야 한다. 그렇지 않으면, 국방개혁은 상급기관이 알아서 하는 일이고, 나와는 무관한 일이라고 생각하기 쉽다.

〈그림 9〉 국방개혁 참여기관

〈그림 9〉는 국방개혁에 직접 참여하거나 이해관계가 있는 기관을 도식화한 것이다. 〈그림 9〉 중앙의 국방부와 군은 국방개혁의 주체가 되어 개혁 업무를 주도적으로 추진하고, 정치지도부와 정부 유관 기관은 국방개혁의 성공적 추진을 위해 직간접적으로 지원해야 한다. 예비역 단체와 언론계, 학계는 개혁의 추진을 위한 논리적 근거와 아이디어를 제안하고 우호적 여론을 조성하는 등 긍정적인 역할을 담당한다. 이처럼 지향하는 바가 서로 다른 각 기관의 역량을 국방태세 혁신이라는 하나의 목표로 결집하는 것은 쉽지 않지만, 국방개혁 주관 기관인 국방부는 관련 기관의 역량 통합을 위해 인내심을 가지고 꾸준히 의견 수렴과 설득의 과정을 거쳐야 한다. 이 과업은 국방부와 국방개혁의 핵심중추 역할을 해야 하는 군만이 할 수 있다. 그러므로 국방개혁 주관 부서와 군은 관련 기관 및 단체와 열린 마음으로 충분한 소통의 기회를 가져야 하며, 필요 시 수시로 접촉할 수 있는 채널을 열어놓아야 한다.

직접 참여기관의 역할

국방개혁은 다양한 기관과 단체의 직간접적인 참여와 협력이 필요하다. 국방개혁 주관 기관인 국방부는 개혁의 목표와 방향을 제시하고 기본계획을 수립하며, 군과 관련 기관을 지도하고 국방개혁 추진 실태를 점검하는 등 주도적으로 국방개혁을 이끌어가야 한다. 군은 국방개혁의 핵심 주체로서, 개혁의 필요성과 방향을 공유하면서 구체적 실천방안을 수립하여 추진하고, 평가 과정을 거쳐 보완하는 등 실질적 개혁 성과를 창출하기 위해 노력해야 한다. 이 과정에서 군의 지도계층인 장군단은 구성원에게 각 군이 나아갈 방향과 실천방안을 분야별로 제시하고 내부 논의 과정을 거쳐 의견을 수렴하고 구성원을 이해시키고 설득하는 등 실질적인 역할을 해야 한다. 또한, 장교단은 장군단의 지도 아래 각 군의 실천계획을 추진해나가면서 각 기관과 제대의 성격에 맞는 개혁과제를 도출하고 실천하는 등 실질적인 개혁 업무를 실행하는 주체가 되어야 한다.

만약 국방개혁 주체인 군이 제 역할을 하지 못한다면, 국방개혁은 성공할 수 없다. 국방개혁을 통해 바뀌어야 할 주체가 바로 군이기 때문이다. 군이 국방개혁을 통해 거듭나려면, 기존 사고思考의 틀로부터 완전히 벗어나서 자율과 창의에 기반한 업무 수행이 가능해야 한다. 어느 조직이나 개혁을 통해 성과를 달성하기 위해서는 변화의 필요성에 대한 절박한 인식과 강력한 리더십이 필요하다. 군 조직에서 이러한 역할을 할 수 있는 집단은 장교단뿐이다. 그러므로 국방개혁은 장교단이 주도적으로 이끌어나가야 한다.

국방개혁의 추진은 집단이기주의와 이견을 파악해 조정하면서 목표에 수렴할 수 있도록 지도하고 설득해나가는 과정이다. 국방개혁이 달성해야 할 목표와 최종상태를 고려해 방향성을 제시하고 기관별 이견을 조정하면서 합의를 이루려면 군 상층부가 수준 높은 전문성을 가지고 있어야 하며, 리더십을 발휘해야 한다. 국방개혁 추진 과정에서는 군종별·병과별 집단이기주의가 작동하고 다양한 이견이 표출될 수 있다. 이때 군 지도층은 제기되는 이견을 경청하여 타당하면 수용하고, 부적절하면 설득과 대안 제시 등을 통해 합리적으로 조정할 줄 알아야 한다.

그러므로 국방개혁은 군종별·병과별 집단이기주의에서 벗어나 대승적 차원에서 접근하려는 노력이 필요하다. 이것이 국방개혁을 이끌어가는 군 지도부가 수준 높은 전문성과 리더십을 갖추어야 하는 이유이다. 만약 군 지도부가 지침을 부여할 수 있는 능력이 없거나, 합리적인 이해와 설득의 과정을 거쳐 원만하게 조정하는 능력이 부족하다면, 국방개혁 목표의 달성은 어려울 수밖에 없다. 이와 더불어 국방개혁이 의미 있는 성과를 거두려면 지도부는 공동체 구성원에게 개혁의 필요성을 지속적으로 강조하여 구성원 모두가 개혁에 동참할 수 있도록 이끌어야 한다. 공동체가 혁신을 이룩하려면 구성원 모두가 동참해야 한다. 구성원의 참여도가 높을수록 성공할 확률이 높고, 참여도가 낮을수록 실패할 확률이 높다. 공동체의 참여도를 높이는 것은 오로지 지도층만이 감당할 수 있는 과업이다.

간접 참여기관의 역할

그러나 국방개혁은 군의 노력만으로 달성하기에는 많은 어려움이 있다. 국방개혁은 군이 계획을 수립하여 실행할 수 있는 것도 있지만, 혁신의 폭이 클수록 더 많은 외부 집단 및 기관의 참여와 지원이 필요하다. 대표적인 것이 정치지도부와 관련 기관이다. 정치지도부와 관련 기관은 국방개혁을 위한 계획의 수립과 실행에 직간접적인 영향을 끼치며, 국방개혁의 목표와 방향의 수립, 소요 자원의 투입 규모를 결정하는 중요한 주체 중 하나이다.

정치지도부는 목표와 방향, 가용 자원의 할당에 관한 간단명료한 지침을 부여하고, 관련 기관은 가용한 정책적 수단을 활용하여 국방개혁의 추진을 직간접적으로 지원해야 한다. 정치지도부는 적절한 지원과 권한 위임, 자율성이 국방개혁 추진에 긍정적 영향을 끼치고 무관심이나 지나친 간섭이 부정적 영향을 미친다는 사실을 잊지 말아야 한다. 정치지도부는 개혁의 성과를 진단하고, 목표와 방향을 점검하며, 추가적인 조치사항이 무엇인지를 파악하고 지원해야 한다.

국방개혁의 추진과 직간접적으로 연계되는 정부 관련 기관은 주로 재정부서와 감사기관, 관련 연구단체 등이다. 이 중에서 재정부서는 정치지도부의 지침에 따라 적정 예산을 할당하기 위해 노력하되, 개별 사업에 대해 일일이 간섭해서는 안 된다. 정부의 재정 담당부처와 감사기관의 역할은 예산 할당과 집행의 적절성과 건전성, 합법성 여부에 대해 진단하고 조언하는 것이어야 한다. 만약 개별 사업의 Go-No Go 결정에 관여하는 등 지나치게 개입하면, 국방개혁의 방향과 성과 달성에 부정적인 영향을 미치게 될 것이다. 국방개혁은 정부 관련 기관이 지원 소요를 파악하고 협력한다면, 훨씬 더 바람직한 방향으로 추진할 수 있다.

기타 기관의 역할

예비역 단체, 언론계, 학계, 시민 단체 등 제도권 밖에서 국방개혁을 기대와 우려의 시선으로 바라보는 많은 집단이 있다. 이들은 국방개혁에 직접 참여하지 않지만, 때로는 관심과 애정 어린 시각으로, 때로는 비판의 시각으로 국방개혁 추진을 지켜보면서 여론 형성에 직간접적인 영향을 미친다. 이 중에서 예비역 단체와 학계는 많은 경험과 아이디어, 이론적 지식 등을 제공할 수 있으므로 이들의 의견에 귀를 기울이고 이들과 협력할 방안을 모색할 필요가 있다. 물론, 국방개혁은 비밀에 속하는 내용이 많지만, 가능한 범위 안에서 공청회를 통해 국방개혁의 내용을 설명하고 의견을 경청함으로써 제도권 밖에 있는 사람들로부터 공감을 이끌어내고, 국민적 지지와 추동력을 확보해나가야 한다.

미 육군도 군사혁신을 추진하는 과정에서 예비역 단체로부터 다양한 경험과 지혜를 얻을 수 있었다. 또한, 산업계로부터 주요 과제에 대한 해결 방안을 공모함으로써 많은 문제를 극복할 수 있었으며, 의회 등 정치권으로부터 예산 지원 등의 도움을 받을 수 있었다. 이처럼 국방개혁에 직접 참여하는 기관이 아니라 하더라도 적절한 수준의 공청회나 논의를 통해 관심 있는 계층과 집단의 지혜를 공유함으로써 국방개혁에 대한 다양한 해법을 모색할 수 있다. 국방개혁은 당연히 군이 중심이 되어 계획을 수립하고 추진해야 하지만, 정치지도부와 관련 기관, 예비역 단체, 언론계, 학계 등과 적절한 협력관계를 구축해야 한다. 그러므로 군은 국방개혁의 주체로서, 관련 기관 및 단체와 의사소통을 통해 공감대 형성과 협력을 강화하고, 개혁에 대한 반감이나 마찰을 줄여나가야 한다.

제5장

함께
추진해야 할
노력

1
예비전력의
개선

(1) 예비전력의 중요성

군사력은 상비전력과 예비전력으로 구분하는데, 일부 국가는 치안 기능을 수행하는 조직을 군의 일부로 편성하기도 한다. 상비전력은 전평시 구분 없이 상시常時 준비태세를 갖추고 있는 군사력이며, 예비전력은 유사시 신속히 동원하여 투입할 수 있도록 일정 수준으로 사전 준비된 군사력이다. 통상, 상비전력은 개전 초기에 적의 공격을 저지하고 전선을 유지하며, 예비전력을 동원하기 위한 시간을 확보하는 등 초기 대응을 위해 국가의 안보적 필요와 자원의 가용성, 유지 능력 등을 고려하여 적정 규모를 편성한다. 반면에 예비전력은 유사시 위기를 극복하기 위해 상비전력의 부족 병력 충원, 부대 창설을 통한 전시 증원 전력 편성, 손실된 병력의 보충 등을 목적으로 동원된다.

어느 국가든 유사시에 필요한 군사력을 평시부터 상시 유지할 수 없다. 국가 운영에 부담이 될 정도로 큰 규모의 군을 평시부터 유지하는 것은 유한한 국가의 자원을 효율적으로 운용하는 방법이 아니다. 그러므로 상비전력은 평시 국가가 부담할 수 있는 적정 규모의 인적 자원과 재정 능력 등을 고려하여 적정 규모의 군을 편성해 운용해야 한다. 그러나 외부의 침략으로부터 국가를 수호하기에는 상비전력이 턱없이 부족할 수밖에 없으므로 대부분의 국가는 유사시에 대비하기 위해 상비전력보다 훨씬 큰 규모의 예비전력을 평시에 준비한다.

예비전력은 상비전력을 보완하고 즉각 전투력을 발휘할 수 있어야 하므로 충실하게 준비하지 않으면 유사시 유효하게 활용할 수 없다. 그러므로 상비전력과 마찬가지로 적정 규모의 예비전력을 편성하고 적절한 질적 수준을 유지하고 관리해야 하며, 전술적 운용 능력을 확보해야 한다. 대부분의 국가는 예비전력의 효용성을 보장하기 위해 유사시 예상되는 상황에 대비하여 즉각 동원할 수 있도록 예비군의 지정 및 관리, 일정 수준의 장비와 물자 확보, 훈련 관리 등을 규정한 다양한 제도를 수립해 시행하고 있다. 이스라엘은 예비전력을 유사시 전장에서 결정적 역할을 해야 할 핵심 전력으로 인식하고 있다. 따라서 이스라엘은 예비전력의 효용성을 보장하고 전술적 능력을 유지하기 위해 예비군의 지정 및 자원 관리, 전술적 능력을 유지하기 위한 훈련체계, 예비전력을 위한 장비 및 물자의 사전 준비와 관리 등 다각적인 노력을 기울이고 있다.

(2) 예비전력의 유효성

모든 국가는 국가안보를 위해 상비전력과 예비전력의 효율적인 편성과 조화로운 운용을 위해 노력하고 있으며, 자국의 특성과 환경에 맞는 동원제도를 발전시키고 있다. 통상 상비전력의 규모는 안보 상황, 자원의 가용성, 운영유지 능력 등을 고려하여 결정한다. 반면에, 예비전력은 유사시 국가의 생존을 보장하기 위해 총력전 수행에 필요한 군사력 소요와 평시 유지하는 상비전력과의 차이를 예비전력 규모로 산정한다. 산정된 예비전력은 인력, 장비, 물자, 비축 및 훈련시설 등을 지정·관리하고, 주기적인 소집과 훈련을 통해 운용 능력을 점검·유지하고 발전시킨다.

예비전력은 규모보다도 유효성 여부가 더 중요하다. 예비전력의 유효성 여부를 결정하는 핵심적 요소는 '시간 충족성'과 '운용의 효율성'이다. '시간 충족성'이란 유사시 짧은 시간 안에 동원 가능해야 함을 의미하고, '운용의 효율성'이란 동원 즉시 능력 발휘가 가능해야 함을 의미한다. 따라서 규모가 큰 예비전력보다도 유사시 짧은 시간 안에 동원되어 즉각적으로 능력을 발휘할 수 있는 정예화된 예비전력이 바람직하다. 유사시 동원 전력의 규모가 크면 클수록 사전 준비해야 할 물자와 장비에 대한 부담이 늘어나고 전후戰後 국가 경제에 미치는 후유증이 크기 때문에, 규모가 큰 예비전력을 운영하는 것은 그다지 바람직하지 않다. 미래의 상비전력은 규모가 작고 수준 높은 전문성과 치명적인 전투 능력을 갖추게 될 것이므로, 미래의 예비전력 또한 작은 규모에 상비전력에 필적하는 수준의 무장, 물자, 운용 능력 등을 갖추게 될 것이다.

미래의 전면전은 짧은 시간 안에 승패가 결정될 것이기 때문에 초전에서의 승패가 결정적인 영향을 미치게 될 것이다. 오늘날 빈발하는 저강도 분쟁Low intensity conflict, 대테러전The fight against terrorism, 대분란전Counter-insurgency은 주로 상비전력이 수행한다. 따라서 국가 총력전에 대응하기 위한 규모가 큰 예비전력의 중요성은 점차 낮아질 것이다. 향후 예비전력의 역할과 규모는 대응해야 할 위협의 성격에 따라 결정해야 한다. 그러나 우리나라와 같이 현실적 위협에 직면해 있는 국가는 높은 수준의 무장과 충분히 훈련된 적정 규모의 예비전력이 필요하다. 예비전력은 유사시 필요한 군사 능력을 보완하기 위해 짧은 시간 안에 동원을 완료하여 위기에 대응할 수 있는 체제를 갖추어야 한다. 그러기 위해서는 예비전력의 동원 시간 단축과 전술적 운용 능력 구비에 중점을 두고 동원 자원 지정, 주기적인 교육훈련, 보상, 장비 및 물자 확보 등을 효율적으로 관리할 수 있는 동원제도를 발전시켜나가야 한다.

(3) 동원제도의 발전

모든 국가는 자국의 실정에 맞는 동원제도를 발전시키고 있으나, 실질적으로 유효하게 작동할 것으로 판단되는 동원체제는 그리 많지 않은 것으로 평가되고 있다. 동원체제를 갖추고 운영하는 것은 부대를 편성하는 것만큼이나 복잡하고 어려운 문제이기 때문이다. 근대에 들어 국가총력전 개념이 정립되면서 전쟁 수행을 위해 11% 이상의 국가 역량을 동원하면 국가 전반에 미치는 부정적 영향과 후유증이 매우 크게 나타나는 것으로 알려져 있다. 1945년 제2차 세계대전 종전 시점의 미국 인구는 약 1억 3,700만 명 수준이었으며, 전체 인구 중에서 1,600만 명(11.6%)이 전쟁에 동원되었다고 한다. 당시의 현역병은 1,200만 명 수준이었는데, 이것은 현역병 이외에도 산업, 수송 등 많은 분야에서 400만 명의 전시 동원이 이루어졌음을 의미한다. 모든 국가는 국가 경제와 전후에 사회에 미치는 영향 등을 고려하여 동원 시기를 최대한 늦추고, 가능한 한 적은 인력과 자원을 동원하려고 노력한다. 그렇기 때문에 전쟁 징후가 나타나면 동원령 선포를 주저할 수밖에 없게 되고, 동원 시기의 상실은 국가 위기로 이어지기도 한다.

미국의 동원제도는 '연방국가'라는 국가적 특성 때문에 우리가 벤치마킹하기 적절하지 않은 반면, 이스라엘의 동원제도는 이스라엘이 여러 차례 전쟁을 거치면서 유사시 즉각 투입할 수 있도록 예비군을 준비하고 실전 능력을 강화해왔다. 제4차 중동전쟁 초기에 세 번째 디아스포라Diaspora⁶¹를 각오해야 할 정도로 심각한 위기에 봉착했던 이스라엘이 위기를 극복할 수 있었던 것은, 평시에 우수한 예비전력을 편성해 잘 관리하고 전술적 운용 능력을 발전시켜왔기 때문이다. 그러므로 이스라엘의 동원제도는 우리가 벤치마킹을 통해 우리 환경에 맞게 변화·발전시킬 만한 충분한 가치가 있다.

이스라엘은 20만 명 이하의 소규모 상비군과 40만 명 규모의 예비군을 보유하고 있다. 상비군은 초기 대응과 동원을 위한 시간 확보에, 예비군은 결정적 전투 수행을 통한 전쟁의 주도권 장악과 전쟁 종결에 초점이 맞추어져 있다. 이스라엘이 예비전력을 어떻게 관리하고 있는지는 텔아비브Tel Aviv 북쪽에 위치한 나흐쇼님 기지Nachshonim Camp에 있는 예비군 기갑사단의 장비 및 물자 준비 상태를 통해 직접 확인할 수 있다. 그러나 그곳에서 확인할 수 있는 것은 예비군 장비와 물자의 준비

---

61 디아스포라(Diaspora)는 '흩뿌리거나 퍼트리는 것'을 뜻하는 그리스어에서 유래한 말로, 특정 민족이 자의든 타의든 기존에 살던 땅을 떠나 다른 지역으로 이동하는 현상을 일컫는다.(위키백과사전) 이스라엘 민족의 1차 디아스포라는 B.C 600년경 유다 왕국이 멸망하면서 왕을 비롯한 유대인이 신바빌로니아 제국의 수도 바빌론으로 포로로 잡혀간 것을 말하며, 바빌론 유수라고도 한다. 2차 디아스포라는 A.D 70년에 로마군에게 패한 이후, 20세기에 이르기까지 정착하지 못하고 해외로 떠돌게 된 것을 말한다.

상태와 관리체계 등 일부분일 뿐이다.

동원제도를 검토하려면, 먼저 예비군의 역할을 어떻게 규정할 것이고, 어느 정도 규모의 예비군을 전시에 동원할 것인가를 판단해야 한다. 우리의 예비전력은 전면전 대응에 필요한 전력을 갖추기 위해 부족한 병력 및 물자·부대 소요·손실 인원 보충 등에 초점이 맞춰져 있다. 그러나 동원제도를 검토할 때는 좀 더 신중할 필요가 있다. 전쟁이 발발하면 초기 대응은 상비군이 담당할 수밖에 없으나, 상비군만으로는 전쟁을 수행할 수 없다. 그러므로 상비전력은 전쟁 초기에 위기에 대응하고 동원에 필요한 시간을 확보하는 임무를 수행하고, 전쟁을 지속하기 위해 필요한 새로운 부대의 편성이나 손실된 전투력의 보충은 전시에 동원하는 예비전력에 의존할 수밖에 없게 된다.

전면전 수행을 위해 필요한 예비전력의 규모는 상대적인 적, 상비전력의 규모와 전쟁 양상, 예상 피해 정도, 자원의 가용 여부 등에 달려 있다. 유사시 예비전력의 동원은 빠르면 빠를수록 좋지만, 그러려면 사전에 철저한 준비와 수준 높은 훈련이 되어 있어야만 한다. 통상, 예비전력의 동원에는 많은 시간이 필요하므로, 시급한 전력부터 수일 또는 수개월에 걸쳐 시행하도록 시차별 동원계획을 수립한다. 개전 초기에 동원하는 예비전력은 상비전력을 즉각적으로 보완할 수 있어야 한다. 개전 초기 예비전력의 동원 완료 시간은 상비전력이 전쟁 발발 초기의 위기를 얼마나 지탱할 수 있느냐에 영향을 받는다. 상비전력이 오랜 시간을 지탱할 수 있다고 판단되면 예비전력 동원을 위해 더 많은 시간을 고려할 수 있지만, 그렇지 못하면 가능한 한 짧은 시간 안에 동원하여 투입까지 완료할 수 있어야 한다. 그러므로 예비전력의 동원은 가능한 한 상비군이 대처 가능하다고 판단된 시간보다 훨씬 전에 동원을 완료하고 예상 투입 지역으로 이동하여 전투 준비를 마쳐야 한다.

예비군을 위한 물자와 장비는 즉각 사용 가능해야 하며, 전장에서 유효한 능력을 발휘할 수 있도록 사전에 잘 준비되어 있어야 한다. 상비군이 사용하던 장비를 손질해 보관해두었다가 유사시 무장하는 정도로는 예비군의 능력 발휘를 기대하기 어렵다. 규모가 작은 상비전력은 개전 초기에 수적으로 우세한 적을 상대해야 하기 때문에 많은 어려움을 겪게 되므로 예비전력의 역할은 매우 중요하다. 그러므로 예비전력은 동원 시기와 집결 위치, 장비 및 물자의 사전 준비, 비축 방법과 관리, 교육훈련체계 등을 신중하게 검토해 결정해야 한다. 특히, 예비군에게 지급되는 장비는 전장에서 즉각 능력 발휘가 가능해야 하므로 사전 주도면밀하게 준비되지 않으면 유사시에 사용할 수 없다. 그러므로 예비전력을 위한 장비와 물자는 상비군이 사용하던 장비를 일정 수준 성능을 개량하거나 최소한 사전 정비를 통해 전장에서 유효한 능력을 발휘할 수 있도록 준비하지 않으면 안 된다.

(4) 예비전력과 동원 운영

전쟁 초기의 위기를 신속히 극복하기 위해서는 예비전력에 대한 세심한 설정과 관리가 필요하다. 평시 편성되는 상비부대는 초기 대응에 집중할 수밖에 없고 큰 피해를 받을 수 있으므로 동원되는 예비전력이 위기를 극복하고 전쟁의 주도권을 장악하고 승리로 이끌기 위한 핵심 역량이 되어야 한다. 오늘날 전쟁은 정밀유도무기에 의한 선택적 정밀 파괴가 가능할 뿐만 아니라, 무기체계의 치명성이 크게 향상되어 대량

피해도 유발할 수 있다. 특히, 개전 초기에는 대규모 화력을 투입하는 타격전 양상이 될 것이므로 상비전력의 상당 부분은 피해에 노출될 가능성이 높다. 그러므로 예비전력의 중요성은 아무리 강조해도 지나침이 없다.

제4차 중동전쟁 초기 전투에서 이스라엘군이 위기를 극복하고 달성한 성과를 올바르게 이해하기 위해서는 이스라엘의 동원 인력 지정 및 관리, 장비·물자 준비상태, 관리체계, 훈련체계 등을 연구할 필요가 있다. 이러한 연구를 통해 이스라엘의 동원제도를 이해하고 우리의 환경과 특성에 맞는 동원제도를 발전시켜나간다면 유사시 효과적으로 대응할 수 있다. 특히, 우리처럼 적의 위협 규모와 강도가 큰 국가에서는 상비전력의 충실성도 중요하지만, 예비전력의 유효성 또한 간과해서는 안 된다. 그러므로, 우리는 유사시 유효하게 작동할 수 있도록 동원 자원의 지정·관리·보상·훈련 등 동원체계를 시급히 정비해야 한다. 그렇지 않으면, 예상치 못한 시기와 장소에서 도발하는 적의 전면전 위협에 대해 효과적으로 대응하기 어려울 것이다.

우리의 동원제도는 오랫동안 발전을 거듭해왔으나, 아직도 많은 부분에서 보완이 필요하다. 오늘날, 우리는 출산율 감소와 복무기간 단축 등에서 비롯되는 심각한 병역 자원 부족을 감당해야 하는 상황에 처해 있다. 그뿐만 아니라 미래 전쟁 양상의 변화와 관련 기술의 발전은 새로운 방식의 싸우는 개념과 무기체계, 편성 개념, 군사력 운용 등 모든 면에서 획기적인 변화를 초래하고 있다. 설사 국방개혁을 추진하지 않는다고 하더라도, 우리는 상비전력의 변혁transformation과 더불어 예비전력의 혁신innovation을 추진하지 않으면 안 되는 시점에 와 있다.

동원체계는 유사시 국가 자원을 효율적으로 동원하여 운용할 수 있어야 하며, 동원의 후유증을 최소화할 수 있도록 발전시켜나가야 한다. 동원체제가 유사시에 잘 작동하려면, 동원 인력의 지정과 관리, 장비·물자의 준비 및 관리, 훈련 및 보상체계 등이 잘 정비되어야 한다. 특히, 전시에 필요한 숙련된 간부와 높은 수준의 숙련도가 필요한 직군職群은 별도의 관리 및 보상체계를 마련하여 평시부터 치밀하게 지정·관리해야 한다. 그뿐만 아니라 상비군 운영체제와 전시동원체제가 서로 잘 연결되어 원활하게 작동할 수 있도록 세심하게 신경 써야 한다. 그러므로 국방태세 강화를 위한 상비전력의 혁신과 더불어 예비전력의 정예화는 국방개혁의 중요한 과제로 다루어져야 한다.

(5) 장비 및 물자 준비와 예비역 간부 인력의 활용

과거의 국방개혁은 예비전력 규모 축소와 아울러 장비·물자에 대한 개선 등 부분적인 보완에 머물러서 개혁이라고 하기에는 부족한 점이 많았다. 현재 우리가 추진하고 있는 국방개혁 2.0은 예비전력의 정예화와 현대화를 통해 유사시 예비전력이 실질적이고도 결정적인 역할을 감당할 수 있도록 발전시키고자 노력하고 있다. 국방개혁 2.0에서 예비전력을 위한 예산 확보 목표를 설정하고 예비전력을 위한 예산의 점진적인 증가를 추진하는 것은 바람직한 접근이다. 그러나 예비전력의 정예화와 현대화의 성공 여부는 예산의 규모 설정보다도 얼마나 효율성 있게 추진하느냐에 달려 있다.

우리의 예비전력이 유사시 유효한 능력을 발휘하기 위해서는 자원의 지정과 관리, 교육훈련, 보상체계는 물론이고, 상비군 수준에 필적하는 장비와 물자의 확보, 비축시설 개선 등 전반적인 면에서 보완이 시급하다. 예비전력의 장비·물자는 상비군 수준의 장비를 보유할 수 없다면, 예비군으로 지정된 인력이 현역 시절에 운용하던 장비를 시대에 뒤떨어지지 않는 수준으로 개량해서 비축하는 것도 고려할 수 있는 유효한 방안이다. 그럴 경우, 예비전력의 질적 향상은 물론이고 경제성 측면에서도 유리할 뿐만 아니라 장비·물자에 대한 운용과 숙달이 훨씬 쉬워진다. 만약 우리의 전쟁예비물자, 즉 전시 손실 장비의 보충과 예비전력을 무장하기 위한 비축물자가 지금과 같은 관리 수준에 머문다면, 유사시 아무런 도움이 되지 못할 것이다.

그뿐만 아니라 예비군의 훈련체계 개선을 통해 개인별 숙달 및 팀 단위 전술적 능력을 배양하고, 예비역 간부의 능력을 개발하기 위해 함께 노력해야 한다. 이를 위해서는 특기에 맞는 인원을 지정해 관리하는 방안과 다양한 계층의 예비역 간부를 활용하는 방안을 발전시켜야 한다. 유사시 동원된 예비전력으로 부대를 증편하고 손실된 간부를 충원하기 위해서는 다수의 숙달된 간부 요원을 필요로 한다. 예비역 간부는 평시 어떻게 능력을 유지·발전시키고, 유사시 얼마나 어떻게 동원하고, 어느 분야에서 어떻게 활용할 것인가에 대해 많은 검토가 필요하다. 유사시에는 숙련된 많은 간부 자원이 필요한데, 간부 자원은 하루이틀에 양성되지 않기 때문이다. 예비전력의 질적 향상은 장비·물자의 보강과 더불어 인적 자원의 효율적 지정 및 관리와 능력 개발이 병행해서 이루어지지 않으면 달성할 수 없는 어려운 과제이다. 이스라엘 예비군은 부대의 동화와 연대감 강화를 위해 특별한 사유가 없는 한 간부와 병사 모두 자신이 복무한 부대로 지정하고 있다.

2
/
미래 환경에 적합한
국방운영체제 발전

(1) 국방운영의 개선 필요성

'국방운영체제'라고 하는 것은 대단히 포괄적인 개념이다. 국방운영에는 군사력 편성·건설·운용뿐만 아니라 국방 자원관리, 국방예산의 활용 등 국방에 관련된 모든 분야가 망라되어 있다. 넓은 의미의 국방운영은 군사력 편성·건설·운용뿐만 아니라 국방 자원 관리, 국방예산의 운영 등 국방에 관련된 모든 분야가 포함되며, 좁은 의미의 국방운영은 국방 자원 관리와 예산 운영 등을 일컫는다. 그러므로 국방개혁에서 국방운영 분야는 한꺼번에 다루기보다는 국방 업무의 전체 흐름을 관조하면서 특정 분야를 한정해서 논의하고, 나머지 분야는 운영하면서 꾸준히 개선해나가는 것이 바람직할 것이다.

여기서는 국방비의 운영과 자원관리 측면에서 주요 부분만을 특정해서 다루고자 한다. 2020년 국방예산이 50조 원을 돌파했다. 최근 한국국방연구원KIDA의 연구를 인용한 언론 보도에 따르면, 국방예산은 20조

원에서 30조 원을 돌파하는 데 6년이 걸렸고, 30조 원에서 40조 원을 돌파하는 데 다시 6년이 걸렸으며, 40조 원에서 50조 원을 돌파하는 데는 겨우 3년밖에 걸리지 않았다고 한다. 이처럼 점증하는 국방예산을 효율적으로 사용하려면, 국방예산을 어떻게 효율적으로 사용할 수 있을까에 대한 끊임없는 자문自問을 통해 문제점을 파악하고 개선해나가려는 노력과 자세가 필요하다.

국방비의 4분의 1 정도를 차지하는 군사력 건설은 철저히 실리에 입각한 목표지향적 필요성 검토와 대안 분석을 통해 최적의 방안을 선택해야 한다. 이 과정에서 외부의 의견이 개입되거나 각 군의 집단이기주의가 작동하게 되면 국방예산의 효율적 사용은 요원해진다. 국방예산의 효율적 사용을 위해서는 '전장에서의 승리'라는 근원적 목적에 충실한 군사 논리가 대전제가 되어야 하며, 어설픈 사업의 필요성이나 경제성 논리, 또는 특정 집단의 희망적 사고가 개입되어서는 안 된다. 오늘날, 정치권이 개입하는 사례가 다수 관찰되는 것은 대단히 우려스러운 일이다. 정치권의 개입이나 군별·집단별 이기주의나 생색내기는 전장에서의 승리는커녕 효율적인 국방운영을 저해할 뿐이다.

(2) 부대 운영 유지와 자원 관리

국방운영에서 중요한 부분을 차지하는 또 하나의 분야는 부대 운영 유지와 관련된 분야이다. 부대 운영 유지 분야는 병사들을 먹이고 입히고 재우는 것에서부터 전투 장비를 관리하고 정비·폐기하며 부대를 훈련시키고 운영하는 것에 이르기까지 국방 전 분야에 걸쳐 있다. 그러므로 부대 운영 유지 분야는 일상적으로 반복되거나 관습적으로 수행되는 업무가 대부분을 차지하고 있기 때문에, 새로운 기법과 개념의 지속적인 도입을 통해 업무의 효율성을 향상시키려는 혁신적 노력이 꾸준히 요구된다. 부대 운영 유지 분야에는 일상적인 부대 운영과 무기체계의 운용을 지원하기 위한 장비 및 물자의 관리, 수리 부속의 획득과 지원 등 국방 자원 관리도 포함된다.

최근 발전하고 있는 IT, 빅데이터^{Big Data}, 클라우드 컴퓨팅^{Cloud Computing}, 모바일^{Mobile} 등을 비롯한 새로운 기술은 부대 운영 유지 분야의 쇄신을 끌어낼 수 있는 유용한 수단으로 이용할 수 있다. 그뿐만 아니라 센서^{sensor}와 주파수 인식^{RFID, Radio Frequency IDentification} 기술은 군의 모든 자산을 가시화할 수 있고, 위성항법체계^{GPS, Global Positioning System} 기술은 물자 이동의 실시간 추적 관리가 가능할 뿐 아니라, 누가, 언제, 어디서, 무엇을 필요로 할 것인가에 대한 예측과 보급 시기, 장소의 선정 등을 선제적으로 판단하는 데 유용하게 활용할 수 있다. 이러한 기술의 발달은 사용자가 원하는 바를 다양한 방법으로 구현할 수 있게 해줄 뿐만 아니라, 육·해·공 3군 공통 품목의 통합적 관리와 각 군이 필요로 하는 소량 다품종의 장비·물자의 실시간 추적 관리도 가능하게 해준다.

문제는 군이 '무엇을 어떻게 구현할 것인가'라는 분명한 목표와 방향을 설정하여 제시할 줄 알아야 한다는 것이다. 군이 전장에서 특정 능력을 구현하기 위한 운용 환경과 관련 요소들을 식별하고 전술적 필요에 따라 관련 요소 간의 상호관계를 설정하면, 기술을 활용하여 구현하는 것은 기술자의 몫이다. 국방운영 분야에서 급속도로 발전하는 기술적 이점을 적극적으로 활용한다면, 많은 부분에서 쇄신을 이룩하고 비효율을 개선할 수 있다. 이 분야의 쇄신은 활용할 수 있는 기술의 유무가 아니라 개념형성역량^{概念形成力量}과 실천하는 용기^{勇氣}, 정책적 의지에 따라 결정될 것이다.

3
/
국방기획관리체계의
발전

(1) 국방기획관리의 현주소

'국방기획관리기본훈령'에서는 국방기획관리에 대해 "국방 목표를 설계하고 이를 달성하기 위한 최선의 방법을 선택하고 보다 합리적으로 자원을 배분·운영하여 국방의 기능을 극대화하기 위한 관리 활동"이라고 정의하고 있다. 그러므로 국방기획관리제도는 국방 업무 전반에 관한 흐름을 규정하고, 그에 따른 각 부서와 기관의 역할과 책임을 결정한다. 국방기획관리체계는 예상되는 위협을 분석하고 국방목표를 달성하기 위해 가용자원을 판단하여 가장 합리적·효율적으로 자원을 배분하고 관리 및 운영하기 위한 통합적인 자원관리체계로서, 기획Planning, 계획Programing, 예산Budgeting, 집행Execution, 평가Evaluation 등의 다섯 단계(PPBEE)로 구성된다.

우리의 국방기획관리제도는 1960년대에 처음 도입된 이래 발전을 거듭해왔으며, 오늘날의 국방기획관리제도는 1980년에 들어서면서

PPBEES^{Planning, Programing, Budgeting, Execution and Evaluation System}를 도입하여 여러 차례 보완을 거쳐 지금에 이르렀다. 현재의 국방기획관리제도는 40여 년간 운영해오면서 발전을 거듭해왔지만, 환경 변화에 따라 여러 분야에서 보완이 요구되고 있다. 우리의 선배들이 오랫동안 국방 분야의 발전을 위해 각고의 노력을 거듭해왔지만, 발전적 변화는 어느 시대나 필요한 법이다. 업무의 발전은 어느 한 시대에 끝나는 것이 아니라, 시행착오를 거듭하며 계속해서 진화하는 과정에서 이루어지는 것이기 때문이다. 특히, 기획은 모든 업무의 출발점이며, 최선의 방안을 식별하고 선택해가는 과정이다. 기획 업무는 모든 업무 분야에 존재하는 것으로, 정책기획, 소요기획, 획득기획 등 국방기획 업무는 국방기획관리제도의 보완과 함께 발전되어왔다.

이 중에서 정책기획 분야는 실행과의 연계 측면에서 보완이 시급하며, 소요기획 분야는 소요제기 권한과 절차, 소요 검증의 권한과 책임, 과학기술의 발전적 수용, 과학적 기법의 활용 방안 등을 포함하여 전반적인 검토가 필요하다. 획득기획 분야는 무기체계의 특성 변화와 기술의 신속한 적용, 산·학·연 간의 역할 분담, 관련 기관 간의 역할 분담과 협업체제 구축 등 전반적인 업무 프로세스에 대한 진단과 개선이 요구되고 있다. 또한, 담당 기관의 정체성 확립과 더불어 업무체계, 관련 규정, 조직 편성, 사무에 관한 부서별 분장, 새로운 획득 개념과 절차의 도입 등 근본적인 제도의 변화가 필요한 실정이다. 모든 제도는 숙고^{熟考}의 과정을 거쳐 최선의 방안을 선택해 적용한다고 하더라도 운영하는 과정에서 예상하지 못한 문제점이 발생하거나 환경이 변화하기 마련이므로 지속적인 진단과 새로운 개념 및 기법의 도입 등 발전적 변화를 통한 보완을 거쳐 꾸준히 발전시켜나가야 한다.

현재의 국방기획관리제도는 많은 부분에서 오류의 시정과 발전적 변화가 필요하고, 시대적 흐름에 맞게 새로운 개념의 적용을 검토해야 할 시점이다. 1980년대 국방기획관리제도의 핵심인 기획-계획-예산-집행-평가체계는 도입할 당시 'X년'이라는 시행eXecution 시점을 기준으로 단기 2년, 중기 5년, 장기 10년으로 구분하여 17년을 대상 기간으로 설정했다. 국방기획관리제도의 기획-계획-예산-집행-평가 등 다섯 단계는 단계적 흐름에 따라 문서의 종류와 성격을 규정했고, 규정된 각 문서는 서로 연계성을 가지도록 고안했다. 여기에는 특정 기관의 전횡을 방지하기 위해 권한의 분산과 기관 간의 상호 견제의 개념이 포함되어 있었으며, 이해관계를 가진 현직의 유력 특정인이나 기획·계획 입안자의 부당한 개입을 차단하는 조치 등도 반영되어 있었다.

지난 40여 년 동안 국방기획관리제도에 시대적 요구를 반영하기 위한 노력이 다양하게 시도되었으나, 국방기획관리제도의 취지를 이해하지 못한 일부 인사나 외국의 제도를 잘못 접목한 탓에 국방기획관리제도 자체가 왜곡되는 굴곡의 과정을 거쳐야 했다. 대표적인 사례가 긴급소요전력 개념의 도입, 시행년도 개념에서 'F년'이라는 재정Finance 집행 개념 중심으로의 변화, 미국의 합동능력통합 및 개발체계JCIDS, Joint Capabilities Integration and Development System[62] 개념의 선택적 도입, 국방개혁 문서

---

[62] 합동능력통합 및 개발체계(JCIDS)는 미래 국방 프로그램에 대한 획득 요구사항과 평가기준을 정의하는 공식적인 미국 국방부의 절차이다. 이 제도는 미국의 도널드 럼스펠드(Donald Rumsfeld) 국방부장관의 지시에 따라 육·해·공군·해병대의 요구를 모두 반영할 수 있도록 미래 획득체계의 요구사항에 대한 개발 지침을 제공한다. 합동능력통합 및 개발체계의 핵심은 전투사령관이 정의한 기능 부족 또는 격차를 해결하기 위한 것이다.(https://en.wikipedia.org/wiki/Joint_Capabilities_Integration_and_Development_System 참조)

의 기획체계 반영 등이다. 당시 상황에서 이러한 개념의 적용은 불가피한 측면도 있었지만, 국방기획관리제도 전반에 미치는 영향 평가와 변화하는 환경, 발전하는 기법의 적용 등을 함께 고려해야 했던 것은 아닌지 되돌아볼 필요가 있다. 또한, 일부 개념은 불가피한 상황 변화에 따라 한시적으로 적용했어야 함에도 불구하고 분위기에 편승하여 무분별하게 확대·반복 적용함으로써 전체 업무 흐름을 왜곡시키는 결과를 낳기도 했다.

(2) 국방기획관리제도 연구의 필요성

국방기획관리제도는 2000년대 초반까지는 한국국방연구원KIDA에서 연구를 수행해왔으나, 그 후 연구 흐름이 이어지지 않고 있는 것 같아 아쉬움을 금할 수 없다. 모든 제도는 꾸준히 발전시켜나가야 한다. 과거의 시각과 환경에서 검토되고 설정된 제도가 시대적 요구에 따라 변화하는 것은 당연한 이치이지만, 부분적 수정을 거치다 보면 본래의 취지가 퇴색되고 자칫 누더기처럼 변할 가능성이 크다. 제도는 꾸준한 연구와 진단을 통해 운영 과정에서 나타나는 문제점을 보완하고, 상황의 변화에 따라서 변화하는 요인을 반영해 개념을 발전시키거나 새로운 개념과 기법을 도입하는 등 종합적 관점에서 관리할 필요가 있다. 특히, 선진국의 제도는 그들의 문화와 철학에 바탕을 둔 개념에 기초해 만들어지고 진화·발전하는 것이므로, 그 바탕에 깔린 정신을 충분히 이해하지 못한 상태에서 외국 제도의 전체나 일부를 그대로 적용하는 것은 피해야 한다. 우리의 제도는 우리의 문화와 철학, 경험, 능력 범위 안에서 소화할 수 있는 것이라야 하기 때문이다.

오늘날, 안보 상황의 급변, 새로운 분석기법 및 도구의 등장, 빠른 기술 발전 등은 제도 전반에 대한 논리 보강과 더불어 과학적 수단과 기법을 활용한 새로운 접근방법의 발전을 요구하고 있다. 따라서 현재의 국방기획관리제도는 논리의 구성 측면에서 취약한 요인을 식별해 보완하고, 사문화死文化된 조항이나 왜곡된 문서체계 등을 바로잡을 필요가 있다. 기획-계획-예산-집행-평가체계는 논리적으로 탄탄한 구조이므로 큰 틀에서는 문제가 없겠으나, 각 단계의 세부적 업무 흐름과 각 단계 간의 연계, 문서체계 등은 보완해야 한다.

제도는 그 시대의 정신을 반영하기 마련이다. 과거의 제도는 설계 당시의 시대적 정신과 가용한 도구들을 고려하여 설계한 것이므로, 현시점에 맞는 개념과 이론 및 도구 등을 적용해 보완·수정·개선할 필요가 있다. 제도가 잘못되었다고 판단된다면, 제도 자체를 탓하기보다 잘못 운영한 부분은 없는지 되짚어보아야 한다. 제도는 운영 과정에서 특정인이나 조직의 의도와 편의에 따라 수정·왜곡되는 과정을 거치기 때문이다. 설사, 제도가 잘못되었다고 하더라도 제도를 보완·발전시켜야 할 책임은 운영하는 사람에게 있다. 그러므로 제도는 상황 변화에 맞게 꾸준히 발전시켜나가야 한다. 오늘날, 우리의 국방 분야는 안보 환경과 전쟁 양상의 변화, 기술의 발전, 국방운영 환경과 사회적 인식의 변화 등을 모두 수용할 수 있는 군사혁신이 그 어느 때보다도 절실히 요구되고 있다. 이를 뒷받침하는 우리의 국방기획관리제도는 부분적인 수정이나 보완보다 많은 부분에서 시대적 변화에 적응할 수 있도록 대폭적인 개선이 필요한 시점이다.

4
/
획득관리 업무의
혁신

(1) 획득업무의 현 실태

획득 분야에는 소요^{所要} 결정 이후 획득 방법 결정, 사업 관리, 연구개발, 구매, 생산 등에 이르는 모든 과정의 업무가 포함되어 있다. 오늘날, 우리의 획득 업무는 매우 어려운 여건에서 운영되고 있다. 과거에 방위사업청을 설립하면서 투명성을 강조했으나, 정작 방위사업청 조직은 투명성보다는 효율성을 높이는 방향으로 설계되었다. 만약 투명성을 높이려면 권한의 분산과 개방적 의사결정 구조로 설계해야 하며, 효율성을 지향한다면 권한과 책임이 집중된 업무와 조직 설계를 해야 한다. 그러나 투명성과 효율성은 어느 하나를 선택하는 문제가 아니라 두 가지 모두의 향상을 추구하면서 상호 보완적으로 발전해야 한다. 또한, 획득 업무 규정인 국방전력발전업무훈령은 유연한 제도 운영을 통해 책임성과 창의성을 장려하는 방향으로 발전해나갔어야 했다. 그러나 수차례에 걸친 수정 과정을 거치면서 제도 운영자의 판단에 맡겨야 할 사항까지 세세하게 규정함으로써 의사결정이 지연되거나 결심을 회피하게 만드는 등 경직된 제도 운영을 초래해 책임성과 창의성은 물론이고 효율성마저 저해하는 결과를 초래했다. 게다가 획득업무는 전문가 그룹에 의한 운영보다는 정치·사회적 영향을 받아 비전문가에 의해 좌지우지左之右之되는 지경에 이르렀다. 지금은 수많은 왜곡으로 인해 각 기관의 정체성과 역할마저 혼돈의 상황에 빠져 있는 모습이다. 이러한 현상은 획득 전반에 부정적인 영향을 끼침은 물론, 방위산업에도 악영향을 끼치고 있다.

현재의 제도는 하나의 기관에 권한과 책임을 집중하고, 의사결정 과정에서 투명성을 높이기 위해 외부 전문가를 다수 참여시키고 있다. 그러나 권한과 책임이 집중된 그 기관이 역할과 가능에 맞게 업무를 제대로 수행하고 있는지, 외부 전문가는 의사결정에 참여할 수 있는 수준의 전문성과 업무 이해도를 갖추고 있는지 등 많은 부분에서 의문을 갖게 만든다. 현재의 제도는 업무의 권한과 책임을 한 기관에 집중시킨 채 투명성을 강조하고 있는데, 과연 투명성 보장이 가능한지, 투명성이 제대로 발휘되고 있는지도 의문이다. 획득 분야의 어려운 상황을 극복하기 위해서는 통제와 제재, 업무 회피적 위임 등이 이루어지고 있는 부정적이고 피동적인 현재의 업무 구조와 행태에서 벗어나 책임과 자율, 창의, 상호 협력 등을 보장할 수 있는 긍정적이고 개방적인 업무 구조와 관행으로 전환해야 한다. 효율성을 높이려면, 한 기관에 권한을 집중시켜 신속한 의사결정과 책임 있는 업무 추진이 가능해야 하며, 업무 추진 과정과 결과에 대한 엄정한 책임과 결과에 상응하는 보상체계를 갖추어야 한다. 투명성을 높이려면, 책임과 권한을 분산하고 정보의 공유와 상호 견제가 가능하도록 구조화함으로써 기관 간의 견제와 균형을 이룰 수 있어야 한다.

과거에 한 기관이 한 가지 의사결정을 하고 나면 다음 단계의 의사결정은 다른 기관이 하도록 업무를 설계하여 책임과 권한을 분산시킨 것은 투명성을 보장하고 권한 독점의 폐단을 없애기 위해서였다. 또한, 집행 단계에서 소요를 반영할 수 없도록 제한한 것은 현직에 있는 특정인의 영향력을 배제하기 위한 것이었다. 그러나 지금은 이러한 고려가 모두 훼손된 상태에서 투명성을 강조하는 모습이다.

이외에도 우리는 소요기획 단계에서 통합개념팀Integrated Concept Team과 사업관리 단계에서 통합사업관리팀Integrated Project Team을 운영하고 있는데, 과연 적절한 것인지에 대해 되짚어볼 필요가 있다. 이러한 팀의 운용은 외국의 사례로부터 벤치마킹한 것인데, 원래의 취지와 목적에 맞게 운용되고 있는지, 문제점과 개선사항은 무엇인지에 대해 심사숙고深思熟考할 필요가 있다. 다른 국가의 제도는 외형을 도입하는 것만으로 부족하며, 해당 국가의 체제와 문화, 그 제도 속에 담겨 있는 정신에 대해 잘 이해한 후에 우리의 실정에 맞게 제도를 발전시키지 않으면 기대하는 목적을 달성할 수 없다.

1980년대 IT 기술이 발전하면서 무기체계에도 많은 변화가 이루어졌다. 특히, 전자 구성품의 증가와 다양한 기능을 갖는 소프트웨어의 적용은 무기체계의 정밀도를 획기적으로 높이는 긍정적인 효과를 가져온 반면, 야전에서의 정비를 어렵게 하는 주요 원인이 되었다. 오늘날 무기체계에서 소프트웨어의 비중이 증가하고 장비의 기술적 수명이라는 새로운 요소가 등장하면서 기존의 획득 모델을 적용하기에는 부적합한 새로운 무기체계가 다수 등장하고 있다.

세계 각국은 소프트웨어가 차지하는 비중이 증가하는 추세를 반영하고 빠른 기술 발전 속도에 대응하기 위해 새로운 획득 개념을 발전시키고 있다. 미국의 경우에는 무기체계의 발전 추세와 특성을 고려하여 6개의 획득 모델을 적용하고 있으며, 그 밖의 많은 국가가 자국의 실정에 맞는 독특한 제도를 창의적으로 운영하고 있다. 무기체계가 첨단화하고 기술 발전 속도가 빨라질수록 이러한 경향은 더욱 심화할 것이다. 따라서 과거에 설계된 하드웨어 중심의 무기체계 획득 모델로는 효율적인 무기체계의 획득 관리가 불가능해지고 있다.

우리가 무기체계의 특성 변화와 기술 발전에 대응하기 위해서는 무기체계의 발전 추세와 기술적 특성, 획득 소요기간 등을 고려하여 획득 기간의 단축과 반복적 성능개량이 가능하도록 유연한 획득 모델을 발전시켜야 한다. 획득 모델은 무기체계의 특성에 맞게 적용할 수 있을 뿐만 아니라 발전하는 기술을 신속히 수용할 수 있어야 한다. 미국의 6개 획득 모델 중 하나인 신속획득 모델은 처음에는 작전사령관의 작전·전술적 요구를 신속히 충족시키기 위한 목적으로 도입했으며, 이후 그 목적을 확대하여 우수한 기술을 신속하게 적용하기 위한 목적으로도 운영하고 있다. 또한, 신속획득 모델의 실효성을 높이기 위해 DIU^{Defense Innovation Unit[63]}, RIU^{Rapid Innovation Fund[64]}, FCT^{Foreign Comparative Test[65]} 등

---

63 DIU는 미군이 새로운 상용 기술을 신속하게 적용할 수 있도록 돕기 위해 설립된 국방부의 산하 조직이다.

64 RIF는 혁신적인 기술을 보유한 미국 내의 중소기업이 국방 요구를 충족하는 프로그램에 신속하게 진입할 수 있도록 협업 수단을 제공하기 위한 제도이다.

65 FCT는 높은 기술준비수준(TRL, Technology Readiness Level)을 가진 동맹이나 우방국의 장비와 기술을 시험과 검증을 통해 국방 요구사항을 빠르고 경제적으로 충족시키기 위한 제도이다.

여러 가지 방법을 적용하고 있다. 우리도 신속획득 모델을 발전시키기 위해 노력하고 있지만, 현재의 제도 운영과 노력이 무엇을 위한 것인지, 그 목적을 다시 되짚어보고 정비할 필요가 있다.

이외에도 우리의 획득제도는 경직성이 높아 효율적인 운영과 사업관리가 어렵고, 자율성을 지나치게 제한한다는 평가가 있다. 획득업무는 소요군, 국내외 방위산업체, 연구개발기관 등 여러 기관이 참여하는 매우 복잡한 과정을 거쳐야 한다. 그러므로 획득업무는 업무 단계마다 관련 기관과의 협력이 필수적이며, 각 기관 간의 협력을 통해 시너지 효과를 발휘할 수 있어야 한다. 그러나 현재의 체제 하에서는 각 기관 간의 협력이 어려울 뿐만 아니라, 일방적인 지시나 간섭, 업무 회피, 떠넘기기 등과 같은 부적절한 행위들이 업무 수행에 부정적인 영향을 미치고 있다. 이러한 업무 체제와 관행은 업무의 자율성과 융통성을 저해할 뿐만 아니라, 중요한 정책의 집행이나 예산 운영에도 심각한 장애요소로 작용하고 있어 전면적인 개선이 요구된다.

(2) 획득업무의 개선

획득업무의 효율성을 높이기 위해서는 관련 기관 간의 협력을 촉진하고, 명확한 권한과 책임의 분산을 통해 투명성과 효율성을 높이려고 끊임없이 노력해야 한다. 특히, 획득 분야에서 방산 비리를 근절한다는 이유로 감사와 수사를 남발하고, 책임을 회피하기 위해 훈령을 세분화하거나 예하 기관에 작위적으로 업무를 위임하는 등 책임을 떠넘기는 잘못된 관행은 사라져야 한다. 감사를 할 때는 이슈화되는 특정 사업의 문제점을 조사하여 진단한 후 향후 발전 방향을 모색하는 경영진단형

감사를 해야 하며, 감사를 통해 부적절한 행위와 비리가 발견되면 징벌적 조치를 취하면 될 일이다. 특히, 획득 분야에서 강조하는 업무의 투명성과 효율성, 비리 근절 등은 통제와 제재, 처벌 위주의 제도만으로는 해결할 수 없다. 투명성과 효율성은 권한의 분산과 상호 견제가 가능한 환경에서 개방적 의사결정체제, 상호 존중 문화, 협력과 창의가 존중될 때 증진될 수 있다. 또한, 특정 기관 또는 개인이 수행할 수 없거나 수행하기에 부적절한 업무는 각 기관의 역할과 기능에 맞게 책임과 권한을 조정해야 하며, 이양받은 기관은 업무를 효과적으로 수행할 수 있도록 업무를 재설계해야 한다. 그래야만 업무의 책임 소재를 명확히 규명할 수 있고, 업무의 추진 능력과 효율성을 높일 수 있다. 따라서 각 기관의 임무와 기능을 재정립하고, 그에 따른 책임과 권한을 배분하는 제도를 발전시키는 것은 국방개혁의 중요한 과제 중 하나가 되어야한다. 그러나 지금은 기관 간의 업무 한계와 각 기관의 정체성이 점점 더 모호해지고 있다.

획득정책은 국내 방위산업을 육성하고 획득사업을 통해 국내 기업이 더 많이 수익을 창출할 수 있도록 개선되어야 한다. 획득정책이 통제하기 쉬운 국내 기업에는 가혹하고 통제 불가능한 국외 기업에는 관대하거나, 국내 방위산업 육성을 강조하면서 규제를 늘리는 것은 바람직하지 않다. 국내 기업에게 불리한 획득정책을 수립하면서 국내 방위산업을 육성하겠다는 것은 말장난에 불과하다. 모든 국가가 자국의 방위산업을 육성하고 기술력을 강화하기 위해 노력하고 있으며, 자국의 이익을 우선하는 획득제도로 개편하고 있다. 그 대표적인 것이 선진국의 기술통제 강화, 후발국의 국산화 추진과 자국 내 생산·기술이전 요구 및 오프셋$^{off\ set}$ 정책 강화 등이다. 우리도 국익의 관점에서 획득제도를 발전시켜왔으나, 현시점에서는 통제와 제재 위주의 경직된 획득정책으로 인해 부정적 영향이 많이 나타나고 있다. 심지어 국내에서 적용되는 획득정책 간의 충돌 사례도 발생하고 있다. 따라서 현시점에서는 국내 방위산업을 육성하기 위한 실효적인 정책 개발과 좀 더 정교하고 전략적인 노력이 필요하다.

물론, '방산 비리'는 반드시 뿌리를 뽑아야 한다. 그러려면 비리^{非理}와 부실^{不實}의 차이가 무엇인지, commission fee와 rebate fee의 차이가 무엇인지 먼저 정확히 이해해야 한다.[66] 획득업무와 방위산업을 이해하려면, 무기체계가 무엇인지, 무기체계의 발전은 어떤 과정으로 이루어지는지, 무기체계에서 명품이란 무엇이며 어떻게 탄생하는지, 연구개발의 특성은 무엇이며, 성실 실패를 어떻게 정의할 것인지 등에 대해 심층 깊게 검토해야 한다. 모든 문제를 '비리'라는 부정적 관점에서 접근한다면, 조직의 경직성은 높아지고, 국익을 바탕으로 책임감 있게 정책을 수립하고 집행하는 사람은 찾아보기 힘들게 될 것이다. 우리의 획득제도가 통제와 제재 위주의 경직된 업무 구조로 인해 국익에 기반한 전략적 결정, 소신 있는 업무 추진, 효율성 개선 등과 같은 업무 수행 과정에서 장려해야 할 긍정적 요소가 말살되는 결과를 가져온다면, 큰 국가적 손실을 초래할 뿐만 아니라 획득업무 전반에 부정적 영향을 끼

---

[66] 비리란 "올바른 이치나 도리에서 어긋나는 일"을 의미하고, 부실이란 "내용에 실속이 없거나 충실하지 못함"을 의미한다. 우리는 부실조차도 비리로 몰아붙이는 경향이 있다. 또한, commission fee는 "정상적인 상업 계약에 의해 용역과 서비스를 제공하고 받는 수수료", rebate fee는 "금액의 일부를 돌려받는 대가성 금전 수수"를 의미한다. rebate fee는 영향력 있는 자가 음성적으로 돌려받는 black rebate fee와 공공사업을 목적으로 계약을 통해 돌려받는 white rebate fee가 있다.

치게 될 것이다.

비리를 근절하는 가장 바람직한 방안은 투명성을 높이고 상호 존중하고 협력하는 업무 관행을 정착시키는 것이다. 통제와 제재만으로 모든 문제를 해결할 수는 없다. 또한, 업무에 대한 감사와 수사가 일상이 되어버린다면, 업무의 활력은 떨어지고 적극적이고 자율적인 업무 수행과 창의성 발휘는 요원해진다. 특정 기관에 권한이 집중되면, 권한의 독점과 폐쇄적 업무 수행으로 오류와 시행착오, 비리 발생 가능성이 증가한다. 더군다나, 권한을 가진 기관의 전문성이 우수하지 않으면 그 분야의 발전은 기대할 수 없다. 만약 권한과 책임이 분산되고 상호 견제가 가능한 시스템이 구축되면 업무 추진에 다소 시간이 더 걸릴지라도 투명성은 높아지고, 시행착오 가능성은 현저히 줄어든다.

따라서 투명성을 높이기 위해서는 권한과 책임의 배분, 관련 기관 간의 상호 견제 등이 이뤄질 수 있도록 제도를 정비하고, 개방적인 업무 수행 구조와 문화를 조성하는 것이 훨씬 효과적이다. 또한, 상호 존중하고 협력하는 업무 관행과 문화는 업무 수행의 부정적 요소를 일소掃하고 긍정적 요소를 확산시키는 결과를 가져올 것이다. 선진국의 경우 정부 기관과 군, 산업체 등이 긴밀하게 협력하고 서로 인력을 파견하는 등 유연한 체계를 가지고 있는 이유를 잘 이해해야 할 것이다. 비리와 부정은 긍정적 업무 관행의 정착, 투명하고 공정한 사업 추진, 건강한 내부고발제도, 징벌적 처벌 등을 통해 경각심을 일깨워주는 노력이 끊임없이 지속되어야 근절할 수 있다.

모든 시스템과 업무는 다층적 의사소통과 협력을 통해 발전되어야 한다. 모든 조직에서 소통을 강조하는 이유가 무엇인가를 깊이 생각해야 한다. 공개적인 경쟁도 대기업에게 일방적으로 유리하거나 오로지 가격에 의해 결정되는 구조는 바람직하지 않다. 현재의 제도는 재무 건전성, 기술력, 과거 실적과 협력업체 수, 제안 가격 등을 중시하고 있다. 이러한 제도 하에서는 중견기업이나 중소기업이 참여할 수 있는 여지가 전혀 없으며, 체계업체가 협력업체를 지정하여 줄 세우고, 사업 수주에 실패한 체계업체와 협력업체는 사업에서 완전히 배제되는 수직적 업무 구조와 사업 관행에서는 발전적인 방위산업 토양이 만들어질 수 없다. 또한, 대기업 주도의 체계사업은 장점이 있으나, 새로운 체계업체의 진입을 차단하는 부정적인 측면도 함께 작용하고 있다. 물론, 체계업체가 대기업인 경우와 중견기업 또는 중소기업인 경우는 사업 관리의 위험이나 실패 가능성, 실패 시 극복 노력 등이 현저하게 차이가 날 수밖에 없다. 그렇다고 하더라도 새로운 체계 업체의 등장 가능성마저 차단하는 것은 바람직하지 않다. 중견기업이 체계사업에 뛰어들려면 정부의 정책적 신뢰도뿐만 아니라 기존 체계업체의 견제가 더 큰 걸림돌로 작용하는 것이 현실이다. 따라서 이 부분도 개혁과제로 선정하여 줄세우기식의 업무 관행을 타파할 수 있는 가장 효율적인 방안이 무엇인지를 고민하고, 국내 방위산업과 기술 발전을 촉진할 수 있는 획득정책을 수립해야 한다. 우리의 획득정책이 답보상태를 면치 못하는 것은 전문성이 없고, 해법을 찾으려는 노력이 부족하기 때문이다. 모든 문제는 반드시 해법이 있다. 해법을 찾느냐 찾지 못하느냐는 전문성 유무와 개선하려는 의지가 있느냐 없느냐에 달려 있다.

5
/
실전적 훈련체제로의
변환

(1) 실전적 훈련이란 무엇인가

실전적 훈련의 중요성

설사 첨단무기로 무장한다고 하더라도 그 우수한 성능을 운용자가 자신의 능력으로 내재화하지 못한다면, 첨단무기의 확보는 아무런 의미가 없다. 국방개혁을 다루면서 실전적 훈련의 문제를 다루어야 하는 이유는 바로 이 때문이다. 실전적 훈련이란 "인위적으로 실전과 유사한 환경을 조성 또는 묘사描寫하여 전장에서 발생할 수 있는 다양한 상황에 적응하기 위한 행동과 조치 절차의 반복 숙달을 통해 개인 또는 부대의 전투 역량을 연마하는 제반 행위"라고 정의할 수 있다. 실전적 훈련은 배치된 무기체계의 성능 및 기능과 조직 편성 개념의 이해로부터 출발해야 한다. 편제된 무기체계에 대해 올바로 이해하지 못하면, 무기체계의 능력을 제대로 활용할 수 없을 뿐만 아니라 자신의 능력으로 내재화할 수 없다. 또한, 조직 편성 개념을 이해하지 못하면 무기체계를 제대로 운용하기 어렵고 조직의 전술적 능력을 발휘하기 어려우며, 상하 제대 및 관련 지원 조직, 기능 간의 협동을 추진하기도 어렵다.

　모든 군대는 전장 환경에 대한 적응력을 배양하기 위해 실전적 훈련을 강조한다. 실전적 훈련을 강조하는 이유는 전장 상황에 얼마나 빠르게 적응할 수 있느냐의 여부에 따라 전장에서의 혼란을 최소화하고 잠재된 능력을 최대한 끌어낼 수 있기 때문이다. 잘 훈련된 군대는 개전 초기의 혼란을 빠르게 수습하고 전장 환경 변화에 신속히 대응할 수 있지만, 그렇지 못한 군대에는 전장 환경 변화에 적응하는 데 많은 시간이 필요할 뿐만 아니라 커다란 희생이 뒤따를 위험이 다분하다.

실전적 훈련의 추진

실전적 훈련은 전장에 대한 적응성을 향상하기 위한 것으로, 가능한 범위 안에서 실전에 근접한 환경과 상황을 묘사하여 숙달해야만 전장에서의 적응력을 효과적으로 키워나갈 수 있다. 실전과 유사한 훈련 상황을 조성하는 효과적인 방법은 야전에서 편제 장비와 병력이 모두 참가하여 활성 교보재를 대량 투입함으로써 실전에 최대한 근접한 상황을 조성하는 것이다. 대표적 것이 야외기동훈련과 전투사격이다. 그러나 야외기동훈련은 도시화의 진전, 교통 혼잡, 소음 발생, 민간 활동과의 중첩에 따른 폐해 유발 등으로 인해 점차 제한되고 있으며, 전투사격은 사격장 확보의 어려움과 소음 민원, 안전 등의 이유로 어려움이 가중되고 있다. 그렇다면 실전에 대한 적응력을 어떻게 키울 것인가? 먼저, 실전적 훈련의 우수 사례와 부적절한 사례를 살펴볼 필요가 있다.

　실전적 훈련의 우수 사례로는 주한 미군의 사례를 들 수 있다. 경기도에 가면 주한 미군 사격훈련장이 있다. 이 사격훈련장은 1983년경 국내 모 중견기업이 수주하여 건설한 시설로, 지속적인 보완 과정을 거쳐 오늘에 이르고 있다. 이 사격훈련장에는 250여 개의 고정표적, 돌연突然표적, 접근표적, 퇴각표적, 사선이동 등 다양한 형태의 표적이 설치되어 있으며, 화기의 특성에 맞게 표적의 크기와 형태가 다양하게 설정되어 있다. 또한, 이 사격훈련장은 전투 장비의 주·야간사격이 가능한 복수의 열상 표적을 중첩 설치하며, 표적의 오작동을 방지하기 위해 380V 교류 전류로 작동하는 방식을 채택하고 있다. 이러한 체계는 신뢰도가 매우 높을 뿐만 아니라 표적의 오작동이 거의 발생하지 않아 사격훈련에서 흔히 발생하는 표적 보수 또는 재설치 등으로 인한 시간 지연을 최소화할 수 있어 훈련 효과가 매우 높다. 훈련부대장이 주어진 지형 조건에서 적의 상황을 예상하고 훈련 시나리오를 구상하여 프로그래머에게 제공하면, 프로그래머는 지휘관의 훈련 시나리오와 유사하게 가상의 표적이 출현하도록 가용한 표적을 작동한다. 전투차량 승무원은 탄약을 적재하고 출발선에 도착하면, 인적 사항을 기록하고 확인한 후, 출발 신호와 동시에 전술적 기동을 하면서 출현하는 표적을 찾아 식별하고 표적 특성에 맞는 화기와 탄종彈種을 선택하여 제압사격을 실시한다. 사격을 마친 전투차량 승무원이 사격 종료 지점에서 안전 조치를 취한 다음 최초 출발선으로 복귀하게 되면 사격 결과에 대한 합격 여부를 판정받게 된다. 지휘관은 전투차량 승무원이 자주 과실을 범하거나 분석과 지도가 필요하다고 판단되는 특정 사격 국면에 대한 비디오 촬영을 요구할 수 있다. 촬영물은 주둔지에서 추가적인 원인 분석과 보완 훈련을 통해 오류를 교정하는 등 환류 과정을 거친다.

실전적 훈련의 부적절한 사례로는 1990년대 초반 보급된 개인화기용 야간사격장비 훈련을 들 수 있다. 실전에서의 야간사격은 야간 관측과 조준을 위한 장비의 유무有無에 따라 크게 달라진다. 야간 관측 및 조준 장비가 없으면 시각 또는 음향 관측을 통해 표적의 위치가 추정되는 방향으로 지향 사격을 할 수밖에 없다. 그러나 야간 관측 및 조준이 가능한 장비가 편성되면 편성 장비를 이용하여 정밀조준사격이 가능해진다. 과거에 야간 관측 및 조준이 가능한 장비가 보급되기 전의 야간사격은 50m의 거리에 표적을 설치하여 야간관측기법을 적용하여 표적을 탐지하고 표적 방향으로 지향 사격을 하는 매우 고전적인 방식을 적용했다. 1990년대 우리 군은 개인화기 야간사격 능력을 개선하기 위해 두 종류의 장비를 보급했다. 하나는 야간감시장비이며, 또 다른 하나는 야간표적지시기이다. 당시 이 두 장비는 분대장에게만 보급되었는데, 두 장비가 보급된 이후 야간사격 방법이 크게 개선되었다. 분대장이 야간감시장비로 표적을 탐지한 뒤 야간표적지시기를 이용해 예광탄을 표적 방향으로 조준사격하면 분대원들이 예광탄이 날아가는 방향으로 일제히 집중사격하는 방식으로 야간사격 방법이 바뀌었던 것이다.

야전에서는 이와 같은 방법으로 훈련하고 있는데도, 예하부대를 평가하는 상급부대는 예하부대에 어떤 장비가 새롭게 배치되어 어떻게 훈련하고 있는지 모르고 과거의 방식대로 예하부대를 평가했다. 그러다 보니 신형 장비가 보급되었음에도 불구하고 예하부대는 평가를 잘받기 위해 과거의 방식으로 훈련할 수밖에 없는 촌극이 벌어졌다. 이러한 현상은 또다시 발생해서는 안 된다. 아마도 가까운 미래에는 야간

관측 및 사격이 가능한 장비가 모든 병사에게 보급되어 전투원 모두가 야간에도 주간처럼 정밀조준사격이 가능할 것이다.

앞의 사례에서 보듯이, 훈련의 출발점은 전투장비에 대한 올바른 이해로부터 시작되어야 하며, 전투장비의 성능이 변화되면 새로운 훈련장비의 개발과 훈련장의 개선이 함께 이루어져야 한다. 그뿐만 아니라 적 또한 꾸준히 발전을 도모하기 때문에 적의 능력 변화에 대해 파악하고 이해하는 것도 매우 중요하다. 전장에서 적을 이해하는 것은 아군의 능력을 이해하는 것 못지않게 중요하기 때문이다. 따라서 부대는 사격훈련이든, 시뮬레이션 기법을 이용한 훈련이든 간에 피·아 강·약점을 활용할 수 있도록 훈련 전에 아군과 적의 능력과 특성을을 제대로 이해해야 한다. 적의 능력과 특성을 이해하지 못하면 적의 위협에 대한 효과적인 대처 방안을 강구講究할 수 없으며, 아군의 능력과 특성, 운용 방법을 이해하지 못하면 전투 수행 역량을 키워나갈 수 없다. 『손자병법孫子兵法』에서 강조하는 "지피지기 백전불태知彼知己 百戰不殆"라는 격언은 시대를 관통하는 진리이다.

(2) 첨단 무기와 과학화 훈련

기술의 발전과 무기체계 첨단화

지난 100년 동안 이룩한 기술의 발전보다 지난 10년간 이룩한 기술의 발전이 훨씬 빠른 속도로 이루어졌으며, 앞으로 그 속도는 더욱 빨라질 것이다. 이러한 기술의 혁신은 21세기를 살아가는 우리에게 많은 변화를 요구하고 있으며, 군도 이러한 흐름에서 예외일 수 없다. 급속도로 발전하는 과학기술, 특히 사물인터넷, 클라우드 컴퓨팅, 빅데이터, 모바일 기술은 이미 군사 분야에서 광범위하게 활용되고 있으며, 전투 수행 방식에도 많은 영향을 주고 있다.

기술의 발전으로 인해 무기체계에서 차지하는 전자부품과 센서, 소프트웨어의 비중은 급격하게 증가하고 있다. 이러한 변화는 전술적 통제 방법과 수단, 정비 개념, 보급제도, 수송 개념 등의 변화를 초래하여 군구조 전반에도 큰 영향을 미치고 있다. 우리는 국방개혁을 추진하는 과정에서 이러한 흐름을 잘 이해하고, 우리의 능력과 지향 방향에 부합하는 것들을 잘 취사선택^{取捨選擇}하여 유사시 승리할 수 있는 기술적 기반을 닦아나가야 한다.

오늘날, 기술적 격차는 군사적 우위를 점유하는 중요한 요인이 되고 있다. 군사적 측면에서는 가능한 한 많은 부대에 우수한 첨단무기를 많이 배치하면 좋겠지만, 국가의 자원은 한정되어 있다. 그뿐만 아니라 무기의 첨단화가 모든 군사적 문제를 해결해주는 것은 아니다. 우수한 무기체계의 확보만큼 보유 무기체계를 효과적으로 운용할 줄 아는 능력도 중요하다는 것을 잊어서는 안 된다. 첨단 무기체계는 전장에서 대단히 유용한 역할을 한다. 군사력은 우월한 적과의 기술적 격차가 크면 클수록 훨씬 더 큰 폭의 수적 우위를 유지해야 하고, 차별화된 운용 방법을 발전시켜야 하므로 상대적인 위협을 고려한 적정 수준의 첨단무기 보유가 필요하다. 이처럼 군사력은 일정 수준의 첨단화를 추구하되, 보유 무기체계의 꾸준한 성능개량을 통해 기술 격차를 줄여나가는 노력을 동시에 추구해야 한다.

무기체계의 전력화와 과학화 훈련

군은 새로운 무기체계의 전력화와 함께 무기체계의 능력을 내재화하기 위한 노력을 게을리해서는 안 된다. 무기체계 운용 능력은 훈련을 통해 개인과 팀, 부대의 능력으로 전환되어야만 발휘할 수 있다. 그러므로 신형 무기체계의 전력화와 훈련장, 훈련용 교보재의 개선은 기획 단계에서부터 하나의 묶음으로 추진하는 것이 효과적이다. 왜냐하면 기획 담당자가 대상 무기체계의 운용 개념과 능력, 제한사항을 가장 잘 알 수 있기 때문이다.

1970년대의 M48 전차가 훈련하던 훈련장에서 2000년대 전력화된 K1A1 전차가 훈련한다면 K1A1 전차의 능력에 맞는 훈련 효과를 달성할 수 없다. 1970년대 정지상태에서 사격하는 90밀리 전차포를 탑재한 M48 계열 전차에 맞춰 만들어진 사격장에서 2000년대 기동간 사격이 가능하고 헌터-킬러Hunter-Killer 개념[67]을 적용하는 105밀리와 120밀리 전차포를 탑재한 K1, K1A1, K2 전차가 훈련하는 것은 부적절하다. 그 이유는 M48 전차와 K1A1 전차의 능력과 적을 제압하는 방식이 근본적으로 다르기 때문이다. M48 전차와 K1A1 전차는 운용 개념과 유효사거리, 표적 구현 및 식별 방식, 사격 방식, 적용하는 전투기술 등 모든 면에서 차이가 있다. 미군이 전투발전 7대 요소, 즉 교리[D], 편성[O], 훈련[T], 장비·물자[M], 리더십[L], 인적 자원[P], 시설[F] 등을 패키지로 검토해야 함을 강조하는 이유도 바로 여기에 있다.

---

67 헌터-킬러(Hunter-Killer) 개념이란 전차장이 표적을 탐지해서 포수에게 인계하고, 전차장은 제2의 표적을 탐색하며, 동시에 포수는 표적을 인수받은 즉시 제압하는 방식이다. 여기서 전차장은 헌터(Hunter), 포수는 킬러(Killer)가 된다.

앞에서 언급한 바와 같이, 미군은 1980년대부터 새로 전력화된 M1 전차를 현대화된 사격장에서 무기체계의 능력에 맞게 전장 상황과 유사한 조건을 설정하여 훈련하고 있다. 이에 반해, 우리는 미군과 유사한 성능의 신형 전차를 운용하면서도 1970년대와 유사한 표적 구동 방식, 인력에 의한 표적 설치 방식, 구태의연한 사격훈련 방식 등을 그대로 적용해 훈련을 하고 있다. 이는 신형 장비의 전력화를 추진하면서 시뮬레이터simulator와 같은 일부 과학화 훈련 장비를 확보하고 있으면서도, 장비의 성능에 맞게 실전적 훈련을 할 수 있도록 사격훈련장을 개선하지 않아 빚어진 결과이다. 또한, 이는 우리가 신형 장비를 배치하면서 미군처럼 전투발전요소를 충분히 검토하지 않아서 빚어진 결과이기도 하다. 그러므로 총체적 관점에서 신형 무기체계 운용 방안을 검토하지 않으면 누락 요소가 발생할 수 있음은 물론, 신형 장비의 배치 효과를 기대하기도 어렵다.

훈련기법의 발전

오늘날, 기계, 전자, IT, 컴퓨팅, 빅데이터, 네트워크 기술은 각각의 영역을 넘나들면서 이종異種 기술 간의 융합을 통해 과거에 이론적으로나 가능했던 개념과 기능을 구현하고 있다. 이러한 과학기술의 발달에 따라 실전과 유사한 상황을 조성하여 훈련할 수 있는 다양한 기법이 등장하고 있다. 실제 병력이 기동하는 야외 훈련Live과 컴퓨터로 만드는 가상환경에서 실제와 유사한 상황의 구현Virtual, 컴퓨터 모의Constructive 등을 결합한 LVC 훈련 기법 등은 이미 많은 국가가 다양한 훈련에서 폭넓게 활용하고 있다.

우리도 군 훈련에 활용할 수 있는 다양한 기술을 보유하고 있다. 이러한 기술들은 개인 훈련뿐만 아니라 소부대 훈련부터 대부대 훈련에 이르기까지 다양한 훈련에 적용할 수 있는 훈련 기법을 개발하는 데 활용할 수 있다. 전투 능력은 컴퓨터 기반 훈련Computer Based Training, 시뮬레이터simulator 등의 과학화된 도구를 활용하여 개인 훈련에서 출발하여 팀워크team work를 키우는 팀 또는 부대 단위 훈련을 거치면서 통합되고 완성된다. 참모조직을 갖는 대대급 이상 제대는 실제 기동, 가상현실, 컴퓨터를 활용한 모의 등을 결합함으로써 훈련 효과를 높일 수 있다. 이처럼 교육훈련은 발전하는 기술을 융합하여 훈련 효과를 높이고, 실전에 근접한 상황 묘사를 통해 실전 적응력을 키우는 것은 물론, 효과성을 높이기 위한 다각적인 노력이 시도되고 있다.

개인 훈련은 개인 장비 숙달을 위한 과학기재를 제작하여 훈련하는 방법과 컴퓨터 그래픽, 애니메이션 기법 등을 활용하여 가상 환경을 묘사하는 컴퓨터 기반 훈련, 시뮬레이터 등 다양한 훈련 기법이 개발되고 있다. 전차 및 보병전투차량 승무원의 팀 훈련은 실제 지형을 축소한 모형 환경에서 대체 화기를 이용한 축소사격, 컴퓨터와 가상현실 기법을 활용한 시뮬레이터 등 다양한 기법을 활용하고 있다. 부대 훈련은 팀 구성원 간의 협동심을 길러주기 위한 모의 훈련 장비, 참모조직을 가진 제대의 지휘관과 참모의 전술적 조치 숙달을 위한 전투지휘훈련BCTP, Battle Command Training Program 기법 등을 활용하고 있다. 전투지휘훈련은 제대의 규모와 성격에 맞는 프로그램을 맞춤식으로 개발하여 사용하고 있다. 전투지휘훈련은 적 상황과 훈련 지역을 임의로 설정할 수 있을 뿐만 아니라, 필요에 따라 부분 또는 전체 상황의 반복적 구현과 이미 실시한 훈련의 재현 등이 가능하다. 전투지휘훈련은 유용한 도구이지만, 자칫 과신하거나 잘못 운용하면 컴퓨터 게임으로 전락할 수 있으므로 유의해야 하며, 부족한 부분을 식별하여 야외기동훈련을 통해 보완해야 한다.

미국의 국립훈련센터NTC, National Training Center와 우리의 과학화전투훈련단KCTC, Korea Combat Training Center처럼 야외에서 전문 대항군과 훈련부대 간에 이루어지는 전술 행동에 대한 실전적 묘사와 평가도 가능해지고 있다. KCTC에서 시행하는 훈련은 워게임 기법을 활용한 전투근무지원훈련 등 새로운 기능을 추가해 개선함으로써 훈련 상황을 보다 효과적으로 구현할 수 있게 될 것이다. 또한, AI 기법을 활용하여 수집된 훈련 데이터를 분석하고 활용한다면 훈련 성과를 높일 수 있을 뿐만 아니라 주요 무기의 활용 방안도 개선할 수 있을 것이다. 향후 기술의 발전 덕분에 지상·해상·공중·사이버공간·우주공간 중 2개 영역 이상의 다차원 상황 묘사는 물론이고, 훈련 효과를 높이기 위한 다양한 시도가 가능해질 것이다.

훈련장비의 개발

우리는 무기 운용 방법을 숙달하고 부대의 전술적 역량을 키워나가기 위해 전장과 유사한 환경에서 어떻게 훈련할 것인지에 대해 끊임없이 숙고해야 한다. 첨단 장비가 전력화된다고 하더라도 무기체계에 대한 충분한 이해와 정교한 훈련 기법이 뒷받침되지 않으면, 첨단 장비의 전력화 효과는 기대할 수 없다. 변화하는 전장 환경과 전쟁 양상에 적응하기 위해서는 무기체계 개발과 함께 첨단 장비의 성능을 구현하고 숙달 정도를 평가할 수 있는 기법과 교육훈련 장비를 개발해야 한다. 첨단 장비를 전력화한 다음에 교육훈련 장비를 개발하는 것은 비효율적이다. 그러므로 무기체계 개발 과정에서 시험평가를 위한 장비와 기법을 개발하는 것과 마찬가지로, 무기체계 개발과 함께 훈련 개념과 훈련 장비 및 기법을 개발해야 한다. 그래야만 개발한 무기체계의 특성과 그 무기체계에 적용된 기술을 훈련 장비와 기법에 즉각 반영해 활용할 수 있다. 이것이 전투발전요소를 모두 고려한 총체적 관점에서 무기체계와 훈련장비, 훈련기법을 동시에 발전시켜야 하는 또 하나의 이유이기도 하다.

전장에서는 충분히 숙달하지 않은 첨단 장비보다 덜 첨단화되더라도 충분히 숙달된 무기체계가 훨씬 더 유용할 수 있다. 첨단 무기체계를 제대로 운용할 능력이 없으면서 첨단 무기체계의 확보를 주장하는 것은 휴대폰에 다양한 기능이 있음에도 뻔한 기능밖에 사용할 줄 모르면서 최신 휴대폰에 욕심을 내는 것과 다르지 않다. 군은 첨단 무기체계의 확보와 아울러, 기존 무기체계의 성능개량을 꾸준히 추진하여 운용 중인 전투 장비의 기술적 격차를 줄이기 위한 노력을 함께 경주해야 한다. 기술의 활용은 분명한 이점을 제공하지만, 전장에서 나타나는 모든 문제를 해결할 수 없으며, 많은 경우 기술에 의존하는 것보다 전술적 해결방안을 모색하는 것이 훨씬 빠르고 효과적일 수 있음을 잊지 말아야 한다.

(3) 교육훈련 여건의 개선

교육훈련과 보조재료

교육[68]과 훈련[69]은 통상 붙여서 하나의 단어처럼 사용하거나 각각 분리해서 사용하기도 한다. 그러나 사전적 의미를 되새겨보면 교육은 이론의 측면을, 훈련은 숙달의 측면에 좀 더 비중을 두고 있음을 알 수 있다. 군에서 사용하는 교육이라는 용어는 이론 교육과 기초적 조작 숙달을 통해 개인의 지식이나 기술을 습득하는 것이며, 훈련이라는 용어는 각 개인이 습득한 지식과 기술을 팀 또는 부대 단위의 능력으로 발휘할 수 있도록 융합하고 숙달하는 활동이다. 이러한 관점에서 본다면, 교육은 개인의 이론적 지식을 쌓고 지급된 장비의 조작 능력을 키우기 위한 것이며, 훈련은 교육을 통해 습득된 개인의 지식과 기술을 고도화시키기 위해 반복해 숙달하고 개인의 능력을 조직의 능력으로 통합하는 과정이다. 그러므로 교육도 보조재료가 필요하고, 훈련도 보조재료가 필요하다.

교육과 훈련 과정에서 보조재료는 이론을 습득하고 작동 원리를 이해함은 물론, 지식 습득과 반복 숙달 등을 통해 운용 능력을 고도화하고, 각 개인이 습득한 지식과 기술을 팀 또는 부대의 능력으로 통합하는 데 도움을 줄 수 있어야 한다. 교육훈련은 과거의 방법을 맹목적으로 답습하거나 주먹구구식으로 반복해서는 기대한 목적을 달성할 수 없으며, 과학화 기법을 활용해 효과를 높이기 위한 노력을 꾸준히 경주

---

68 교육: 지식과 기술 따위를 가르치며 인격을 길러줌.(표준국어대사전)

69 훈련: 무술이나 기술 따위를 가르치고 연습시켜 익히게 함. 일정한 목표 또는 수준에 도달하기 위한 실제 교육활동.(표준국어대사전)

해야 한다. 필자의 과거 경험에 의하면, 기존 훈련 방법의 반복적 답습보다는 과학적 기법을 적용한 보조재료를 활용하는 것이 교육훈련 효과가 더 높을 뿐 아니라, 달성된 훈련 수준이 오랫동안 지속되는 것을 확인할 수 있었다. 군의 간부는 개인과 부대가 습득한 군사 지식과 역량을 유지·향상해나갈 수 있도록 창의적인 훈련 방법을 개발하고, 구성원에게 학습 동기를 끊임없이 부여해야 한다.

군사력 운용 능력의 개발과 향상 노력

군사력 운용 능력을 배양하는 것은 군인의 기본 과업이자, 사명이다. 또한, 군사력 건설을 통한 무기체계의 획득은 하드웨어 수단을 확보하기 위한 것이며, 교육훈련은 군사력 운용 능력을 습득하고 숙달하기 위한 활동이다. 군사적 능력은 하드웨어 요소와 소프트웨어 요소가 유기적으로 결합될 때 발현되며, 두 요소의 결합은 교육과 훈련을 통해 완성된다.

우리는 군사력 건설 과정에서 신규 무기체계의 획득과 더불어 신규 무기체계가 배치되는 부대를 위한 교육훈련계획을 함께 수립해야 한다. 과거, K1 전차가 새로 배치되면서 K1 전차에 관한 교육훈련계획이 전혀 반영되지 않아 어려움을 겪었던 기억이 있다. K1 전차 배치 6개월 전부터 K1 전차에 관한 교육훈련계획을 반영하기 위해 상급부대의 문을 두드렸지만, 돌아온 답은 배정된 예산이 없으므로 먼저 배치된 부대에 가서 알아서 배우라는 것이었다. 700억 원이 넘는 신형 장비를 배치하면서 불과 2,000~3,000만 원밖에 들지 않는 교육훈련계획을 반영하지 않아 먼저 장비를 배치받아 운용하는 부대로부터 왜곡된 내용을 전수傳受받아서 숙달해야만 했다.

미군은 신형 장비를 배치할 경우, 사전에 교육훈련팀이 부대에 도착하여 구형 장비를 한 장소에 모아놓은 후 신형 장비를 지급한다. 그런 다음 투입된 교육훈련팀은 신형 장비를 수령受領하는 부대를 대상으로 신형 장비의 특성과 기능, 조작 방법, 전술적 운용 등을 1개월여의 기간 동안 가르치는 전문교육과정을 운영한다. 신형 장비에 관한 전문교육과정이 끝나면, 신형 장비의 조작 및 숙달과 부대 단위 전술훈련 수준을 평가하여 운용 능력을 점검하고, 구형 장비와 관련 부수 장비 및 물자를 회수하여 철수한다.

우리 군의 방식과 미군의 방식 중 어느 것이 더 효율적인가는 더 논할 필요가 없다. 우리는 신형 장비를 전력화하는 과정에서 신형 장비가 배치되는 부대의 입장을 좀 더 세심하게 배려할 필요가 있다.

개인의 전기戰技 연마를 위한 훈련 보조재료는 장비의 기능 조작 위주로 구성하므로 누구나 간단한 아이디어만으로도 제작해 활용할 수 있는 여지餘地가 있다. 팀 단위의 숙달을 위한 보조재료는 영상 기술과 컴퓨터 관련 기술 등을 조합하여 구현함으로써 다양한 상황과 조건에서 팀에게 요구되는 전술·전기를 효과적으로 연마할 수 있다. 개인의 임무와 내부 조직 간의 협동 절차 숙달이 요구되는 참모조직을 가진 대대급 이상 제대는 야외기동과 시뮬레이션simulation 등을 결합하여 훈련 효과를 증대시킬 수 있다. 군은 신규 무기체계의 전력화에 못지않게 교육훈련 보조재료의 개발과 적용을 위해 끊임없이 고민해야 한다. 그렇지 않으면 요망要望하는 군사력 건설 효과를 구현할 수 없을 뿐만 아니라, 현재의 능력을 유지하거나 향상시키기 어렵다.

군사력 운용 능력을 갖추기 위해서는 반드시 야외에서 전장 상황을 묘사해 실시해야 하는 훈련이 있다. 그 대표적인 것이 사격훈련이다. 각종 화기의 사격훈련은 화기의 사거리와 위력 등을 고려하여 충분한 공간을 확보해야 한다. 현실적인 제한으로 인해 야외에서 훈련을 할 수 없는 경우에는 보조재료를 이용하여 이를 보완하는 방법을 검토해야 한다. 무기체계의 능력이 향상됨에 따라 실제로 야외에서 적용해볼 수 없는 분야가 점차 늘어나고 있으며, 도시화의 진전과 민원의 증가 등으로 인해 야외에서의 훈련 여건이 점점 악화되고 있는 것도 훈련을 제한하는 원인이 되고 있다. 이를 극복할 수 있는 한 가지 방안은 규격화된 훈련장에 장비를 배치하고, 훈련부대는 인원만 이동해서 훈련장에 배치된 장비로 훈련을 하는 것이다. 이 방안은 모든 경우에 적용할 수 없으므로 세부적인 검토가 필요하지만, 훈련을 제한하는 요인이 무엇인지를 식별하여 꾸준히 보완해가는 노력이 필요하다. 특히, 사격훈련은 무기체계의 능력 변화에 맞게 꾸준히 개선하는 노력을 기울이지 않으면, 신형 무기의 전력화 효과는 기대하기 어렵다.

신형 전차가 배치되면 그 신형 전차의 특성에 맞게 훈련할 수 있어야 하므로 그에 따라 훈련장도 개선해야 함은 불문가지不問可知의 사실이다. 이러한 문제들을 간과한다면, 신형 장비의 새로운 성능을 습득하기 위한 훈련을 할 수 없게 될 것이고 그로 인해 신형 장비의 전력화 효과는 현저히 저하될 수밖에 없다. 그러므로 군사력 건설과 관련한 업무를 수행하는 부서 또는 담당자는 이러한 요소들이 빠지지 않도록 세심하게 관심을 기울여야 한다. 또한, 신형 장비가 배치되는 부대의 지휘관은 배치 이전 단계부터 신형 장비에 대한 이해, 훈련, 운용을 위해 조치해야 할 사항이 무엇인지 식별하고 필요한 대책을 강구해야 한다.

군사적 능력을 향상하기 위해서는 이론을 학습하고, 조작 실습을 통해 무기체계의 기능을 익히고, 협동에 기초한 운용 절차를 반복해 숙달하며, 합동성을 강화하기 위한 절차를 정립하고 적용하는 등 많은 노력이 요구된다. 개인 숙달을 위한 보조재료는 비교적 단순한 기능을 구현하여 목표를 달성할 수 있지만, 팀 단위 숙달을 위한 보조재료는 좀 더 복잡한 구성과 더 많은 기능을 구현해야 한다. 참모조직을 갖는 제대는 참모 활동과 전장 기능 간 협업을 위해 다양한 역할을 결합해야 하므로 훈련 소요所要와 과제를 꾸준히 발굴하고 숙달해야 한다. 특히, 상위 제대로 갈수록 상·하·인접 부대와의 협조는 물론, 제병협동작전과 연합 및 합동작전을 위해 조직 내 기능과 이질적 조직 간의 협업 절차의 숙달이 필요하다. 그러나 참모조직을 가지고 있는 제대의 훈련은 실전과 유사하게 묘사하기 어려운 요소가 다수 잠재되어 있고, 훈련 효과를 측정하기도 어렵다. 물론, 전투지휘훈련BCTP과 같은 새로운 훈련 기법이 도입되면서 많은 부분을 묘사하고 있지만, 이것은 어디까지나 상대적 가치 평가에 의한 가상 수치에 기반한 것이어서 실전에서는 차이가 있을 수 있다는 것을 잊어서는 안 된다.

제6장

국방개혁 이후, 바람직한 우리 군의 모습

1

강군으로 거듭나기 위한
국방개혁의 성공을 위하여

우리 군은 1945년 해방 이후, 미 군정의 지원을 받아 소규모로 구성되어 임무를 수행해오다가 1948년 정부 수립과 함께 창설되어 1950년 6·25전쟁을 치르는 등 많은 난관을 극복해왔다. 1960년대와 1970년대의 군은 미국의 군사원조에 의존할 수밖에 없는 어려운 여건에서 북한의 비정규전 도발과 베트남전 파병 등을 통해 조국수호를 위해 헌신했으며, 문맹퇴치교육, 직업교육 등을 통해 국가 발전에 이바지했다. 또한, 우리 군은 1961년 5·16군사정변과 1980년 12·12사태 등 정치적 사건에 연루되어 군의 정체성에 대한 국민적 의심과 우려를 자아내는 상황에 내몰리기도 했다. 그럼에도 불구하고 군은 본연의 임무를 완수하고 정치적 중립을 확고히 지켜야 한다는 선배들의 전통을 지켜내기 위해 노력해왔으며, 수차례에 걸친 국방개혁을 통해 군을 혁신하고자 노력했다.

오늘날, 우리는 구한말^{舊韓末}의 격동기에 못지않은 격변의 시기를 맞이하고 있다. 2019년 9월 25일 서울 장충 아레나에서 열린 제20회 세계지식포럼 개막식에서 니얼 퍼거슨^{Niall Ferguson} 하버드대 교수는 "현재 미국과 중국 간 무역전쟁은 기술전쟁 단계를 넘어 이미 역사적으로 2차 냉전^{cold war}에 돌입했습니다. 2차 냉전 상황에서 가장 두려움을 느껴야 할 국가는 한국이라고 생각합니다"라고 경고했다. 우리는 미국과 중국이라는 거대 국가 사이에서 점점 양자택일을 강요받는 상황에 빠져들고 있다.

군을 혁신하고자 하는 노력은 노력 그 자체로 값어치 있는 일이지만, 그동안 추구한 목표가 무엇이었고, 과연 어떠한 성과를 달성했는지에 대해 되돌아보는 회고의 시간을 가질 필요가 있다. 물론, 그 회고의 시간은 강군^{強軍}으로 거듭나기 위한 또 하나의 과정이 되어야 하며, 더 나은 군의 미래를 만들어가는 디딤돌이 되어야 한다. 우리가 지난 사례에서 교훈을 찾아내서 반면교사^{反面敎師}로 삼을 수 없다면, 교훈을 찾아내는 것 또한 무의미한 일이 되고 말 것이다. 과거의 교훈을 분석하고 현재를 조명^{照明}하며 미래를 꿈꾸는 것은 언제나 의미 있는 일이다. 지금 우리는 국방개혁 2.0을 통해 국방 전반에 걸친 혁신을 추구하고 있다. 국방개혁은 국방 분야의 혁신을 통해 수준 높은 대비태세를 갖춘 강군으로 거듭나기 위한 것임이 분명하지만, 어떻게 추진하느냐에 따라 그 결과는 현저하게 달라진다.

모든 과업은 근본 목적을 잊어버리면 방향성을 잃게 되고, 목표를 달성할 수 없게 된다. 국방개혁은 '국방의 효율성과 미래 적응성을 높이기 위한 것'이라는 근본 목적을 잊어서는 안 되며, 공익적 관점에서 본래의 목적을 끝까지 견지堅持할 수 있어야만 궁극적으로 지향하고자 하는 목표를 달성할 수 있다. 제2차 세계대전 당시, 영국의 총리를 지낸 윈스턴 처칠Winston Churchill은 "과거와 현재가 싸우면 미래를 잃는다"라는 유명한 격언을 남겼다. 우리는 현재를 발판으로 해서 과거의 성공과 실패, 미진했던 원인에 관한 분석을 통해 교훈을 찾아내고, 새로운 미래를 창조하기 위해 지혜를 모아나가지 않으면 우리가 꿈꾸는 미래를 만들어갈 수 없다. 우리 군은 국방혁신을 기필코 이룩해냄으로써 국민으로부터 신뢰받고 어떠한 외부의 위협에도 맞서 싸울 수 있고 싸워 이기는 강한 군대로 거듭나야만 한다.

2 / 우리 군의 미래 모습

현재 추진하고 있는 국방개혁을 통해 우리 군은 어떤 모습으로 변해야 할까? 우리 군의 현재 모습은 '병력 위주의 대규모 군'이라는 의견이 대다수이지만, 상대적인 위협과 수행해야 할 임무 등을 고려하면, 꼭 그렇게 볼 수 있는 것만도 아니다. 우리 군은 120만의 북한군과 대치하고 있는 155마일 전선, 3면의 바다와 도서 및 해안선, 특정 지역과 시설 등에 대한 광범위한 경계 및 보호 임무와 더불어 국익 증진을 위한 해외 파병, 재해재난 지원 등의 임무도 함께 수행하고 있다. 이와 같이 다양한 임무를 수행해야 하는 군의 규모를 줄이기 위해서는 우선순위가 낮은 임무를 축소하고 운용 방법의 개선을 통해 효율성을 높이는 방법을 동시에 고려해야만 했다. 그러나 '국방개혁 2020'에 반영했던 해안경계 개념의 변경과 특정 경비구역에 대한 경계 임무 전환 등을 추진하는 과정에서 폐기하거나 시행 유보한 것은 아쉬운 일이 아닐 수 없다.

원론적으로, 군은 유사시 국가의 생존을 위협하는 내·외부 위협요인에 대해 능동적이면서도 효과적으로 대처할 수 있어야 하며, 규모는 크지 않더라도 효율성이 높고 우수한 전투 능력을 갖추고 있어야 한다. 우리 군의 미래 모습은 외형적으로 그럴듯해 보이는 군대보다는 내실 있고 단합된 강한 군대여야 한다. 그러려면 군으로서의 기본 임무 수행은 물론, 전장에서 실효성 있는 능력을 발휘할 수 있는 실사구시實事求是의 군대가 되어야 한다. 또한, 군은 창의와 합리적인 사고로 무장하고 일치단결하여 군 본연의 임무에 충실함으로써 국민으로부터 신뢰와 사랑을 받을 수 있어야 한다. 달리 표현하면, 미래 우리 군은 "싸워이기는 방법을 탐구하는 군대, 싸울 수 있도록 준비된 군대, 싸우면 이기는 군대"가 되어야 한다는 것이다. 그러려면 우리 군의 미래 모습은 〈표 10〉에서 제시한 것과 같아야 할 것이다. 〈표 10〉에서 제시한 첫 번째와 두 번째는 소프트 파워soft power를 위한 것이고, 세 번째는 하드 파워hard power를 위한 것이며, 네 번째는 내부적으로 탄탄하게 결속된 군대를 지향하기 위한 것이다.

〈표 10〉 우리 군의 미래 모습

1. 원칙에 충실한 군대
2. 군사이론 탐구와 창의력 배양을 위해 노력하는 군대
3. 편제 장비를 능숙하게 다룰 줄 아는 군대
4. 신뢰, 명예, 배려의 가치를 중시하는 군대

(1) 원칙에 충실한 군대

원칙이란 "기본이 되거나 여러 현상 또는 사물에 두루 적용되는 법칙 또는 원리"를 말한다. 조직이 정한 원칙은 누구나 지켜야 하는 집단의 규범으로서 상식에 근거해야 한다. 상식에서 벗어난 원칙은 공감을 얻을 수 없다. 하나의 원칙이 정립되려면 많은 시행착오나 토의와 검증을 통해 다듬어지는 과정을 거쳐야 한다. 원칙은 일상적으로 반복되는 과업을 수행할 때 나침반과도 같은 작용을 한다. 모두가 정해진 원칙에 따라 과업을 수행하면, 예측이 가능할 뿐 아니라 불필요한 지시나 점검 등을 줄일 수 있고, 잘못되어도 신속한 원인 파악이 가능하며, 잘못된 것을 바로잡기가 쉽다. 또한, 실행 과정에서 발생하는 혼란과 시행착오를 현저하게 줄일 수 있다.

군에서 원칙은 조직 내에서 일상적인 과업 수행이나 제도 운영 과정에서 습관적으로 반복되는 분야에 적용하는 것이 바람직하다. 군의 활동 중에서 반복적으로 이루어지는 과업은 전술적 운용보다는 병영 활동, 부대 운영, 장비 조작 등과 관련된 일이 대부분을 차지한다. 부대 운영을 위해 반복적으로 이루어지는 활동은 운영하는 과정에서 수시 검토를 통해 개선 사항을 식별하고, 식별된 개선 사항은 즉각 반영해야 한다. 원칙은 예외가 적을수록 충실하게 지켜질 수 있으며, 예외가 많을수록 지켜지기 어렵다. 부대 운영 원칙은 예규나 내규로 정해야 하며, 한번 정한 원칙은 예외 없이 적용하되, 불변하는 것이 아니라 상황 변화에 맞게 수정·보완해야 한다. 부대 예규와 내규는 책꽂이의 장식품으로 전락해서는 안 되며, 누구에게나 예외 없이 적용해야 한다.

또한, 교범에 명시된 편제 장비의 작동 원리와 운용 방법, 고장 배제

절차 등은 철저히 이해하고 숙달해야 하며, 정해진 장비 운용 원칙과 절차는 반드시 지켜야 한다. 각종 교범에 명시된 운용 절차나 작동 순서는 원리의 적용과 기계적 특성, 운용의 편의성 등을 함께 고려한 것이다. 편성 장비 운용 시 편법에 익숙해질 경우, 원칙을 따를 때보다 편리하다고 생각할 수 있으나, 문제가 발생하면 원인 분석에 많은 시간과 노력이 소요되고, 기대하는 효과와 능력을 발휘하기도 어렵다. 반면에, 원칙에 따른 장비의 조작은 처음에는 다소 불편하게 느껴질지라도 숙달하고 나면 훨씬 편리할 뿐만 아니라, 문제 파악이나 원인 분석이 쉽다. 그러므로 모든 장비는 교범에 명시된 원리와 절차에 따라 운용해야 하며, 원칙에 충실하게 숙달했을 때, 목표로 하는 능력을 온전히 발휘할 수 있다.

군에서 원칙이란 구성원 모두가 지켜야 하는 부대 운영에 관한 정해진 규칙이다. 그러므로 부대 운영 시스템과 편성된 장비, 물자는 원칙에 따라 습관적으로 작동할 수 있도록 충분히 이해하고 숙달해야 한다. 원칙은 특정 과업을 규제하기 위한 것이 아니라, 구성원 모두가 공통된 이해와 인식을 공유함으로써 편의성과 효율성을 도모하기 위한 것이다. 원칙을 공유하게 되면 혼란을 줄이고 질서정연한 행동을 끌어낼 수 있을 뿐 아니라, 결원缺員이 생긴다고 하더라도 적절한 조치를 통해 임무 대행이 가능해진다. 원칙에 충실한 군대는 운영이 투명할 뿐만 아니라, 업무 성과도 높다. 따라서 우리 군은 부대 예규와 내규, 교범에 있는 원칙에 따라 부대를 운영하고, 정해진 장비 조작 순서 및 운용 절차 등을 엄수嚴守하는 등 '원칙에 충실'해야 한다.

(2) 군사이론 탐구와 창의력 배양을 위해 노력하는 군대

군사력 운용 이론은 전쟁 양상의 변화와 군사기술의 발전에 따라 끊임없이 발전해왔다. 군사력에는 운용 논리, 조직 편성, 군사기술, 무기체계, 지속지원 등 다양한 요소들이 얽혀 있다. 군사력은 이러한 다양한 요소들의 상호작용에 영향을 받으면서 발전해왔다. 이 중에서도 운용 논리는 군사력 발전을 주도해왔다. 새로운 조직 편성이나 군사기술, 무기체계 등이 등장하면 그것을 뒷받침하는 운용 논리가 필요하다. 특히, 군사력 규모가 크거나 상대적으로 우월한 군대보다는 군사력 규모가 작고 상대적으로 열세인 군대가 돌파구 마련을 위해 차별화된 운용 이론에 대한 연구와 창의적인 시도를 많이 했음을 역사를 통해 볼 수 있다. 그 대표적인 사례로 임진왜란 당시 이순신 장군의 전술과 거북선, 제2차 세계대전 당시 독일의 전격전과 북아프리카 전투에서의 롬멜 장군의 전술, 베트남전에서의 보응우옌잡$^{Võ\ Nguyên\ Giáp}$ 장군의 전술 등을 들 수 있다.

최근 정보통신기술의 발전과 정밀유도무기의 확산은 전쟁의 새로운 접근법을 모색해야 하는 직간접적인 원인이 되고 있다. 제2차 세계대전을 통해 발전된 기동전 이론은 속도^{speed}와 기습^{surprise}, 상대적 우위^{superiority}의 중요성을 부각시켰다. 이에 따라 빠른 속도로 진격하는 부대를 통제하기 위해 책임지역과 전투지경선, 전진축$^{axis\ of\ advance}$, 점검점$^{check\ point}$과 같은 새로운 전술적 통제수단이 도입되었다. 전술적 통제수단은 부대의 책임과 권한을 명확히 구분하고, 혼란을 방지하며, 부대의 역량을 효과적으로 집중하기 위해 유용하게 활용되었다.

그러나 최근 군사기술의 발전으로 인해 전장 정보의 공유를 통한 공통된 상황 인식과 기동부대의 실시간 지휘 통제가 가능해짐에 따라, 책임지역과 전투지경선, 전진축과 같은 전술적 통제수단의 필요성이 점차 감소하고 있다. 특히, C4I 체계의 발전으로 인해 실시간 위치 식별, 신속한 지휘 결심 지원, 반응시간의 단축, 우군 간 교전 방지, AI 기술을 활용한 최선의 방안 추천, 전술적 능력의 통합, 시차별 부대 이동 등이 가능하게 되었다.

이러한 변화는 전쟁 양상의 변화와 발전하는 군사기술 등을 수용하기 위한 네트워크 중심전, 다영역작전, 모자이크전 등 새로운 군사이론의 발전으로 나타나고 있다. 새로운 군사이론을 연구하려면, 군은 끊임없는 문제 제기와 치열한 논쟁을 통해 합리적 결론에 도달하는 훈련이 되어야 하며, 건전한 토의 문화를 조성하여 탄탄한 논리로 구성된 군사교리를 창안할 수 있어야 한다. 군이 "그저 좋은 것이 좋은 것이고, 가만히 있으면 중간은 간다"라는 소극적인 인식에 머문다면, 변화할 수도 없고, 변화를 기대할 수도 없으며, 혁신적인 성과를 창출하는 것은 불가능하다. 상급자는 자신의 의도와 다른 부하의 의견을 기꺼이 경청할 줄 알아야 하며, 타당하다고 판단되면 기꺼이 자신의 의견을 내려놓고 부하의 의견을 수용할 수 있는 용기가 있어야 한다. 만약 토의 과정에서 자기의 생각과 다르다고 해서 면박을 주거나 경멸하는 태도를 보인다면, 누구도 토의에 참여하거나 자신의 소신을 밝히려 하지 않을 것이다. 다양한 의견을 격의 없이 수렴할 수 있는 건전한 토의 문화가 정착되지 않은 군대는 죽은 군대나 다름없다.

토의는 허심탄회한 논의 과정을 거쳐 문제를 찾아내고 가장 바람직한 해답을 찾아가는 과정이다. 우리가 주변에서 발생하는 문제에 대해 근본적인 원인 분석과 발전적 개선 노력은 하지 않고 책임질 사람만 찾아 문책하고 끝나버린다면, 문제점 파악은커녕 아무런 교훈도 얻지 못하고, 도약적 혁신은 불가능해진다. 우리는 주변에서 발생하는 중요한 사건이나 과업이 끝나고 나면 "무슨 일이 발생했는가? 무엇이 문제였는가? 어떻게 개선할 것인가?" 등에 대해 진지하게 논의하고 문제를 찾아 끝까지 개선해나가는 업무 관행과 문화를 정착시켜야 한다. 그렇지 않으면, 중대한 사건을 겪고 나서도 문제점을 찾아내어 교훈을 얻고 발전시키는 것이 아니라, 유사한 과오過誤를 반복하는 일상이 거듭될 것이다.

군인은 다양한 전투 상황에 대응하기 위해 유연하고도 창의적인 사고 역량을 길러야 한다. 전장에서 수시로 발생하고 소멸하는 상황은 다양한 요인의 영향을 받는다. 또한, 전투 진행 과정에서 지형과 기상, 피아彼我 전투력과 지휘관의 성향, 무기체계의 특성과 능력, 기만, 위장 등에 의한 오인이나 오해, 보고의 누락 등은 피아의 판단과 대응에 지대한 영향을 미친다. 시시각각 변화하는 전장 상황에 대처하기 위해서는 상황에 맞는 창의적인 대응이 절실히 요구된다. 그러므로 지휘관은 원칙을 충분히 이해한 상태에서 창의력과 융통성을 발휘하여 봉착한 상황에 맞는 작전적 대응과 전술적 조치를 취할 수 있어야 한다. 원칙과 준칙에 너무 얽매여 누구나 예측 가능한 작전적 대응과 전술적 조치를 남발하게 되면 위기를 자초할 수도 있다. 원칙과 준칙은 문구보다는 그 속에 담긴 함의含意를 이해해야 하며, 작전적 대응과 전술적 조치는 원칙과 준칙에 관한 이해를 바탕으로, 당시의 상황과 여건에 맞는 창의적 방안을 강구해야만 의미 있는 성과를 거둘 수 있다. 그러려면 군의 간부는 끊임없이 전쟁이론을 탐구하고 교리에 관한 이해의 폭과 깊이를 넓혀 나가는 꾸준한 노력과 함께 창의적인 사고력을 키워나가야 한다.

군대는 장비·물자 등과 같은 하드 파워hard power보다는 운용 개념과 교리의 발전, 전략과 작전·전술적 운용과 같은 소프트 파워soft power 육성에 더 큰 노력을 기울일 때, 더 군대다워진다. 군대가 첨단 장비와 같은 하드 파워에만 매달리게 되면, 자칫 부자나라의 게으른 군대로 전락할 수 있다. 군대는 전쟁이론을 연구하고 새로운 전략·전술 끊임없이 탐구하는 등 소프트 파워에 집중할 때, 어떠한 적도 두려워하지 않는 자신감이 길러지고, 누구나 두려워하는 상대가 된다. 하드 파워는 소프트 파워를 뒷받침하는 수단이다. 소프트 파워는 하드 파워의 능력 발휘를 보장하며, 하드 파워의 능력을 극대화할 수 있는 논리적 바탕이다. 이것이 군대가 하드 파워보다는 소프트 파워에 집중해야 하는 이유이다. 군대는 '전장에서의 승리'라는 근본 목적을 지향하는 논리적이고도 협력적인 사고가 지배할 때, 외부의 부당한 개입이나 집단이기주의를 차단할 수 있으며, 효율성이 높은 전투력 발휘를 지향하는 집단으로 거듭날 수 있다.

사람의 가치는 자신의 선택과 노력의 결과에 따라 결정된다. 자신이 현실에 안주하고자 한다면, 자신의 가치는 그 시점에 머물게 될 것이고, 자신의 가치를 높이기 위해 노력한다면 자신의 가치는 끝없이 성장하게 될 것이다. 결국, 자신의 가치는 자신의 선택과 노력의 결과에 달렸다. 군사적 천재는 자연 발생적으로 태어나는 것이 아니라, 꾸준한 자기성찰과 노력을 통해 길러지는 것이다.

(3) 편제 장비를 능숙하게 다룰 줄 아는 군대

통상, 군사 문제를 논의하는 과정에서 소프트웨어보다는 하드웨어에 관한 논의에 치우치는 경향이 있다. 그 이유는 소프트웨어 요소가 눈에 보이지도 않고 그 수준을 가늠하기 어려운 것에 반해, 하드웨어 요소는 그 형상이 뚜렷하고 상대적인 비교와 검토가 쉽기 때문이다. 이러한 특성 때문에 혁신의 결과는 흔히 하드웨어의 변화로 표현하거나 나타내곤 한다. 그러나 강군이 되려면 소프트웨어 요소를 바탕으로 하드웨어 요소를 균형 있게 발전시킬 수 있어야 한다.

군대가 편성된 부대의 기능과 장비·물자에 대한 숙달을 게을리하는 것은 임무를 포기하는 것과 같다. 목수가 자신의 도구를 능숙하게 사용할 수 없다면 명장^{名匠}이 될 수 없으며, 음악가가 악기를 능숙하게 다룰 수 없다면 훌륭한 음악가가 될 수 없듯이 말이다. 이와 마찬가지로, 군인 또한 전장에서 자신의 생명과 안위를 지키고 적에게 압도되지 않으려면, 자신에게 부여된 역할을 깊이 이해하고, 배당된 장비와 물자의 운용에 충분히 숙달되지 않으면 안 된다. 군 조직에 속한 각 개인은 독립된 주체^{主體}가 아니라, 팀 또는 부대와 같은 조직체를 구성하는 하나의 개체^{個體}로서 부여된 임무를 수행한다. 그러므로 전장에서 자신의 안위는 스스로 지켜야 할 뿐만 아니라, 자신의 임무와 역할을 제대로 이해하고 팀의 일원으로서 동료의 안전을 지키고 소속된 조직의 임무 수행에 기여^{寄與}할 수 있어야 한다.

군은 적보다 성능이 우수한 장비와 물자로 무장하기를 원하며, 국방의 책임자는 우수한 성능의 무기로 군을 무장시키고 강도 높은 훈련을 통해 충분히 단련된 군을 전장에 투입할 수 있어야 한다. 그래야만 불필요한 희생을 줄이고 적을 압도할 수 있으며, 궁극적으로 승리를 도모할 수 있다. 무기체계는 군사적 요구를 반영하여 개발하며, 무기체계를 개발하는 데는 많은 비용뿐만 아니라 많은 시간이 소요된다. 따라서 개발 착수 시점의 기술과 개발 완료 시점의 기술이 다를 수밖에 없고, 개발 기간이 길면 길수록 그 기술적 격차는 클 수밖에 없다.??? 무기체계를 개발하고 나서도 그 무기체계에 대한 지속적인 개선의 필요성을 강조하는 것은 바로 이러한 이유 때문이다. 그러므로 무기체계는 확보하거나 배치한 것으로 만족해서는 안 되며, 끊임없는 개선 노력이 뒤따라야만 한다. 무기체계의 기술적 진부화陳腐化는 시간이 지날수록 심화되고, 적 또한 군사적 능력을 꾸준히 개선하기 위해 노력하므로 무기체계의 본래 능력과 상대적 가치는 계속 저하될 수밖에 없기 때문이다.

군이 우수한 무기체계를 확보하려고 노력하는 것은 어느 나라에서나 공통된 현상이다. 군은 우수한 무기체계로 무장하고 강도 높은 훈련을 거쳐 전장에 투입될 때, 불필요한 희생을 줄이고 효과적인 임무 수행이 가능해진다. 무기체계는 단 한 번의 개발 과정을 통해 완성되지 않는다. 명품 무기체계는 개발이 끝남과 동시에 만들어지는 것이 아니라, 실제 운용을 통해 실효성을 검증하고 성능을 꾸준히 개량하여 전장에서 그 우수성이 입증되었을 때 비로소 인정을 받게 된다. 한때, 우리는 일부 소수의 개인적 이익과 공명심에 휘둘려서 개발 완료와 동시에 '명품 무기체계'가 만들어진다는 인식의 오류에 빠진 시기가 있었다.

전장에서의 우열優劣과 승패는 무기체계의 성능 못지않게 무기체계 숙달 정도에 따라 영향을 받는다. 아무리 우수한 무기체계라 하더라도 그것을 충분히 숙달하지 않으면 그 효과가 제한될 수밖에 없다. 국가가 재정적으로 지원할 능력이 있어서 첨단 무기체계를 원하는 만큼 충분히 확보할 수 있다면 가장 바람직하겠지만, 군이 원하는 만큼 충분한 재원을 투입할 수 있는 나라는 없다. 따라서 우리 군은 첨단 무기체계의 확보보다는 보유 무기체계를 올바르게 사용하고, 꾸준한 개선 노력을 통해 군사적 능력을 유지·발전시키기 위해 노력해야 한다. 우수한 운용자는 도구의 성능보다는 충분한 숙달을 통해 자신의 능력을 극대화할 줄 아는 사람이다. 우리 군이 주어진 여건 속에서 최상의 능력을 발휘할 수 있는 군대가 되기 위해서는 무기체계의 구성 원리와 능력을 제대로 이해하고 무기체계를 충분히 숙달하며 무기체계의 성능을 꾸준히 개선해나가려고 노력해야 한다.

(4) 신뢰, 명예, 배려의 가치를 중시하는 군대

조직 문화는 조직의 성향과 관행, 가치 등을 결정하는 소프트웨어이다. 조직 문화에는 지휘 문화, 병영 문화, 업무 관행 등 다양한 요인들이 포함된다. 지휘 문화는 주로 장교단의 지휘와 관련한 것이며, 병영 문화는 병사들의 병영 생활 주변에서 일어나는 제반 활동과 관련한 것이다. 군은 국가를 지탱하는 중요한 공공재公共財 중 하나이므로, 공공재가 공공의 목적에 맞게 본연의 역량을 발휘하기 위해서는 짜임새 있는 운영 체제와 건강한 조직 문화가 구축되어야 한다. "국방개혁의 완성은 조직 문화 혁신의 성공 여부에 달려 있다"라는 말은 국방개혁을 완성하기 위해서는 운영체제의 쇄신은 물론, 조직 문화를 시대적 흐름과 상황 변화, 기술 발전의 영향, 국민 의식 변화 등을 고려해서 혁신해야 한다는 것을 의미한다.

국방개혁을 성공적으로 추진하고 의미 있는 성과를 달성하기 위해서는 편성, 장비·물자, 시설 등과 같은 하드웨어 요소의 변화 못지않게 소프트웨어 요소의 가치를 인식하고 이것을 조직 문화에 투영해낼 수 있어야 한다. 군인은 군대라는 조직의 구성원이므로 개인의 능력을 조직의 능력으로 통합해야 한다. 그러나 능력의 통합은 내적 단결이 공고하지 않고서는 이루어낼 수 없다. 군인은 사사로운 이익을 위해 조직과 다른 사람에게 해를 끼치는 행위를 해서는 안 된다. 조직 문화는 조직 전반에 걸쳐 다양한 영향을 끼침에도 불구하고 눈에 보이지도 않고 만져볼 수도 없으므로 형상화하기 어렵다. 이와 같은 조직 문화의 소프트웨어적 특성 때문에 계획 수립은 물론, 구성원의 공감을 이끌어내기도 힘들 뿐만 아니라 추진 성과를 측정하기도 어렵다.

조직 문화는 제도적 흐름과 관행적 흐름으로 나눌 수 있는데, 이들 모두 합목적이고도 유연하게 목표로 나아갈 수 있도록 발전시켜나가야 한다. 특히, 군의 조직 문화는 창의적인 업무 수행 역량을 향상시키고, 내부적으로 구성원 간 화합하고 신뢰와 명예, 배려의 가치를 중요시하는 인간관계로 발전할 수 있어야 한다. 신뢰는 모든 조직의 결속과 단합을 좌우하는 근본 요소이며, 명예는 군의 핵심 가치이다. 또한, 배려는 서로 돕고 보살피는 마음이다. 신뢰가 굳건한 조직은 어떠한 어려움도 감내하고 극복할 수 있으나, 신뢰가 무너진 조직은 어느 것도 기약期約할 수 없다. 신뢰가 쌓이지 않은 조직은 외부의 조그마한 충격에도 쉽사리 무너진다. 신뢰, 명예, 배려의 가치는 서로 밀접하게 연계되며, 이들 가치는 개별적으로 작용하는 것이 아니라 상호작용한다. 그러므로 군의 리더는 부대 활동을 통해 이들 요소가 조직 문화의 핵심 가치로 자리 잡을 수 있도록 각별한 관심을 가져야 한다.

군의 조직 문화는 허심탄회하고 격의 없이 자신의 의견을 마음껏 피력할 수 있어야 한다. 군 조직은 서로를 신뢰하고 존중하며 배려하는 분위기가 충만하지 않으면, 위기 시에 역량을 발휘할 수 없다. 상급자는 자신과 의견이 다르다고 해서 부하의 의견이나 건의를 무시하거나 배척해서는 안 되며, 견해 차이가 있다면 무엇이 다른지, 다른 사람의 주장이 어떤 문제가 있는지를 논리적으로 설득해가면서 중지衆智를 다듬어갈 줄 알아야 한다. 조직 구성원은 조직의 운영과 미래에 대해 방관자가 아닌 주인 의식을 가지고 조직 운영에 적극적으로 참여해야 한다.

이와 같은 조직 문화는 신뢰와 명예, 배려의 가치를 바탕으로 서로 존중하는 마음이 전제되지 않으면 성립될 수 없다. 신뢰와 명예, 배려는 상대를 존중하고 자신의 부족한 점을 인정하는 것에서부터 출발한다. 상대와 자신의 차이를 인정하지 않고 자신의 부족함을 시인할 줄 모르면, 실패의 원인을 자신의 부족이나 과오過誤가 아닌 남의 탓으로 돌리게 된다. 조직에는 능력이 충분한 사람, 능력이 부족한 사람, 헌신하는 사람, 이기적인 사람 등 다양한 특성을 가진 사람들이 섞여 있게 마련이다. 우수한 조직은 서로를 너그럽게 감싸안고 진심으로 받아들이지만, 부실한 조직은 서로를 배척하고 백안시하며, 이기심과 질투심으로 가득하다. 우리 군이 이 두 조직 중 어떤 조직이 되어야 하는지는 군이 설명할 필요가 없다.

과거에 진급 시기가 임박하게 되면 경쟁자에 대한 음해나 투서 등의 잘못된 행위가 빈번히 일어났었다. 남을 음해하는 행위는 조직의 건강과 단결을 해치는 패악悖惡이다. 바람직한 모습은 진급심사 결과가 발표

되면, 그 결과가 불만스럽다고 하더라도 불평하기보다 자신의 부족함이 무엇인지를 되돌아보고 부족한 부분을 채워나가기 위해 노력하는 자세이다. 진급 경쟁에서 남을 음해하고 실력이 아닌 비정상적인 방법으로 선택받는다 한들, 누구보다 자기자신이 그것을 잘 알고 있기 때문에 떳떳하지 못할 뿐만 아니라, 그것을 감추려 해도 결국에는 모든 사람이 알 수밖에 없다. 그렇게 해서 높은 자리에 오른다면 과연 영광스럽고 떳떳할까? 남을 음해한 일은 시간이 지나면 모두의 기억에서 묻히겠지만, 당사자는 평생을 부끄러운 기억 속에서 끊임없이 자기 부정을 하면서 살아야 할 것이다.

군인은 극한 상황에서도 방향성을 잃지 않고 난관을 헤쳐나갈 줄 알아야 한다. 그러려면 국가관, 직업관, 사생관 등 가치관을 분명하게 정립해야 하며, 명예의 가치를 소중히 여기는 확고한 주관^{主觀}을 가지고 있어야 한다. 또한, 군인은 자신의 명예가 소중한 만큼, 다른 구성원의 명예도 소중히 여기고 존중할 줄 알아야 한다. 다른 사람의 명예를 존중할 때, 자신의 명예도 존중받을 수 있는 것이며, 구성원 간 서로의 명예를 존중하고 서로를 인정하는 분위기가 정착될 때, 조직의 결속력도 단단해지는 법이다.

국가가 군인에게 헌신과 희생을 요구하기 위해서는 군인의 명예와 품위를 존중해줘야 한다. 그것이 가능할 때, 긴박한 위기 속에서 자발적인 헌신과 희생을 끌어낼 수 있으며, 목숨을 요구할 수 있다. 국가가 군인의 희생을 가치 있게 인정하지 않는다면 유사시 누가 국가를 위해 헌신하겠는가? 희생의 가치를 인정하지 않으면서 희생을 요구하는 것은 아무도 받아들이지 않을 것이다. 평소에는 군인을 폄하^{貶下}하고 편가르기를 하다가 위기에 봉착하면 헌신과 희생을 요구하는 것은 치졸하고도 파렴치한 행위이며, 자발적인 헌신과 희생을 끌어낼 수도 없다.

직업군인, 특히 장교가 되려는 사람은 직업군인으로서의 자질과 직업적 적합성 등을 검증받아야 하며, 성적보다는 군인에게 요구되는 품성과 자질이 선발의 우선적 기준이 되어야 한다. 많은 국가가 유년 시절부터 선택할 수 있는 유년군사학교, 군사전문학교 등을 운영하고 있다. 그들은 여기에서 자신의 직업적 적합성 진단뿐만 아니라, 직업군인으로서의 자질 검증, 리더십 배양 과정 등을 거친다. 당사자와 부모, 지도 교관은 이러한 과정을 통해 직업군인으로서 적합 여부를 판단하고, 확고한 국가관과 직업관, 사생관으로 무장하도록 지도한다. 독일군의 군사적 우수성은 바로 여기에서 비롯되었다고 해도 과언이 아니다.

군인은 훌륭한 멘토mentor[70]와 함께하면 자신의 가치관 형성에 큰 도움을 받을 수 있을 것이다. 멘토는 사회적으로 명망이 있는 학자나 기업가, 현역 또는 예비역 군인 중에서 고상한 인품과 지적 능력, 사회적 덕망이 있는 사람이어야 한다. 멘토는 개인적 사심私心을 배제하고 격의 없는 대화와 교감을 통해 멘티의 가치관 형성을 도와야 한다. 멘토는 어디까지나 이끌어주는 사람이므로, 멘티는 멘토의 지도를 받아 스스로 가치관을 형성해나가야 한다. 군인이 올바른 가치관을 갖는 것은 당사자는 물론, 국가와 군 조직에도 대단히 중요한 의미를 가지며, 정립된 가치관은 오랜 시간에 걸쳐 사회 전반에 큰 영향을 미친다.

---

70 멘토(mentor)는 현명하고 신뢰할 수 있는 상담 상대, 지도자, 스승, 선생을 뜻하며, 멘토의 상대자를 멘티(mentee) 또는 멘토리(mentoree), 프로테제(protege)라고 한다.

앞에서 제시한 우리 군의 미래 모습을 달리 표현하면, '전문성으로 무장한 기본이 튼튼한 군대', '창의적인 사고와 합리성을 추구하는 군대', '명분과 외형보다는 내실을 지향하는 군대', '대의를 위해 사사로움을 기꺼이 희생할 줄 아는 군대'라고 정리할 수 있다. 강군은 첨단 무기로 무장한다고 해서 만들어지는 것이 아니다. 우리 군이 앞에서 제시한 모습으로 바뀔 수 있다면, 명실공히 정예 강군으로 거듭날 수 있을 것이다.

전쟁은 집단 간의 난투극 형태인 백병전으로부터 전장 전체를 직접 관찰하면서 부대를 지휘하는 방진형方陣形 전투, 제1차 세계대전의 진지전陣地戰, 제2차 세계대전의 전격전電擊戰과 같은 기동전, 냉전 시대를 거치면서 핵무기의 등장으로 인한 제한전쟁, 정밀유도무기와 정보통신기술을 활용한 네트워크 중심전 등의 형태로 지속적인 변화와 발전을 거듭해왔다. 전장은 어느 시대나 다양한 인적·물적 요소들이 시시각각時時刻刻으로 변화하는 환경 속에서 상호 의지가 충돌하는 치열한 현장이었다. 과거부터 군은 전장에서 군대를 운용하기 위해 인문학, 사회학, 심리학, 이학, 공학을 비롯한 다양한 분야의 지식을 적극적으로 활용해왔다. 오늘날과 같이 지상·해상·공중·사이버·우주 등 전장 공간의 확장과 다차원 공간에서 이루어지는 군사 활동은 이질적 요소 간의 통합을 필요로 하고 있으며, 이들의 통합을 위해 과학기술은 물론, 인문학과 심리학을 비롯한 각 분야의 전문 지식이 활용되고 있다.

국방개혁의 목표를 달성하려면, 정치·군사 리더십과 안정적인 재정 지원, 군사적 전문성 등이 뒷받침되어야 한다. 정치·군사 리더십은 국방개혁의 목표와 방향을 제시하고 국방개혁을 이끌어나가기 위해 필요하며, 재정은 경제 여건에 따라 변화가 있을 수 있으나 국방개혁 추진을 위해서는 적정 수준의 안정적인 지원이 필요하다. 그러나 국방개혁은 수준 높은 군사적 전문성이 뒷받침되지 않으면, 목표와 방향을 설정하고 추진하는 과정에서 많은 혼란과 수많은 시행착오를 겪을 수밖에 없다. 그렇기 때문에 앞의 세 가지 요소 중에서 가장 중요한 것은 '군사적 전문성'이다.

그러나 군사적 전문성은 저절로 길러지지 않는다. 군사적 전문성을 해결하는 가장 바람직한 방법은 인내심을 가지고 우수한 교육체계를 갖추어 군 스스로 육성하는 것이지만, 많은 시간과 노력이 필요하므로 차선의 방법으로 집단지성集團知性을 활용하는 방안을 고려할 수 있다. 여기서 집단지성이란 현역과 예비역은 물론, 국방 분야에 대한 우수한 식견識見을 갖춘 사회적으로 명망 있는 인사의 집합체를 의미한다. 집단지성의 활용 성패는 능력과 전문성을 갖춘 인적 자원을 어떻게 조합해 구성하느냐에 따라 좌우된다. 만약 정권의 입맛에 맞는 인원으로만 구성하거나 화려한 경력과 편가르기가 인적 자원 구성의 기준이 된다면 집단지성의 활용은 필연코 실패할 것이다. 국방개혁을 통해 이루고자 하는 국방태세 혁신은 전문성을 갖춘 집단지성을 중심으로 추진해나 간다면, 사회적 합의를 이루기도 훨씬 쉬울 것이다.

또한, 국방개혁의 성패를 분석하는 과정에서 재정 문제가 자주 거론되는데, 재정은 국방개혁에 큰 영향을 끼치는 것이 분명하지만, 절대적 요인은 아니다. 혁신을 추구하는 개혁은 항상 재원의 부족이 따르기 마련이며, 주어진 여건에서 최상의 성과를 내기 위해 노력해야 한다. 그러나 재원의 변동이 기본계획의 근본을 흔들 정도로 대폭적인 수정과 지연을 가져온다면, 개혁의 동력을 유지하기 어렵고, 일관성 있는 목표 지향적 계획 추진은 불가능해진다. 재원이 계획의 통제 범위를 벗어나게 되면, 계획의 수정이 불가피하고, 계획의 잦은 수정은 개혁의 방향을 왜곡시키고 목표 달성을 어렵게 한다. 따라서 재원 측면에서 가장 중요한 것은 수립된 기본계획에 맞춰 실천계획의 실효성을 점검하고 성과를 측정한 후 그 결과를 반영해 보완·추진할 수 있도록 계획의 조정 통제가 가능한 재정 운영 여건을 확보하는 것이다.

우리가 추구하는 국방개혁은 이러한 환경 속에서 스스로 해답을 찾아가는 지난至難한 과정이다. 어느 국가나 가능한 한 적은 비용을 들여 최상의 국방개혁 결과물을 얻고자 노력한다. 그러나 국방태세의 근간根幹인 군의 구성과 운용에는 전략적 환경과 위협 요인, 운용 개념, 인적·물적 요소, 기술 수준 등 매우 다양한 요인이 개입되어 있고, 전장의 영역이 사이버 공간과 우주 공간 등으로 확대되고 있다. 자칫 국방태세 혁신을 잘못하면 오히려 위기로 내몰리기 쉽다. 따라서 오늘날의 군은 과거 어느 때보다 훨씬 더 높은 수준의 전문성이 요구된다. 이러한 환경에서 국방개혁을 성공적으로 완수하려면, 특정 집단의 편향된 의도나 왜곡을 배제하고, 전체와 부분을 함께 이해하고 판단할 수 있어야 한다.

국방개혁이 성공하려면, 군사력의 구성과 운용에 관련된 하드웨어 요소와 소프트웨어 요소가 조화롭게 융합되어야 한다. 이를 합리적이고 목표지향적으로 관리하기 위해서는 리더십과 군사적 전문성을 갖추어야 한다. 특히, 소프트웨어 요소 중에서 인적 요소의 개발은 수준 높은 지성과 리더십, 집단의 의식 전환 등이 뒷받침되어야 하는 대단히 어려운 과업이다. 우수한 인적 자원의 개발은 짜임새 있는 교육체계, 적극적인 동기 부여, 합리적인 인사 관리, 치열한 자기 발전 노력 등이 함께 어우러질 때 가능하다.

일부 국가에서는 새로운 국방체계 도입을 위해 해외로부터 전문가를 영입하기도 했으나, 그것은 군의 건립 초기에나 가능한 일이다. 일본과 싱가포르는 초기에 외부 전문가를 영입하여 변화와 혁신을 추진했으며, 미국은 남북전쟁 이후, 제1차 세계대전 이전부터 40여 년 이상 여러 집단 간의 갈등과 뼈아픈 시련의 시간을 보내야만 했다. 하드웨어 요소는 시간이 다소 걸릴 수도 있지만, 국외에서 해법을 찾는 등 비교적 제한된 시간 안에 대안을 강구할 수 있다. 그러나 인적 자원의 문제는 오로지 내부에서 해법을 찾을 수밖에 없다. 더욱이 전략의 개발과 운영 개념의 설정, 교리의 발전 등은 인적 자원에 의해 이루어지므로, 인적 자원의 발굴 및 양성은 소프트웨어 요소의 핵심이라고 할 수 있다. 우수한 인적 자원은 국방개혁을 성공으로 이끄는 견인차이므로 인적 자원 개발을 게을리해서는 안 된다.

그러나 우수한 인적 자원의 양성은 그리 만만한 과제가 아니다. 현재, 우리의 인재 풀^{pool}과 군사적 전문성은 과거부터 축적된 노력의 결과물이다. 우리 군에 전문가가 부족하다는 지적은 1970년대 초반부터 반복적으로 제기되어왔다. 그러면서도 인재를 양성하기 위한 노력은 늘 우선순위에서 밀렸고, 인재 발탁 시 능력보다는 정치적 이유나 지연, 학연, 근무연 등을 더 중요시하는 경향이 있었다. 우리는 군사적 전문성을 갖춘 인적 자원이 부족한 가운데 제한된 인적 자원을 효과적으로 활용하면서 미래를 위해 인재 양성 목표와 교육체계를 전면적으로 개편하고 재정비했어야 했다. 지금이라도 우수한 군사적 전문성을 갖춘 인적 자원을 얼마나 보유하고 있는지 되짚어보고, 무엇을 어떻게 고쳐서 인재가 성장할 수 있는 토양을 만들 것인지 깊이 고민해야 하며, 능력 위주의 인재 발탁 문화를 정착시켜야 한다.

우수한 인적 자원이 성장할 수 있는 환경은 상대를 인정하고 존중하는 문화와 효과적인 교육체계, 조직 목표에 충실한 인사 관리, 공정한 경쟁 등을 통해 형성된다. 그러므로 군의 혁신이 성공하려면 면학勉學하는 분위기, 창의를 존중하는 풍토, 상대의 의견을 존중하고 능력을 인정할 줄 아는 포용력 등이 강조되는 조직 문화를 정착시켜야 한다. 바람직한 조직 문화는 노력의 가치를 인정할 줄 아는 분위기의 정착에서부터 출발한다. 노력하는 사람이나 노력하지 않는 사람이나 차이가 없고, 줄 잘 서는 사람이 성장하고 발탁되는 인사 문화라면, 아무도 노력하지 않을 것이며, 군 본연의 임무 수행보다는 잿밥에 관심 있는 3류 군대로 전락하고 말 것이다. 그런 군대는 절대로 강군이 될 수 없으며, 국민에게 존경과 사랑을 받을 수도 없다.

우리 군은 지금 커다란 시대적 전환기를 맞이하고 있다. 대내적으로는 정치·경제·사회의 변화와 더불어 병역 자원이 급격하게 감소하고 있고, 대외적으로는 미·소 냉전체제가 무너지고 미·중 양극체제가 대두되면서 미국과 중국이 첨예하게 대립하는 가운데 국제적 힘의 균형도 불안정한 상태가 지속되고 있다. 또한, 과학기술은 비약적으로 발전하고 있으며, 기술보호주의는 더욱 강화되고 있다.

급변하는 대내외 상황을 목도目睹하면서, 우리 군은 어떤 자세를 가져야 할까? 국제 정세 변화에 대한 대응은 정부가 선도하겠지만, 군은 군사적 관점에서의 대응을 함께 준비하지 않으면 안 된다. 군이 준비되어 있으려면, 항상 깨어 있어야 하고, 항상 깨어 있으려면 끊임없는 자기성찰을 통해 내실을 다져나가야 한다. 그러려면 열심히 공부하고 책을 많이 읽어야 하며, 군 조직 모임에서 군사 문제에 관해 토론하는 분위기와 문화가 형성되어야 한다. 이를 위해 군사지도층은 부하들에게 책 읽기를 권장하고, 격의 없는 토론 문화가 정착되도록 노력하고 지원해야 하며, 개인의 능력에 대해 객관적이고 공정한 평가를 함으로써 값진 노력의 성과를 인정해주는 분위기를 조성造成해야 한다. 직업군인들의 대화에는 늘 군사와 관련된 주제가 중심에 있어야 한다. 이것만이 우수한 능력을 갖춘 직업군인을 배출하고 군사력의 질과 운용 능력을 높일 수 있는 지름길이자, 군인의 직업성을 존중받을 수 있는 분위기를 형성하는 첫걸음이다. 직업군인은 기회가 있을 때마다 전술을 논하고, 올바른 지휘 문화를 정착시키기 위해 노력해야 하며, 우수한 후배를 양성하기 위한 아이디어를 모아나가야 한다. 군의 중추인 장교단이 동료를 경쟁 상대가 아니라 협력의 대상이자 함께 가야 하는 동반자로 인식하고, 상대를 존중하며, 자신의 부족함을 인정하고 스스로 성찰하는 자세를 가질 때, 우리 군은 비로소 강군으로 거듭날 수 있을 것이다.

한국국방안보포럼(KODEF)은 21세기 국방정론을 발전시키고 국가안보에 대한 미래 전략적 대안을 제시하기 위해 뜻있는 군·정치·언론·법조·경제·문화 마니아 집단이 만든 사단법인입니다. 온·오프라인을 통해 국방정책을 논의하고, 국방정책에 관한 조사·연구·자문·지원 활동을 하고 있으며, 국방 관련 단체 및 기관과 공조하여 국방 교육 자료를 개발하고 안보의식을 고양하는 사업을 하고 있습니다. http://www.kodef.net

KODEF
안보총서
107

강군의 꿈
국방혁신을 위한 여정

초판 1쇄 인쇄 2021년 4월 22일
초판 1쇄 발행 2021년 4월 28일

지은이 정홍용
펴낸이 김세영

펴낸곳 도서출판 플래닛미디어
주소 04029 서울시 마포구 잔다리로71 아내뜨빌딩 502호
전화 02-3143-3366
팩스 02-3143-3360
블로그 http://blog.naver.com/planetmedia7
이메일 webmaster@planetmedia.co.kr
출판등록 2005년 9월 12일 제313-2005-000197호

ISBN 979-11-87822-57-8 03390